普通高等教育“十三五”规划教材（软件工程专业）

基于 Android 平台的移动开发技术

主　编　徐硕博　黄卫东　贾　雁

副主编　陈庆涛　刘江平　陈佳泉

主　审　张广渊　吴昌平

中国水利水电出版社
www.waterpub.com.cn

·北京·

内容提要

本书全面介绍了Android手机开发所涉及的各个方面。全书理论联系实际，通过实例讲解知识，介绍操作技能，采用层层递进的方式组织教学，叙述详尽、概念清晰，使得读者在学习完本书后，不仅可掌握Android开发的应用技术，还能通过实践完成一个完整移动端项目的设计与开发过程，进而具备应用Android开发的基本能力。

全书共分15章，构建了Android开发程序的整个知识体系。第1章主要介绍现今流行的手机操作系统以及平台开发技术，第2章主要介绍Android系统架构，第3章主要介绍Android应用开发环境搭建，第4章主要介绍Android应用程序基础，第5章和第6章主要介绍UI设计的组件和布局，第7章主要介绍Android数据存储，第8章主要介绍数据库SQLite，第9章主要介绍内容提供器ContentProvider，第10章主要介绍广播与服务，第11章主要介绍网络编程，第12章的内容是手机功能中的短信处理、电话处理、重力感应和定位与地图应用，第13章的内容是多媒体开发，第14章的内容为2D游戏开发，第15章的内容为HTML5在Android中的应用。

本书不仅可以作为高等院校各计算机相关专业的教材，还可以作为计算机开发者、爱好者及自学者的参考书。

图书在版编目（CIP）数据

基于Android平台的移动开发技术 / 徐硕博，黄卫东，贾雁主编. -- 北京 : 中国水利水电出版社，2018.10
普通高等教育“十三五”规划教材. 软件工程专业
ISBN 978-7-5170-7115-0

Ⅰ. ①基… Ⅱ. ①徐… ②黄… ③贾… Ⅲ. ①移动终端－应用程序－程序设计－高等学校－教材 Ⅳ. ①TN929.53

中国版本图书馆CIP数据核字(2018)第249145号

策划编辑：石永峰　责任编辑：张玉玲　加工编辑：封　裕　封面设计：李　佳

书　名	普通高等教育“十三五”规划教材（软件工程专业） 基于Android平台的移动开发技术 JIYU Android PINGTAI DE YIDONG KAIFA JISHU
作　者	主　编　徐硕博　黄卫东　贾　雁 副主编　陈庆涛　刘江平　陈佳泉 主　审　张广渊　吴昌平
出版发行	中国水利水电出版社 （北京市海淀区玉渊潭南路1号D座　100038） 网址：www.waterpub.com.cn E-mail：mchannel@263.net（万水） sales@waterpub.com.cn 电话：（010）68367658（营销中心）、82562819（万水）
经　售	全国各地新华书店和相关出版物销售网点
排　版	北京万水电子信息有限公司
印　刷	三河市鑫金马印装有限公司
规　格	184mm×260mm　16开本　15.5印张　382千字
版　次	2018年10月第1版　2018年10月第1次印刷
印　数	0001—3000册
定　价	38.00元

前 言

作为目前世界上非常流行的手机操作系统，Android 已经推出许多版本，越来越多的开发者和工程师加入了 Android 平台的开发与研究。同时，由于 Android 系统中的应用软件使用最广泛的 Java 语言来实现，简单易学、功能完备，Android 系统成为了移动开发初学者的首选，越来越广泛地运用于手机、电视和汽车等领域，前景光明。

本书全面介绍了 Android 手机开发涉及的各个方面。全书理论联系实际，通过实例讲解知识、介绍操作技能，采用层层递进的方式组织教学，叙述详尽、概念清晰，使读者在学习完本书后，不仅可掌握 Android 开发的应用技术，还能通过实践完成一个完整移动端项目的设计与开发过程，进而具备应用 Android 开发的基本能力。

全书共分 15 章，构建了 Android 开发程序的整个知识体系。第 1 章主要介绍现今流行的手机操作系统以及平台开发技术，第 2 章主要介绍 Android 系统架构，第 3 章主要介绍 Android 应用开发环境搭建，第 4 章主要介绍 Android 应用程序基础，第 5 章和第 6 章主要介绍 UI 设计的组件和布局，第 7 章主要介绍 Android 数据存储，第 8 章主要介绍数据库 SQLite，第 9 章主要介绍内容提供器 ContentProvider，第 10 章主要介绍广播与服务，第 11 章主要介绍网络编程，第 12 章的内容是手机功能中的短信处理、电话处理、重力感应和定位与地图应用，第 13 章的内容是多媒体开发，第 14 章的内容为 2D 游戏开发，第 15 章的内容为 HTML5 在 Android 中的应用。

本书内容丰富、结构完整、概念清楚、深入浅出、通俗易懂，可读性、可操作性强，不仅可以作为高等院校各计算机相关专业的教材，还可以作为计算机开发者、爱好者及自学者的参考书。

感谢达内集团（www.tedu.cn）的帮助与协作，感谢 ARM 公司（www.arm.com）的资助和参与。

本书由山东交通学院的徐硕博、黄卫东和贾雁老师组织编写并担任主编，陈庆涛、刘江平、陈佳泉任副主编，山东交通学院信息科学与电气工程学院张广渊院长、吴昌平副院长审定，山东交通学院信息科学与电气工程学院的李凤云、武华、朱振方老师及山东乐而为网络科技有限公司的经理李浩也参与了本书的编写工作。

由于作者水平有限，本书难免存在疏漏和不妥之处，敬请读者批评指正。

编　者

2018 年 8 月

目　　录

第 1 章　移动开发技术

随着移动设备特别是智能手机的不断普及与发展，相关软件的开发也越来越受到程序员的青睐。2007 年第一代智能手机 iphone 发售以来，移动开发平台的技术日异月新，有的平台慢慢退出了市场（比如 Symbian），有的平台异军突起（Android、iOS）。目前，在移动开发领域中 Android 的发展最为迅猛，在短短的几年时间，就撼动了诺基亚 Symbian 的霸主地位，成为市场份额最高的移动开发平台。作为移动开发的起步，本章重点介绍了移动终端技术的发展及其移动开发平台的发展过程。

学习目标：

- 了解移动终端技术
- 了解移动开发平台

1.1　移动终端技术概述

1.1.1　移动终端发展概述

全球移动终端从 2007 年以来发展迅猛，特别是智能手机的发展尤其如此，嵌入式 CPU 和触摸屏等各类硬件的发展为智能终端提供了底层硬件基础，而 iOS 和 Android 软件平台为智能终端提供了丰富多样的应用基础，两者的结合使得 3G 移动通信和终端都迎来了最好的发展机遇，而今 4G 移动通信的普及更使得智能手机的发展如虎添翼，结合智能手机的价格一降再降，智能手机成为了移动终端的普通大众选择。我们享受着科技带来的便捷和乐趣的同时也在期待 5G 通信时代的到来。到那时移动终端不仅仅包括智能手机、平板电脑能够互联互通，遍布世界各个角落的智能家电、汽车和便携硬件也会使得物联网应用的时代很快到来。

1.1.2　从功能手机到智能终端

功能手机（feature phone）是指那些不能随意安装、卸载软件的普通手机，一般只具有手机自带的通信及相关功能。传统手机都使用的是生产厂商自行开发的封闭式操作系统，所能实现的功能非常有限，不具备智能手机的扩展性。自从 Java 出现以后，功能手机逐渐具备了安装 Java应用程序的功能，但是当时这种扩展了的功能手机的用户界面操作友好性、运行效率及对系统资源处理，都远远不及“智能手机（smart phone）”。

智能手机比传统手机具有更多的综合性处理功能。智能手机同传统手机外观和操作方式类似，不仅包含触摸屏手机，也包含非触摸屏数字键盘手机和全尺寸键盘操作的手机。智能手机就是一台可以随意安装和卸载应用软件的手机（就像计算机那样）。4G 时代下，智能手机已成为主流，智能手机市场发展迅猛。IDC 日前发布的数据显示，2010 年制造商共出货智能手机 3.05 亿台，2010 年第四季度全球智能手机出货量超越 PC（个人计算机），成为里程碑式标志。2011 年智能手机出货量达 4.72 亿台，增长率达 55%，2011 年第一季度 Android 在全球的市场份额首次超过 Symbian 系统，跃居全球第一。2013 年 9 月 24 日谷歌开发的操作系统 Android 迎来了 5 岁生日，全世界采用这款系统的设备数量已经达到 10 亿台。2014 年第一季度 Android 平台已占所有移动广告流量来源的 42.8%，首度超越 iOS。正如 IDC 高级分析师 Kevin Restivo 所指，“智能手机的闸门已经打开”，智能手机成了一种大趋势。

智能终端除了包含智能手机外，还包含平板电脑。平板电脑界的明星产品为 iPad，目前已推出五代。Android 平板电脑发展迅速，另外 HP 推出了基于 RIM 系统的平板电脑，Intel 的 MeeGo 平台也瞄准了平板电脑市场。现今国内智能电视的平台更是一家独大，几乎清一色地使用了 Android 平台。而苹果的 CarPlay、谷歌的 Android Auto 和百度的 CarLife 也在争夺车联网的市场。

2008 年 1 月 7 日，我国 3G 牌照的发放标志着我国的 3G 移动互联网产业正式进入大发展阶段。尽管 3G 解决了网速过慢的问题，但 3G 移动互联网要想有大的发展，既离不开智能手机及其操作系统的发展，也离不开应用软件的发展。2010 年智能手机应用爆发，成为中国的移动互联网元年。

市场调研机构 Gartner 的统计报告显示，2018 年移动领域 Android 霸主地位更加巩固了，而 iOS 的表现却无法让人满意，如图 1-1 所示。

Smartphone OS Sales Share (%)

Germany	3 m/e June '17	3 m/e June '18	% pt. Change
iOS	16	18.8	2.8
Android	82.3	80.5	-1.8
Windows	1.4	0.5	-0.9
Other	0.4	0.2	-0.2
GB	**3 m/e June '17**	**3 m/e June '18**	**% pt. Change**
iOS	35.5	34.9	-0.6
Android	62.8	64.5	1.7
Windows	1.1	0.6	-0.5
Other	0.6	0	-0.6
France	**3 m/e June '17**	**3 m/e June '18**	**% pt. Change**
iOS	18.3	22.5	4.2
Android	80.6	77	-3.6
Windows	1.1	0	-1.1
Other	0	0.5	0.5
Italy	**3 m/e June '17**	**3 m/e June '18**	**% pt. Change**
iOS	13.5	11.1	-2.4
Android	83.4	88	4.6
Windows	3	0.7	-2.3
Other	0.1	0.2	0.1
Spain	**3 m/e June '17**	**3 m/e June '18**	**% pt. Change**
iOS	8	11.8	3.8
Android	92	88.2	-3.8
Windows	0	0	0
Other	0	0	0

USA	3 m/e June '17	3 m/e June '18	% pt. Change
iOS	32.8	38.7	5.9
Android	65.5	61	-4.5
Windows	1.3	0.1	-1.2
Other	0.3	0.1	-0.2
China	**3 m/e June '17**	**3 m/e June '18**	**% pt. Change**
iOS	21.5	19.4	-2.1
Android	78.4	80.4	2
Windows	0.1	0.1	0
Other	0	0.1	0.1
Australia	**3 m/e June '17**	**3 m/e June '18**	**% pt. Change**
iOS	35.8	36.3	0.5
Android	63.9	62.9	-1
Windows	0.3	0.4	0.1
Other	0	0.4	0.4
Japan	**3 m/e June '17**	**3 m/e June '18**	**% pt. Change**
iOS	44.6	42.9	-1.7
Android	55	55.8	0.8
Windows	0.3	0.1	-0.2
Other	0.2	1.2	1
EU5	**3 m/e June '17**	**3 m/e June '18**	**% pt. Change**
iOS	18.8	20.1	1.3
Android	79.6	79.3	-0.3
Windows	1.4	0.4	-1
Other	0.2	0.2	0

图 1-1　Kantar 调查：2018 第二季度智能手机平台市场份额

在图 1-1 中，市场调研机构 Kantar 发布了 2018 年第二季度移动操作系统市场份额数据。数据中呈现了中、美、日、英、法等多个国家地区的系统占比情况，可以看出 Android 市场份额占据绝对优势，Windows phone 已经被市场边缘化了。

智能手机的配置特点包括：

- 高速度处理芯片。智能终端一般需要处理音频、视频，甚至要支持多任务处理，这需要一颗功能强大、低功耗、具有多媒体处理能力的芯片。手机芯片通常是指应用于手机通信功能的芯片，包括基带、处理器、协处理器、RF 芯片、触摸屏控制器芯片、内存、无线 IC 和电源管理 IC 等。目前手机芯片平台主要有高通（Qualcomm）、联发科（MTK）、三星（SAMSUNG）、华为海思（Hisilicon）、展讯（Spreadtrum）等，这些芯片大都是在嵌入式架构 ARM 的 Cortex 基础上作出的 SoC（System on a Chip）芯片，而 ARM 的架构是采用精简指令集计算机（Reduced Instruction Set Computer，RISC）。
- 大存储芯片和存储扩展能力。2017 年度的智能手机运行内存一般在 2GB 以上，存储内存在 32GB 以上。
- 面积大、标准化、可触摸的显示屏。5 寸 LED 为 2016 年度市场最受欢迎的显示屏，OLED 全面屏成为 2017 年度的发展趋势。
- 支持GPS 导航。它不但可以帮助用户很容易找到想找的地方，而且可以帮助寻找用户周围的兴趣点，未来的很多服务（Location Based Service，LBS）也会和位置结合起来，这是智能手机与 PC 相比最大的不同之处。
- 操作系统必须支持新应用的安装。用户的手机应该可以安装和定制自己的应用。Apple 公司实行了严格的管控，所有应用软件（APP）必须通过 APP Store 下载和安装。Android 应用软件可以通过 Google Play 或者其他手机助手来完成，一般手机都安装了自己的 APP 管理软件，比如华为、小米和三星。
- 配备大容量电池，并支持电池更换。智能手机无论采用何种低功耗的技术，电量的消耗都是一个大问题，必须要配备高容量的电池。2017 年发行的手机一般都配备 3000mAh 以上的电池。随着智能手机越来越广的应用，外接移动电源成为手机的流行装备。
- 良好的人机交互界面。随着触摸式屏幕在智能手机的广泛应用，语音输入识别精确度的提高，为智能手机人机界面的发展提供了更广阔的发展机遇。

1.2　移动开发平台技术介绍

全球智能手机在 3G 移动互联网的带动下呈现逐年递增的局面，而智能手机操作系统格局又很难像 Microsoft Windows 一样由某个系统占据绝对垄断地位，导致智能手机的应用软件很难像 PC 应用软件一样有统一的开发平台及相应标准，这就需要手机应用软件必须适应各种不同智能手机操作系统，从而对软件开发人员提出了更高的要求。除此之外，手机软件开发人员还必须熟悉各种智能手机的参数、规格以及运营商对软件的各种标准和规范，才能针对不同的智能手机、不同的运营商开发出相应的软件，因此传统软件开发人员没有经过系统的专业培训，很难从传统软件开发领域成功转到手机软件开发领域。

本节重点介绍主流移动开发平台的特点及开发环境。

1.2.1 移动开发特点

相对于 PC 而言，手机等移动终端具有屏幕较小、存储容量较小、处理器的计算能力相对较低、电池电量有限等特点，所以在开发应用时需要注意，在这些方面的设计和开发手机等移动终端上的应用都不同于普通 PC 上的应用。因此，基于手机等移动终端的应用应具备如下特点：

- 有效管理内存。因为移动设备的内存相对 PC 而言偏小，所以在开发时，需要更加注意内存泄漏的问题，否则可能导致系统无法正常运行。
- 更强的容错处理能力。移动平台开发需要对错误的包容性更强，因为移动设备的用户比 PC 用户更不能容忍需要重启的错误。所以，在开发时，必须尽可能地在程序中捕捉异常，通过重试、自动关闭某个程序等手段来解决问题。
- 不同的操作方式。手机的输入设备有别于 PC，在 PC 上用户可以很方便地通过鼠标和键盘来完成输入操作，而手机等移动设备没有鼠标，高端智能设备提供了触摸屏。所以我们设计界面的时候，必须考虑用户如何操作才能更加便捷。
- 有限的电量。移动设备的电池容量虽然在逐渐增加，但是相对 PC 而言，还是有限的，所以在开发时需要注意及时关闭耗电量比较大的功能，提供给用户更方便的选择。
- 有限的屏幕尺寸。相对于 PC 而言，移动平台设备屏幕尺寸偏小，所以 UI 设计需要考虑用户界面的分辨率等实际效果。
- 设备的多样性与软件的适配。由于移动设备需要满足多种用户需求，故移动设备种类繁多，往往同一平台的设备有多个版本，而不同版本之间具有不同的软硬件配置，易导致同一款软件无法安装或者安装后无法正常运行，所以存在同一平台不同设备之间的适配问题，需要做相应的移植。
- 开发周期相对传统软件较短。一般的移动平台应用软件或者游戏软件项目，规模往往偏小，所以开发周期比传统软件开发周期短，参与的研发人员也会相对少一些。这也不是绝对的，在移动平台一样也可以开发具有复杂而强大功能的软件，这样开发周期就会比较长。

1.2.2 Symbian OS 平台及开发环境介绍

（1）Symbian OS 平台概述。

1998 年 6 月，Psion 公司联合手机业界巨头诺基亚、爱立信、摩托罗拉等组建了 Symbian 公司。该公司继承了 Psion 公司 EPOC 操作系统软件的授权，并且致力于为移动信息设备提供一个安全可靠的操作系统和一个完整的软件及通信器平台。

由于 Symbian OS 平台是一种开放式平台，任何人都可以为支持 Symbian OS 的设备开发软件。这意味着开发伙伴具有更多可选择的应用，同时拥有更大的市场。为此 Symbian 推出了白金合作计划，吸引了包括 ARM、德州仪器公司等大量的厂商加入。Symbian 公司还参与了 WAP、Wireless Java 和 Bluetooth 的制定工作，确保 EPOC 完全支持市场的内容和服务需求模块化、可伸缩性、低能耗以及与 Strong ARM 这类 RISC 芯片的兼容性。Nokia 公司全资收购 Symbian 公司并宣布将 Symbian 操作系统开源，使得 Symbian OS 平台成为一个开放的、可扩展的智能手机平台。

（2）Symbian OS 开发环境。

开发 Symbian OS 平台的手机软件，可以采用多种开发工具：微软研发的 Visual C++ 6.0/Visual Studio 2005、飞思卡尔（Freescale）半导体公司推出的支持多种硬件平台的集成开发环境 CodeWarrior，或者 Nokia 公司研发的 ADT（Application Developer Toolkit）集成开发环境工具包。ADT 的目标是为手机应用软件的开发者提供方便的开发环境，其中集成了 Carbide.c++，可以用来开发 Symbian S60 应用程序。需要安装的软件是：

1）Java SDK。

2）Active Perl。

3）Application Developer Toolkit（ADT）（包含 Carbide.C++ IDE）。

4）Symbian S60 Platform SDK（包含编译工具、模拟器及开发帮助文档）。

依次安装完后，即可启动 ADT 中的 Carbide.c++集成开发环境，进行 Symbian 项目开发。另外，Nokia 公司扩展了 Qt 开发库，推出了 Nokia Qt SDK，其中也包含了集成开发环境以及 Symbian 平台应用软件开发的 SDK 等软件，可以用来开发 Symbian 平台的应用程序。随着 Nokia 公司的没落，2013 年 9 月，微软以约 72 亿美元的价格收购了诺基亚手机业务。Symbian OS 基本失去了市场份额，逐渐退出了历史舞台。

1.2.3　Android 平台及发展介绍

（1）Android 平台概述。

Google 于 2007 年 11 月宣布，与 30 多家业内企业成立开放手机联盟（Open Handset Alliance，OHA），共同开发 Android 开源移动平台。Android 是一款智能手机操作系统，也是 Google 在 2005 年收购的一家手机软件公司的名字，后来 Google 用 Android 来命名这个全新的操作系统。Android 向手机厂商和手机运营商提供了一个开放的平台，供他们开发创新性的应用软件。Android 基于 Linux 技术，由操作系统、用户界面和应用程序组成，允许开发人员查看源代码，是一套具有开放源代码性质的手机终端解决方案。

Google 的 Android 平台公布源代码，并允许所有手机厂商加入开发且免费使用，这无疑让手机企业和第三方软件企业都为之振奋。Google 宣称开放手机联盟成员目前有 34 家，其中芯片制造商包括英特尔、高通、德州仪器、NVIDIA 公司，手机制造商包括摩托罗拉、三星、LG和宏达（HTC），运营商包括中国移动、美国的 Sprint 和 T-Mobile、日本的 NTT DoCoMo 和 KDDI、10 个欧洲国家的 T-Mobile 等，再加上做应用层面的 Google、SkyPOP。截至 2011 年 6 月，Android 集合了 36 家 OEM 厂商、215 家移动运营商和超过 45 万名的开发者。

2008 年 10 月谷歌的 G1 手机正式推出。该手机是第一款采用谷歌 Android 操作系统的手机。由于 Android 的开放性吸引了众多手机制造商，HTC、摩托罗拉、三星、小米、华为、联想、酷派等手机制造商不断推出 Android 新手机，截至 2016 年 9 月，Android 设备超过 30 亿台。

（2）Android 开发环境。

Android 采用的集成开发环境是 Eclipse 或者 NetBeans，需要具备的工具如下：

1）JDK 1.6+。

2）Android SDK 1.6。

3）Android SDK Setup。

4）Eclipse IDE for Java Developers。

不过 2013 年 5 月 16 日，在 I/O 大会上，谷歌推出了新的 Android 开发环境——AS（Android Studio），并对开发者控制台进行了改进。Android Studio 基于 IntelliJ IDEA，类似 Eclipse ADT，提供了集成的 Android 开发工具用于开发和调试。开发者可以在编写程序的同时看到自己的应用在不同尺寸屏幕中的样子，在 IntelliJ IDEA 的基础上，Android Studio 提供：

1）基于 Gradle 的构建支持。

2）Android 专属的重构和快速修复。

3）提示工具，以捕获性能、可用性、版本兼容性等问题。

4）支持 ProGuard 和应用签名。

5）基于模板的向导，来生成常用的 Android 应用设计和组件。

6）功能强大的布局编辑器，可以拖拉 UI 控件并进行效果预览。

但是 Android 的脚步从未停止，谷歌公司针对安卓的碎片化推出了新的发展战略，网上流传两种版本：

版本之一：将 Android 和 Chrome OS 整合，开发一款新的操作系统，名字为 Andromeda（仙女座）。

版本之二：发布一个代号为 Fuchsia（紫红色）的全新操作系统，并且依然是以开源的风格推向市场。

1.2.4 Windows Mobile 平台及开发环境介绍

（1）Windows Mobile 平台概述。

Windows Mobile 系列操作系统是在微软计算机的 Windows 操作系统上变化而来的，因此，Windows Mobile 的操作界面与 Windows 的操作界面非常相似。Windows Mobile 系列操作系统具有的功能更强大，多数具备了音频及视频文件播放、上网冲浪、MSN 聊天、电子邮件收发等功能，而且，支持该操作系统的智能手机多数都采用了英特尔嵌入式处理器，主频比较高，另外，采用该操作系统的智能手机在其他硬件配置（如内存、储存卡容量等）上也较采用其他操作系统的智能手机要高出许多，因此性能比较强劲，操作起来速度会比较快。但是，此系列手机也有一定的缺点，如因配置高、功能多而耗电量大、电池续航时间短、硬件成本高等缺点。Windows Mobile 系列操作系统包括 Pocket PC Phone 以及 Smartphone 两种平台。Pocket PC Phone 主要用于掌上电脑型的智能手机，而 Smartphone 则主要为单手智能手机提供操作系统。

（2）Windows Mobile 开发环境。

直接到微软的网站可以下载开发环境所需要的软件安装包。注意，如果开发 Windows Mobile 7 的应用程序，需要在 Windows 7 中进行，安装 Visual Studio 2010 Express for Windows Phone CTP 即可，其中包含了以下组件：

1）Visual Studio 2010 Express for Windows Phone CTP

2）Windows Phone Emulator CTP

3）Silverlight for Windows Phone CTP

4）XNA Game Studio 4.0 CTP

1.2.5　iOS 平台及开发环境介绍

（1）iOS 平台概述。

iOS 是苹果公司为 iPhone 开发的操作系统，它主要是给 iPhone、iPod touch 以及 iPad 使用。就像 Mac OS X 操作系统一样，iOS 系统也是以 Darwin 为基础的。原本这个系统名为 iPhone OS，直到 2010 年 6 月 7 日 WWDC（苹果全球开发者大会）上才改名为 iOS。iOS 的系统架构分为四个层次：核心操作系统层（the Core OS layer），核心服务层（the Core Services layer），媒体层（the Media layer），界面服务层（the Cocoa Touch layer）。系统操作大概占用 240MB 的存储器空间。

iOS 用户界面的概念基础是能够使用多点触控直接操作。控制方法包括滑动、轻触开关及按键。与系统交互包括滑动（swiping）、轻按（tapping）、挤压（pinching）及旋转（reverse pinching）。此外，通过内置的加速器，可以旋转设备改变 y 轴以令屏幕改变方向，这样的设计令 iPhone 更便于使用。屏幕的下方有一个 Home 键，底部则是停靠栏（dock），有四个用户最经常使用的程序的图标被固定在停靠栏上。屏幕上方有一个状态栏能显示一些有关数据，如时间、电池电量和信号强度等。

（2）iOS 开发环境。

Cocoa Touch 是从 Mac OS X 系统的架构上裁剪和修改而来的，用于开发 iPhone、iPod、iPad 上的软件，也是苹果公司针对 iPhone 应用程序快速开发提供的一个类库。此库以一系列框架库的形式存在，支持开发人员使用用户界面元素构建图像化的事件驱动的应用程序。iPhone 上的 Cocoa Touch 与 Mac OS X 上的 Cocoa 和 AppKit 类似，并且支持在 iPhone 上创建丰富、可重用的界面。

苹果公司为 iOS 开发人员准备了 iPhone SDK（Software Development Kit，软件开发包），当然 iPhone SDK 只能基于苹果公司的 Mac OS X 系统进行开发。iPhone SDK 包括了界面开发工具、集成开发工具、框架工具、编译器、分析工具、开发样本和一个模拟器。苹果公司于 2014 年在 WWDC 发布的新开发语言 Swift，可与 Objective-C 共同运行于 Mac OS X 和 iOS 平台，用于搭建基于苹果平台的应用程序。苹果公司推出的新编程语言 Swift 是一款易学易用的编程语言，而且它还是第一套具有与脚本语言同样的表现力和趣味性的系统编程语言。Swift 的设计以安全为出发点，以避免各种常见的编程错误类别。2015 年 12 月 4 日，苹果公司宣布其 Swift 编程语言开放源代码。600 多页的 The Swift Programming Language 可以在线免费下载。

1.2.6　J2ME 平台及开发环境介绍

（1）J2ME 平台概述。

Java ME 以往称作 J2ME（Java 2 Micro Edition），是为机顶盒、移动电话和 PDA 之类嵌入式消费电子设备提供的 Java 语言平台，包括虚拟机和一系列标准化的 Java API。它和 Java SE、Java EE 一起构成 Java 技术的三大版本，并且同样是通过 JCP（Java Community Process）制订的。

根据 Sun 公司的定义，Java ME 是一种高度优化的Java运行环境，主要针对消费类电子设备，例如蜂窝电话和可视电话、数字机顶盒、汽车导航系统等。JAVA ME 技术在 1999 年的 JavaOne Developer Conference 上正式推出，它将Java 语言的与平台无关的特性移植到小型电子设备上，允许移动无线设备之间共享应用程序。

（2）J2ME 开发环境。

开发 Java ME 程序需要开发者装上 Java SDK 以及 Sun Java Wireless Toolkit 系列开发包，开发 IDE 可以选择 Eclipse、NetBeans 等。

1）Java SDK 5.0 或更高。

2）Sun Java Wireless Toolkit 2.x 系列开发包。

3）主流 JAVA 开发 IDE 工具（Eclipse、NetBeans、IntelliJ IDEA）。

有些手机开发商如Nokia、Sony Ericsson、摩托罗拉等都有自己的SDK，供开发者再开发出兼容于其平台的程序。

1.2.7 其他移动平台简介

其他移动平台还有很多，如诺基亚公司和英特尔公司推出的免费移动平台操作系统 MeeGo（其将用于智能手机与平板电脑），Palm 公司（被惠普收购）推出的 Web OS（又称 Palm OS），RIM 公司研发的黑莓手机操作系统 BlackBerry OS，三星公司自行研发的智能手机平台 Bada（于 2009 年 11 月 10 日发布）。但是这些移动平台都没有撼动三大巨头（Android、iOS、Windows phone）。

本章小结

- 移动终端技术的发展与变化永远不会停息，硬件方面突破性的发展和软件整体构架的成熟，使智能终端发展冲上新的台阶。移动终端爆发性的发展也成就了 ARM、Apple、高通和国内的小米、华为等公司，智能手机成了一片“红海”。
- 现今三大移动开发平台（Android、iOS 和 Windows Phone）及其技术特点：Android 系统免费开源，版本众多；iOS 系统封闭，相对稳定；Windows Phone 系统作为 Windows 的产品，兼容了桌面系统与移动系统，但其占用资源相对较多。

第 2 章　Android 系统架构

学习目标：

- 了解 Android 特性
- 了解 Android 系统架构

2.1　Android 概述

2.1.1　Android 系统概述

Android 中文意思为“机器人”，它是美国 Google 公司在 2007 年 11 月 5 日宣布由其主导推出的一个手机操作系统。该操作系统基于 Linux 内核，且完全开源和免费，到 2011 年初的数据显示，仅正式发布 4 年的 Android 系统已经超越称霸 10 年的 Symbian 系统，已经是全球最受欢迎的智能手机平台。

Android 由开放手机联盟（Open Handset Alliance）共同研发，该联盟是美国 Google 公司与众多科技公司组建的一个全球性的联盟组织。开放手机联盟包括手机制造商、手机芯片厂商和移动运营商几大类，联盟在成立之初就有 34 位成员，其中包括 HTC、摩托罗拉、三星、LG、中国移动、华为等知名公司。

图 2-1 中列出的机构均为开放手机联盟成员。

图 2-1　开放手机联盟成员

开放手机联盟成员与 Google 一起来开发 Android 操作系统及其应用软件，共同开发 Android 的开源移动系统。它们都在 Android 平台的基础上不断创新，让用户体验到最优质的服务，这使得 Android 具有强大的生命力和竞争力。

2.1.2 Android 的系统特性

Android 之所以成为万众瞩目的国际巨星，有其特有的优点：

（1）开放源代码。Android 最大的特性是源代码全部开放，可以从 Google 的官方网站上免费下载到 Android 系统的所有源代码。这是以前所有手机操作系统中从来没有过的，而开放手机联盟致力于共同制定标准，使 Android 成为一个开放式的系统。

（2）应用广泛。Android 系统除了可以安装在手机这样的终端设备外，还可以安装到平板电脑、车载 GPS 导航仪、MP4，以及一些笔记本电脑等硬件上，应用非常广泛。

（3）可扩展性强。Android 系统里面内置了 Google 特有的业务，比如搜索、导航、Gmail、Google Talk 等，而在 Android 上所有应用都是可替换和可扩展的，即使核心组件也一样。开发者可以充分发挥想象力，创造出自己的 Android 王国。

（4）云计算。云计算最早是由 Google 倡导并推动的一项新技术，未来将没有服务器概念，平时所用的计算机都将作为存储数据的云端。Android 设备在未来也会成为云端的一个设备。

（5）硬件调用。Android 内置了重力感应器、加速度感应器、温度感应器、湿度感应器等硬件传感器，另外 GPS 模块、WiFi 模块也让更多的硬件调用更加方便。

（6）开发方便。Eclipse + ADT + Android SDK 的开发环境非常容易集成，开发和调试也更加方便快捷，另外，由于 NDK 的支持，C 和 C++核心算法更容易加入到开发程序中来。

除此之外，Android 在对 Web 的支持上，支持最新的 HTML5 和 JavaScript 脚本；Android 不断更新 SDK，使得虚拟键盘和多点触碰等成为可能；Android 的个性支持，在 Widget、Shortcut、Live Wallpapers 上体现出华丽和时尚。Android 的特点还有很多，其未来让人充满期望。

2.1.3 Android 的硬件特性

作为一个使用 Linux 内核的智能手机操作系统，Android 的 CPU 至少应为 ARM9 200MHz，这样才能带动 Dalvik 这个 Java 级虚拟机。Google 官方最早推出的 G1 手机使用的是 ARM11 和 ARM9 组成的双核 CPU，主频达到了 520MHz。虽然 Linux 内核在内存消耗方面有一定的优势，但是 Android 桌面、UI 等都工作在 JVM 之上，需要占用的内存很大，在 T-Mobile G1 中达到了 192MB，比使用本地 C/C++编写的程序更占用资源。同时，由于 Android 程序生命周期的特殊性，GC 不会频繁地回收资源，所以占用的内存非常大。

在 3D 硬件加速方面，可以由厂商自己定制，其作为一个可选的组件来支持 OpenGL ES，最新已经支持到了 2.0 以上。厂商还可以定制 WiFi 网卡、各种感应器、摄像头等硬件配置，Android 系统已经为其提供了强大的支持。

Android 3.0 的硬件标准要求是屏幕分辨率达到 1280*800 像素，配有前后两个摄像头。而双核处理器将会通过硬件兼容性解决。

2.2 Android 系统架构

2.2.1 Android 体系结构

Android 系统是基于 Linux 和 Java 技术的，它在底层采用 Linux 内核和本地库，在上层提供 Java 支持框架和开发接口。它借助于 Linux 强大的稳定性、开放性和可移植性，及 Java 语言开发的广泛性、简单性和可移植性，一经推出就受到广泛关注和欢迎，在嵌入式开发中产生了比较深远的影响。通过 2.1 节的介绍，我们对 Android 已经有了初步的了解。下面将介绍 Android 的体系结构，如图 2-2 所示。

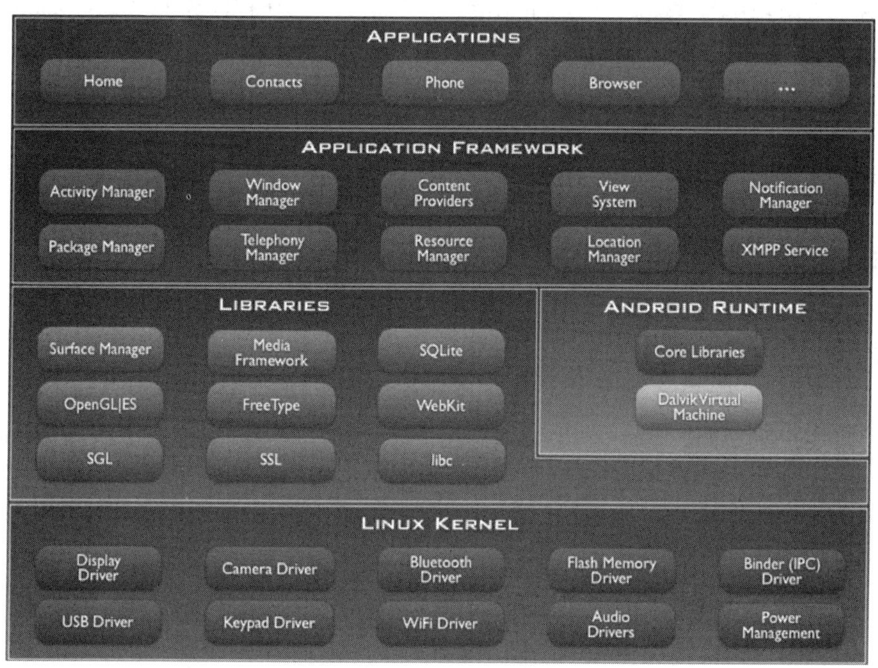

图 2-2 Android 的体系结构图

要了解 Android 的整个体系结构，这张图是非常重要的。由图 2-2 中可以看出 Android 体系分为 5 个部分，从下至上依次是 Linux 内核层（Linux Kernel）、Android 运行时（Android Runtime）、核心库（Libraries）、应用框架层（Application Framework）和应用层（Applications），下面我们将对这几层进行简单的介绍。

2.2.2 Linux 内核层（Linux Kernel）

Android 基于 Linux 内核提供核心系统服务，例如：安全、内存管理、进程管理、网络堆栈、驱动模型。Linux Kernel 作为硬件和软件之间的抽象层，它隐藏具体硬件细节而为上层提供统一的服务。如果学过计算机网络OSI/RM，就会知道分层的好处就是使用下层提供的服务而为上层提供统一的服务，屏蔽本层及以下层的差异，当本层及下层发生了变化时不会影响到上层。也就是说各层各尽其职，各层提供固定的 SAP（Service Access Point），专业点可以说是高内聚、低耦合。如果只是做应用开发，就不需要深入了解 Linux Kernel 层。

2.2.3 系统运行库层

此层包括核心库与 Android 运行时两部分：

（1）Libraries（核心库）。

Android 包含一个 C/C++库的集合，供 Android 系统的各个组件使用，其通过 Android 的应用程序框架（Application Framework）提供给开发者，包括系统 C 库（标准 C 系统库（libc））、媒体库、界面管理库、图形库、数据库引擎、字体库等。

（2）Android Runtime（Android 运行时）。

Android 包含一个核心库的集合，提供大部分在 Java 编程语言核心类库中可用的功能。每一个 Android 应用程序是 Dalvik 虚拟机中的实例，运行在它们自己的进程中。Dalvik 被设计成一个设备可以同时高效地运行多个虚拟系统。Dalvik 虚拟机可执行文件的格式是.dex，dex 格式是专为 Dalvik 设计的一种压缩格式，适合内存和处理器速度有限的系统。大多数虚拟机（包括 JVM）都是基于栈的，而 Dalvik 虚拟机则是基于寄存器的。两种架构各有优劣，一般而言，基于栈的机器需要更多指令，而基于寄存器的机器指令更强大。dx 是一套工具，可以将 Java.class 转换成.dex格式。一个 dex 文件通常会有多个.class 文件。dex 文件有时必须进行最佳化，会使文件大小增加 1～4 倍，以 ODEX 结尾。Dalvik 虚拟机依赖于 Linux 内核提供基本功能，如线程和底层内存管理。

2.2.4 应用框架层

通过提供开放的开发平台，Android 使开发者能够编制极其丰富和新颖的应用程序。开发者可以自由地利用设备硬件优势、访问位置信息、运行后台服务、设置闹钟、向状态栏添加通知等。开发者可以完全使用核心应用程序所使用的框架 APIs。应用程序的体系结构旨在简化组件的重用，任何应用程序都能发布它的功能，且任何其他应用程序都可以使用这些功能（需要服从框架执行的安全限制）。这一机制允许用户替换组件。所有的应用程序其实是一组服务和系统。应用程序框架包括：

（1）Activity Manager（活动管理器）：Activity 是 Android 的核心类，它相当于 C/S 程序中的窗体或 Web 页面，而 Activity Manager 用来负责管理当前程序中所有的 Activity 从创建直到销毁的全过程。

（2）Content Providers（内容提供器）：为其他应用程序提供数据，也就是说，它提供了多个应用程序之间的共享数据。在 Content Providers 中定义了一系列的方法，通过这些方法可以使其他应用程序获得和存储内容提供器支持的数据。

（3）Notification Manager（通知管理器）：使应用程序在状态栏显示自定义的警报通知，通知可以用很多种方式来吸引用户的注意力——闪动背灯、震动、播放声音等。一般来说是在状态栏上放一个持久的图标，用户可以打开它并获取消息。

（4）Resource Manager（资源管理器）：提供对非编码资源的访问通道，例如本地化字符串、图形、布局文件、音频、视频等，对于这些资源，Android 会进行分类编译管理。

（5）Location Manager（定位管理器）：支持对 GPS、基站等信息的获取以提供用户的位置信息，确定当前手机用户的位置。

（6）Telephony Manager（电话语音模块）：管理电话、语音等设备。

（7）View System（显示框架）：Android 系统各种显示控件的管理，由显示框架提供。

2.2.5　应用层

Android 装配一个核心应用程序集合，包括电子邮件客户端、SMS 程序、日历、地图、浏览器、联系人和其他设置。所有应用程序都是用 Java 编程语言写的。更加丰富的应用程序有待我们去开发。开发者不但可以直接调用这些应用，而且可以利用此模式分享自身的 API，允许其他软件调用。而对于运营商而言，可以借此嵌入自身的增值应用，同时开放其 API，建立自己的软件生态圈。如果想获取更多的优秀软件，或者让他人分享自己的程序设计，国外以 Android Market 应用程序的在线商店来分发软件，而国内 Android 市场的软件分发基本由制造厂家（如华为、小米）提供，外加阿里巴巴、腾讯等 IT 巨头控制。在这里介绍一下 Android 比较常用的系统库：

（1）SGL：2D 图形引擎，它的主要作用就是做 2D 图形的渲染。比如我们平时玩的一些 2D 游戏，游戏里边会涉及到一些图片，包括文字、矩形、多边形等，这些内容的绘制实际都是由这个引擎所提供的，受这个引擎的支持。

（2）OpenGL ES：OpenGL 为开放式图形库，它提供了性能卓越的 3D 图形标准，该套标准跨编程语言，跨操作系统；而 OpenGL ES 是专为嵌入和移动设备设计的 3D 轻量图形库，它基于 OpenGL API 设计，该库可以使用 3D 硬件加速或者使用高度优化的 3D 软件加速。

（3）Webkit：浏览器引擎，支持 Android 浏览器和一个可嵌入的 Web 视图。现在 Android 系统里的浏览器用的是 Webkit，iPhone 的浏览器用的也是 Webkit。Webkit 是一个非常成熟的浏览器引擎。

（4）SQLite：数据库引擎，是一个优秀的轻量级关系型数据库。SQLite 虽然是轻量级，但是在执行某些简单的 SQL 语句时比 MySQL 和 PostgreSQL 还快。在 Symbian、Windows Mobile、Android 系统中都是支持嵌入式数据库，也就是 SQLite，它是 Android 存储方案的核心。

（5）媒体库：基于 PacketVideo（OpenCore）。该库支持多种常用的音频、视频格式回放和录制，同时支持静态图像文件，包括MPEG4、H.264、MP3、AAC、AMR、JPG、PNG。

2.2.6　Android 的版本

从 Android 1.5 开始，Android 已经经历了若干版本，下面将简单介绍各版本的代号，如表 2.1 所示，而且从 1.5 版本开始 Android 以各种小吃命名，算是谷歌企业文化的一种表现方式。

表 2.1　Android 版本

Android 版本	名字	中文	API
Beta	Astro Boy	铁臂阿童木	
Beta	Bender	发条机器人	
Android 1.5	Cupcake	纸杯蛋糕	3
Android 1.6	Dount	甜甜圈	4

续表

Android 版本	名字	中文	API
Android 2.0	Eclair	松饼	5
Android 2.2	Froyo	冻酸奶	8
Android 2.3	Gingerbread	姜饼	9
Android 3.0	Honeycomb	蜂巢	11
Android 4.0	Ice Cream Sandwich	雪糕三明治	14
Android 4.1	JellyBean	果冻豆	16
Android 4.4	KitKat	奇巧	19
Android 5.0	Lollipop	棒棒糖	21
Android 6.0	Marshmallow	棉花糖	23
Android 7.0	Nougat	牛轧糖	24
Android 8.0	Oreo	奥利奥	26

本章小结

Android 主要特性：开源、可扩展性强、应用广泛，且开发基于 Java 语言，更方便。

Android 系统架构 5 层体系：Linux 内核层（Linux Kernel）、Android 运行时（Android Runtime）、核心库（Libraries）、应用框架层（Application Framework）和应用层（Applications）。

第 3 章　Android 应用开发环境搭建

学习目标：

- 了解开发工具集的安装配置
- 创建一个 Android 项目
- 了解 Android 项目框架

本章将详细介绍如何搭建 Android 的开发环境，这是学习 Android 应用开发必备的基础知识之一。

3.1　开发包及其开发工具的安装和配置

开发 Android 应用至少需要具备如下开发工具和开发包：

- Java SE SDK（简称 JDK，Java 标准开发工具包）
- Eclipse（集成开发工具）
- Android SDK（Android 标准开发工具包）
- ADT（Android Development Tools，开发 Android 程序的 Eclipse 插件）

在安装这些工具和开发包之前，我们需要先下载它们，具体操作如下所示。

（1）下载 JDK 7，下载网址为 http://www.oracle.com/technetwork/java/javase/ downloads/jdk7-downloads-1880260.html，在打开的网页中选择自己系统对应的 64 位或者 32 位的 JDK，2016 年下半年基本都是 JDK 8.0，下载界面如图 3-1 所示。

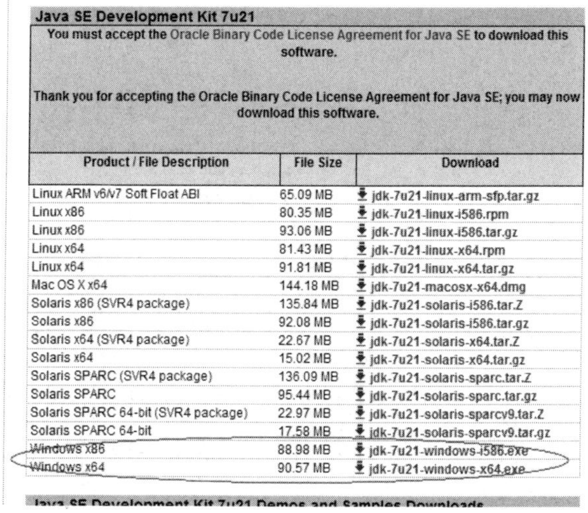

Java SE Development Kit 7u21

You must accept the Oracle Binary Code License Agreement for Java SE to download this software.

Thank you for accepting the Oracle Binary Code License Agreement for Java SE; you may now download this software.

Product / File Description	File Size	Download
Linux ARM v6/v7 Soft Float ABI	65.09 MB	jdk-7u21-linux-arm-sfp.tar.gz
Linux x86	80.35 MB	jdk-7u21-linux-i586.rpm
Linux x86	93.06 MB	jdk-7u21-linux-i586.tar.gz
Linux x64	81.43 MB	jdk-7u21-linux-x64.rpm
Linux x64	91.81 MB	jdk-7u21-linux-x64.tar.gz
Mac OS X x64	144.18 MB	jdk-7u21-macosx-x64.dmg
Solaris x86 (SVR4 package)	135.84 MB	jdk-7u21-solaris-i586.tar.Z
Solaris x86	92.08 MB	jdk-7u21-solaris-i586.tar.gz
Solaris x64 (SVR4 package)	22.67 MB	jdk-7u21-solaris-x64.tar.Z
Solaris x64	15.02 MB	jdk-7u21-solaris-x64.tar.gz
Solaris SPARC (SVR4 package)	136.09 MB	jdk-7u21-solaris-sparc.tar.Z
Solaris SPARC	95.44 MB	jdk-7u21-solaris-sparc.tar.gz
Solaris SPARC 64-bit (SVR4 package)	22.97 MB	jdk-7u21-solaris-sparcv9.tar.Z
Solaris SPARC 64-bit	17.58 MB	jdk-7u21-solaris-sparcv9.tar.gz
Windows x86	88.98 MB	jdk-7u21-windows-i586.exe
Windows x64	90.57 MB	jdk-7u21-windows-x64.exe

图 3-1　JDK 下载界面

（2）安装 JDK，安装在 D 盘中，如图 3-2 所示。

jdk1.7

文件 主页 共享 查看

计算机 ▸ 编程盘 (D:) ▸ Java ▸ jdk1.7 搜索 jdk1.7

名称	修改日期	类型	大小
bin	2013/6/6 13:10	文件夹	
db	2013/6/6 13:10	文件夹	
include	2013/6/6 13:10	文件夹	
jre	2013/6/6 13:10	文件夹	
lib	2013/6/6 13:10	文件夹	
COPYRIGHT	2012/8/28 20:06	文件	4 KB
LICENSE	2013/6/6 13:10	文件	1 KB
README	2013/6/6 13:10	HTML 文件	1 KB
register	2013/6/6 13:11	HTML 文件	6 KB
register_ja	2013/6/6 13:11	HTML 文件	6 KB
register_zh_CN	2013/6/6 13:11	HTML 文件	5 KB
release	2013/6/6 13:10	文件	1 KB
src	2012/8/28 20:07	WinRAR ZIP 压缩...	20,168 KB
THIRDPARTYLICENSEREADME	2013/6/6 13:10	文本文档	172 KB
THIRDPARTYLICENSEREADME-JAVAFX	2013/6/6 13:10	文本文档	123 KB

收藏夹 下载 桌面 最近访问的位置 库 视频 图片 文档 音乐 计算机 本地磁盘 (C:) 编程盘 (D:) 本地磁盘 (E:) 本地磁盘 (F:) 网络

图 3-2　JDK 安装界面

（3）配置 Java 环境变量，本次 JDK 的安装路径为 D:\Java\jdk1.7，步骤如下：

右击桌面“计算机”图标→“属性”→“高级系统设置”→“环境变量”。

添加 JAVA_HOME 环境变量：D:\Java\jdk1.7，如图 3-3 所示。

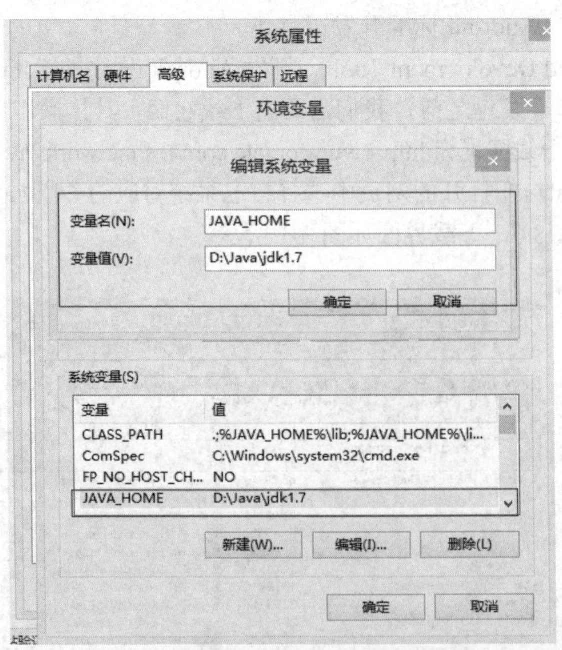

图 3-3　配置 Java 环境变量界面

添加 CLASS_PATH 环境变量：.;%JAVA_HOME%\lib;%JAVA_HOME%\lib\tools.jar;，注意前面是“.;”，如图 3-4 所示。

补充 Path 环境变量：%JAVA_HOME%\bin;%JAVA_HOME%l\jre\bin;，如图 3-5 所示。

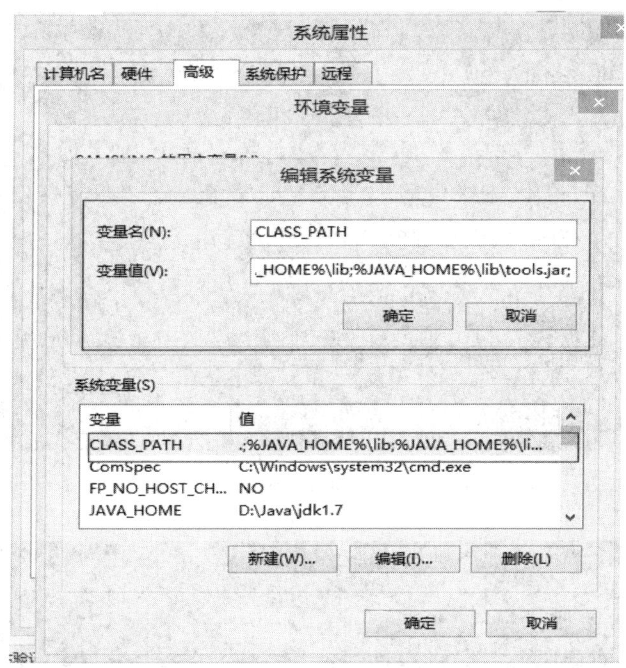

图 3-4　配置 Java 环境变量界面

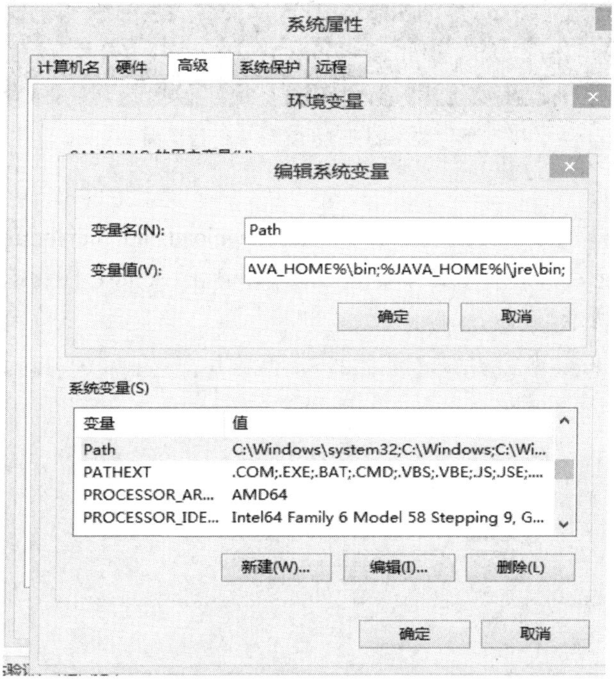

图 3-5　配置 Java 环境变量界面

（4）验证环境变量是否配置正确。

打开命令行分别输入 java 和 javac 验证环境是否配置正确。图 3-6 和图 3-7 为配置正确时的截图。

```
Microsoft Windows [版本 6.2.9200]
(c) 2012 Microsoft Corporation。保留所有权利。

C:\Users\SAMSUNG>java
用法: java [-options] class [args...]
           (执行类)
   或  java [-options] -jar jarfile [args...]
           (执行 jar 文件)
其中选项包括:
    -d32          使用 32 位数据模型 (如果可用)
    -d64          使用 64 位数据模型 (如果可用)
    -server       选择 "server" VM
    -hotspot      是 "server" VM 的同义词 [已过时]
                  默认 VM 是 server.

    -cp <目录和 zip/jar 文件的类搜索路径>
    -classpath <目录和 zip/jar 文件的类搜索路径>
                  用 ; 分隔的目录, JAR 档案
                  和 ZIP 档案列表, 用于搜索类文件。
    -D<name>=<value>
                  设置系统属性
    -verbose[:class|gc|jni]
                  启用详细输出
    -version      输出产品版本并退出
```

图 3-6　验证 Java 环境变量界面

```
C:\Users\SAMSUNG>javac
用法: javac <options> <source files>
其中, 可能的选项包括:
  -g                         生成所有调试信息
  -g:none                    不生成任何调试信息
  -g:{lines,vars,source}     只生成某些调试信息
  -nowarn                    不生成任何警告
  -verbose                   输出有关编译器正在执行的操作的消息
  -deprecation               输出使用已过时的 API 的源位置
  -classpath <路径>            指定查找用户类文件和注释处理程序的位置
  -cp <路径>                   指定查找用户类文件和注释处理程序的位置
  -sourcepath <路径>           指定查找输入源文件的位置
  -bootclasspath <路径>        覆盖引导类文件的位置
  -extdirs <目录>              覆盖所安装扩展的位置
  -endorseddirs <目录>         覆盖签名的标准路径的位置
  -proc:{none,only}          控制是否执行注释处理和/或编译。
```

图 3-7　验证 Javac 环境变量界面

（5）下载 Eclipse。

下载网址为 https://www.eclipse.org/downloads/download.php?file=/oomph/epp/neon/R1/eclipse-inst-win64.exe，下载之后直接解压到需要的目录下，双击 Eclipse 图标即可使用，无需额外的安装过程，如图 3-8 所示。

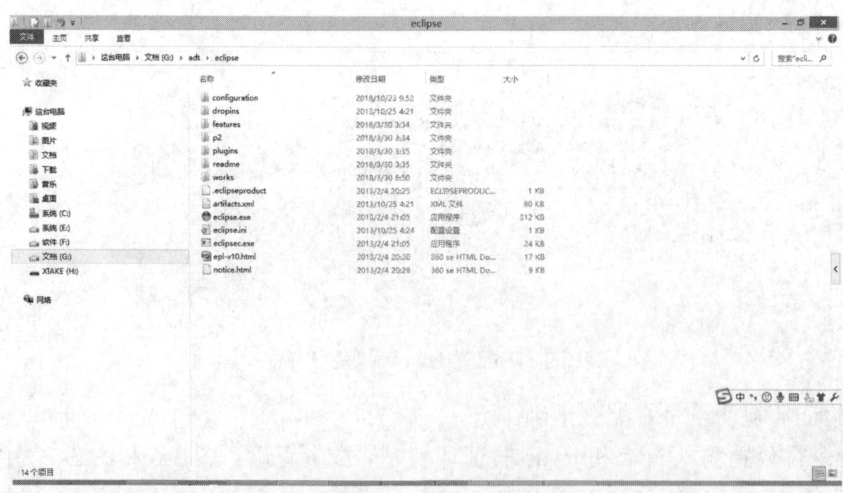

图 3-8　下载 Eclipse

（6）安装 Eclipse 的 Android ADT 插件，如图 3-9 所示。

打开 Eclipse→Help→Install New Software→Add。

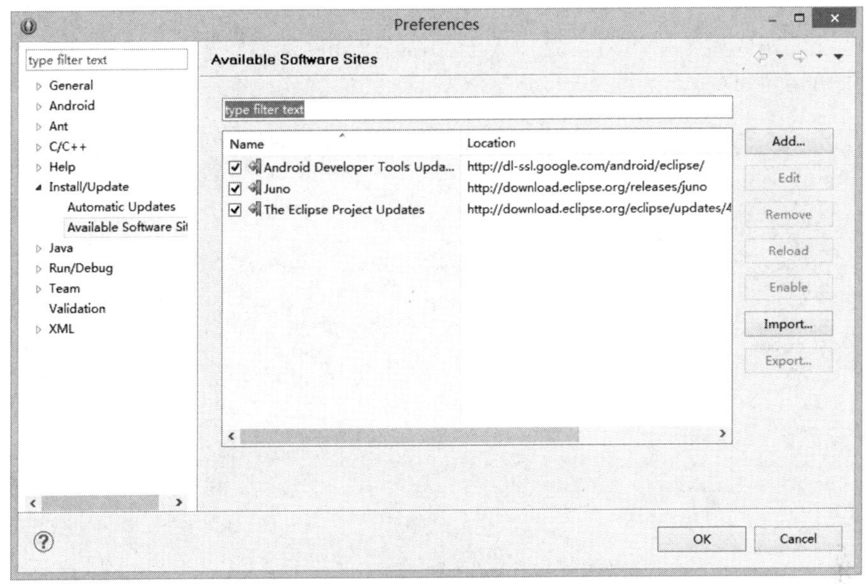

图 3-9　安装 Android ADT 插件界面（a）

添加站点后就可以看到相关的插件了，选择全部，进行下载安装，如图 3-10 所示。

注意：由于国内不能直接访问 Google 网站，链接可能会下载失败，不妨使用一些应用软件来完成，这里就不再详细说明。

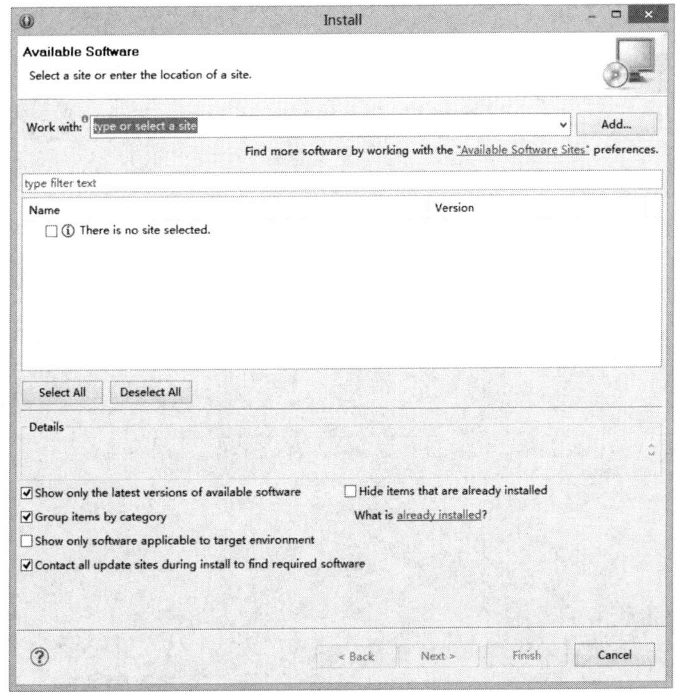

图 3-10　安装 Android ADT 插件界面（b）

（7）安装 Android SDk。

安装 Android Sdk，下载网址为 http://www.androiddevtools.cn/。

（8）配置 Eclipse 的 Android 路径。

Eclipse 安装完成后需要重启，选择 Windows→Preference，选择左边的 Android，再设置 Android SDK 的安装目录，如图 3-11 所示。

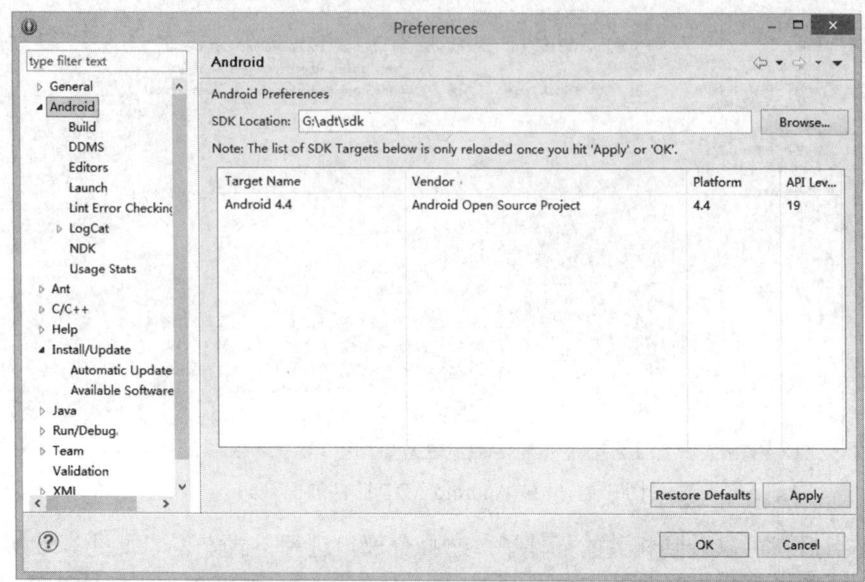

图 3-11 安装 Android SDK 插件界面

在 Eclipse 中新建工程时就可以看到 Android 的选项了，如图 3-12 所示。

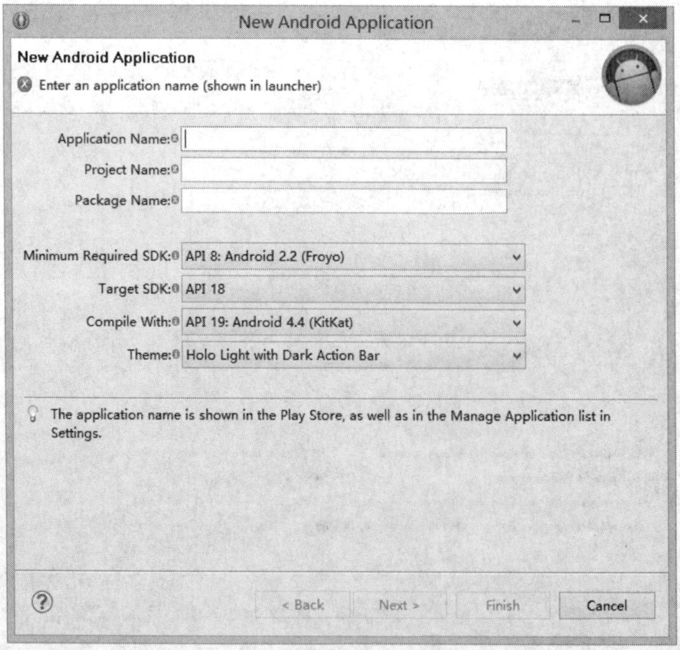

图 3-12 Android Wizard 界面

Android 工程需要发布到 Android 模拟器，因此需要创建一个虚拟设备。首先必须设置虚拟设备的名称、模拟器的版本、SD 卡大小（这只是一个虚拟的 SD 卡），然后选择屏幕大小，如图 3-13 所示。

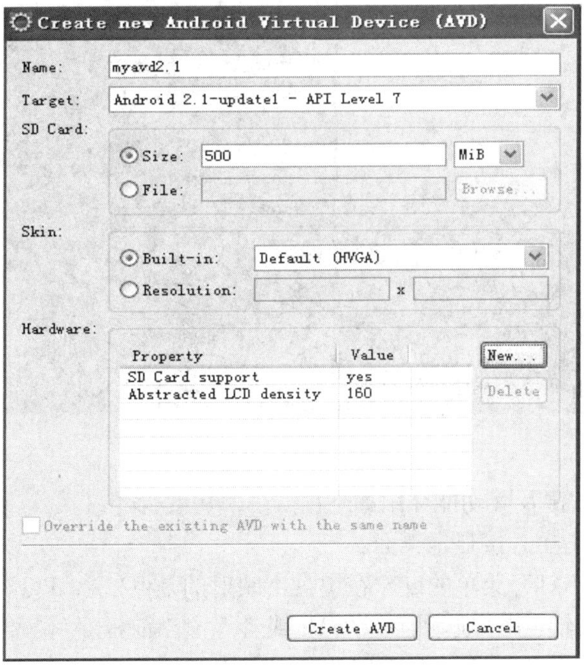

图 3-13　创建 Android 模拟器

现在运行 Android 模拟器。首先选择创建的虚拟设备，然后点击右侧的 Start 按钮，如图 3-14 所示。

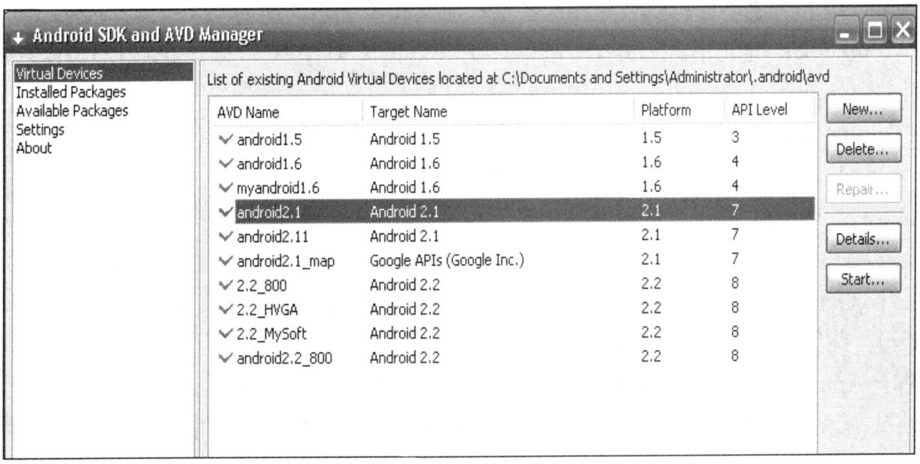

图 3-14　虚拟设备管理器

随后，模拟器开始加载 Android 程序，可能会先打开几个命令提示符窗口，然后就可以看到模拟器本身。

注意：在默认情况下，模拟器的右边会显示虚拟的按钮及键盘，如图 3-15 所示。

图 3-15　Android 模拟器

模拟器中的主要按键及其功能介绍如下：

Home 键：点击后直接显示桌面。

Menu 键：用于打开菜单的键，在键盘上映射的是 F2 键，PgUp 键同样有此功能。

Back 键：返回键，用户返回上一个 UI 或者退出当前程序。在键盘上映射的是 Esc 键。

Search 键：在提供了 Search 功能的应用中快速打开 Search 对话框，在键盘上映射的是 F5 键。

Call/Dial 键（电话键）：接听来电或启动拨号面板，这是手机最基本的功能键。

Hang Up/Light Off 键（挂机键）：挂断电话或关闭背灯，在键盘上映射的是 F4 键。

Camera 键：拍照快捷键，在键盘上映射的是 Ctrl+F3 组合键。

Volume Up 键（增大音量）：在键盘上映射的 Ctrl+5 组合键，也可以使用小数字键盘的“+”键。

Volume Down 键（减小音量）：在键盘上映射的是 Ctrl+6 组合键，也可以使用小数字键盘的“-”键。

Power Down 键（关闭电源）：对应模拟器左上边缘的电源按钮，在键盘上映射的是 F7 键。

近几年，Google 又推出了自己开发的 IDE，即 Android Studio（开发网站：http://www.android-studio.org/）。此工具是基于 IntelliJ IDEA 开发的。新的开发工具中使用了 Gradle 技术，Gradle 是一个基于 Apache Ant 和 Apache Maven 概念的项目自动化建构工具。它使用一种基于 Groovy 的特定领域语言（DSL）来声明项目设置，抛弃了基于 XML 的各种繁琐配置，以面向 Java 应用为主，当前其支持的语言限于 Java、Groovy 和 Scala，计划未来将支持更多的语言。

3.2　第一个 Android 程序

创建 HelloAndroid 程序，编译运行，查看运行结构，理解程序结构。

（1）新建项目：打开 Eclipse，选择 File→New→Project→Android Project，具体输入如图 3-16 所示。

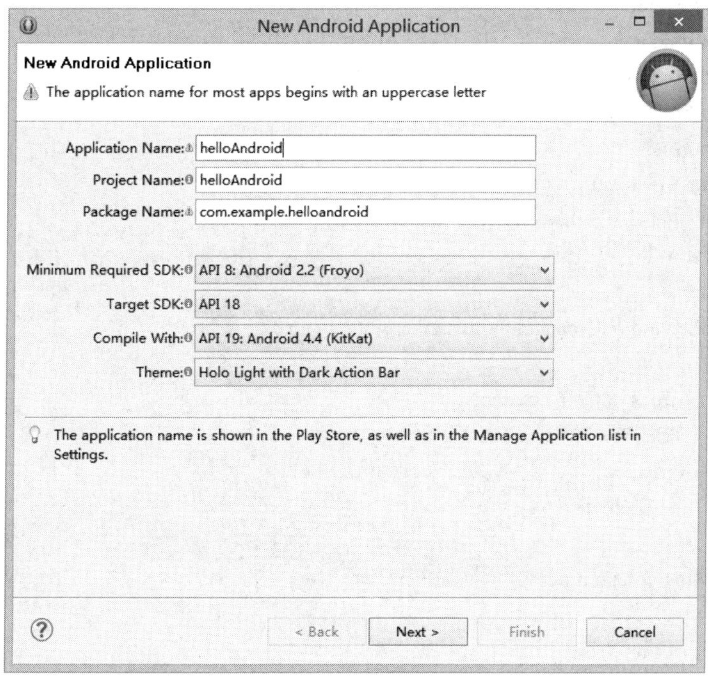

图 3-16　新建窗口

（2）点击 Next，出现如图 3-17 所示的提示窗口。

图 3-17　提示窗口

（3）这里仅为演示，不创建测试项目。直接点击 Finish 按钮即可。

（4）编辑 HelloAndroidWorld.java 文件，内容如下：

```
package com.HelloAndroid;
import android.app.Activity;
import android.os.Bundle;
import android.view.KeyEvent;
import android.widget.TextView;
public class HelloAndroid extends Activity {
    /** Called when the activity is first created. */
    @Override

    public void onCreate(Bundle params)
    {
        super.onCreate(params);
        TextView tv=new TextView(this);
        tv.setText("您好，欢迎来到 Android 世界！");
        setContentView(tv);
    }
    public boolean onKeyDown(int keyCode, KeyEvent event)
    {
        return true;
    }
}
```

（5）运行 Android 项目：点击工具栏的运行按钮，或选择菜单 Run→Run，或右击项目文件夹，在弹出的 Run As 对话框中选择 Android Application，点击 OK 按钮。

（6）运行效果如图 3-18 所示，AVD 加载的速度有些慢，需要耐心等待。同时，Eclipse 的控制台也会打印出运行时的一些相关信息。

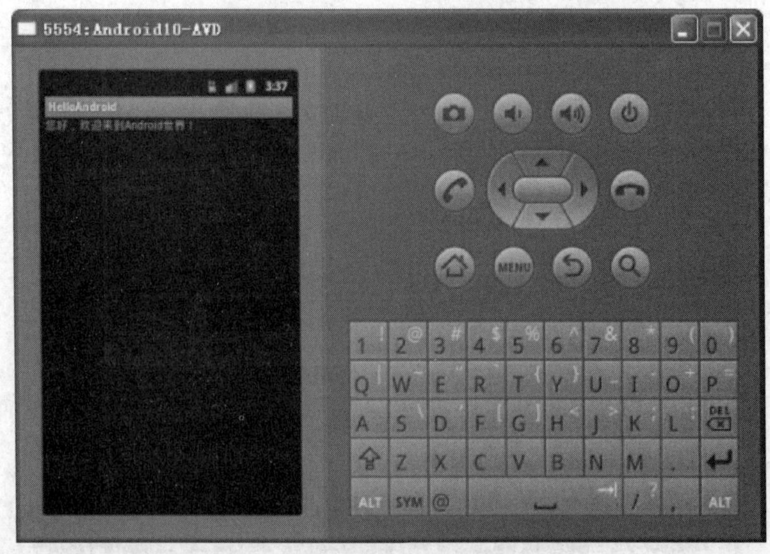

图 3-18　HelloAndroid 模拟运行界面

3.3　Android SDK 框架

Android SDK 提供了在 Windows、Linux、Mac 等平台上开发 Android 应用的各种工具集。工具集中不仅包括了 Android 模拟器和用于 Eclipse 的 Android 开发工具插件（ADT），还包括了各种用来调试、打包和在模拟器上安装应用的工具。

Android SDK 主要以 Java 语言为基础，用户可以使用 Java 语言来开发基于 Android 的应用。可通过 SDK 提供的一些工具将开发好的应用打包成 Android 平台上使用的 apk 文件，然后用 SDK 中的模拟器（Emulator）来模拟和测试应用在 Android 平台上的运行情况和效果。接下来将详细介绍 SDK 的目录结构和核心开发包。

3.3.1　Android SDK 目录结构

Android SDK 的版本更新比较快。一般而言，SDK 的目录结构如图 3-19 所示。

名称	修改日期	类型	大小
add-ons	2010/5/23 11:48	文件夹	
docs	2010/5/22 18:30	文件夹	
platforms	2010/5/23 10:42	文件夹	
samples	2010/5/22 21:37	文件夹	
temp	2010/5/23 11:48	文件夹	
tools	2010/5/22 18:07	文件夹	
usb_driver	2010/4/19 1:36	文件夹	
SDK Readme.txt	2010/2/9 11:36	TXT 文件	1 KB
SDK Setup.exe	2010/5/22 18:07	应用程序	504 KB

图 3-19　Android SDK 的目录结构

各个主要子目录及文件的具体内容如下：

（1）add-ons：一些扩展库，例如 Google APIs Add-On。

（2）docs：API 文档，以 HTML 的形式呈现，技术资料非常全面。

（3）platforms：各个版本的平台组件。如果此目录为空，可以通过执行 SDK Setup.exe 来下载或更新自己需要的平台版本。更新成功后，此目录的内容如图 3-20 所示。

图 3-20　platforms 的目录结构

（4）samples：一些实例程序。

（5）temp：存放下载平台组件过程中的临时文件。

（6）tools：各种辅助工具。

（7）usb_driver：Windows 下的一些 USB 驱动。

（8）SDK Setup.exe：这是 SDK 和 AVD 管理器，通过此程序可以对 platforms 进行下载和更新，同时可以创建基于各个平台的虚拟设备。

3.3.2 Android SDK 核心开发包

Android.jar 是一个标准的压缩包，其中包含了解压后的 class 文件，里面有全部的 API。开发包的主要内容如下：

android.util 包含一些底层的辅助类，如特定的容器类、XML 辅助工具类等。

android.os 提供基本的操作服务，如消息传递和进程间通信（IPC）。

android.graphics 是核心渲染包，提供图形渲染功能。

android.text、android.text.method、android.text.style、android.text.util 等提供了一套丰富的文本处理工具，支持富文本和输入模式等。

android.database 包含用于处理数据库的底层 API，方便操作数据库表和数据。

android.content 提供各种服务来访问手机设备上的数据，为应用程序之间的数据共享提供标准的 API 接口。

android.view 是核心用户界面框架。

android.widget 提供标准用户界面元素，lists（列表）、buttons（按钮）、layout managers（布局管理器）等是组成界面的基本元素。

android.app 提供高层应用程序模型，实现使用 Activity。

android.provider 提供了系统中各种开放的 ContentProvider 接口，便于开发者调用。

android.telephony 提供了与手机短信、电话及其服务进行交互的 API 接口。

android.webkit 包含了一系列基于 Web 页面编程的 API 接口。

3.4 联机调试

开发 Android 应用时，一般是在模拟器环境中进行调试，但最终一定要在真机上进行测试，毕竟真机与模拟器还是有很大的区别的。现在给大家介绍联机调试的基本步骤：

（1）下载手机驱动并安装，保证手机可以与 PC 正常连接，也可以借助第三方软件（如 91 助手）来完成此任务。

（2）将手机状态改为“调试模式”。打开手机，在应用程序列表中找到“设置”，然后依次选中“设置”→“应用程序设置”→“开发”→“USB 调试”选项，再用手机连接 PC。

（3）打开 IDE 环境（Eclipse）的 DDMS，此时能看到手机设备。

（4）在开发工具的 Run Configuration 或 Debug Configuration 中设置 Target 为 Manual。

（5）在 AndroidManifest.xml 的 application 标签中添加 android: debuggable="true"。

通过以上步骤就可直接把程序连接到真机，并运行和测试。

3.5　应用程序签名

3.5.1　什么是签名

签名就意味着在纸上或别处写下自己的名字，或者说在某处打上一个标记作为自己的一种特有标识。当别人看到这个签名的时候，他会知道这是和我们有关的，而不是其他人。为什么要给 Android 应用程序签名？如果只能用一句简单的话语来回答这个问题的话，应该说："这是 Android 系统所要求的。" Android 系统要求每一个 Android 应用程序必须经过数字签名才能够安装到系统中，也就是说如果一个 Android 应用程序没有经过数字签名，是没有办法安装到系统中的。Android 通过数字签名来标识应用程序的作者并在应用程序之间建立信任关系，而不是来决定最终用户可以安装哪些应用程序。这个数字签名由应用程序的作者完成，且不需要权威的数字证书签名机构认证，它只是用来让应用程序包自我认证的。

没有给 Android 应用程序签名并不代表 Android 应用程序没有被签名。为了方便我们开发调试程序，ADT 会自动使用 debug 密钥为应用程序签名。debug 密钥是一个名为 debug.keystore 的文件，它的位置在系统盘符:\Documents and Settings\administrator\.android\debug.keystore。administrator 对应于自己的 Windows 操作系统用户名。这也就意味着，如果我们想拥有自己的签名，而不让 ADT 帮我们签名的话，我们需要有一个属于自己的密钥文件（*.keystore）。

3.5.2　Android 应用程序签名步骤

（1）准备工作。

apk 的签名工作可以通过两种方式来完成：

- 通过 ADT 提供的图形化界面完成 apk 签名。
- 完全通过 DOS 命令来完成 apk 签名。

图形化界面签名比较简单，接下来将讲解如何通过 DOS 命令的方式完成 apk 签名。给 apk 签名一共要用到 3 个工具，或者说 3 个命令，分别是 keytool、jarsigner 和 zipalign，下面是对这 3 个工具的简单介绍：

- keytool：生成数字证书，即密钥，也就是扩展名为.keystore 的文件。
- jarsigner：使用数字证书给 apk 文件签名。
- zipalign：对签名后的 apk 文件进行优化，提高与 Android 系统交互的效率（Android SDK 1.6 版本开始包含此工具）。

从这 3 个工具的作用也可以看出这 3 个工具的使用顺序。通常自己所开发的所有应用程序，都是使用同样的签名，即使用同一个数字证书，这就意味着：如果是第一次做 Android 应用程序签名，上面的 3 个工具都将用到；但如果已经有数字证书了，以后再给其他 apk 文件签名时，只需要用到 jarsigner 和 zipalign 就可以完成。为了方便使用，首先需要将上面 3 个工具所在路径添加到环境变量 Path 中（此处是为了方便使用，不是必须要这么做）。怎么配置环境变量在此不再讲解，以下介绍这 3 个工具所在的默认路径：

- keytool：该工具位于 JDK 安装路径的 bin 目录下。
- jarsigner：该工具位于 JDK 安装路径的 bin 目录下。

- zipalign：该工具位于 android-sdk-windows\tools 目录下。

keytool 和 jarsigner 两个工具是 JDK 自带的，意味着生成数字证书和文件签名不是 Android 的专利；另外从字面上理解 jarsigner，也能猜得出该工具主要是用来给 jar 文件签名的。

（2）生成未经签名的 apk 文件。

既然给 apk 文件签名，就不再需要 ADT 默认帮我们签名了。如何得到一个未经签名的 apk 文件呢？打开 Eclipse，在 Android 工程名称上右击，依次选择 Android Tools→Export Unsigned Application Package，然后选择一个存储位置保存即可。这样就得到了一个未经签名的 apk 文件。

（3）使用 keytool 工具生成数字证书。

```
keytool -genkey -v -keystore test.keystore -alias test2.keystore -keyalg RSA -validity 20000
```

说明：keytool 是工具名称；-genkey 意味着执行的是生成数字证书操作；-v 表示将生成证书的详细信息打印出来，并显示在 dos 窗口中；-keystore test.keystore 表示生成的数字证书的文件名为 test.keystore；-alias test2.keystore 表示证书的别名为 test2.keystore，当然可以不和上面的文件名一样；-keyalg RSA 表示生成密钥文件所采用的算法为 RSA；-validity 20000 表示该数字证书的有效期为 20000 天，意味着 20000 天之后该证书将失效。

在执行上面的命令生成数字证书文件时，会提示用户输入一些信息，包括证书的密码，示例如图 3-21 所示。

```
C:\Documents and Settings\Administrator>keytool -genkey -v -keystore test.keysto
re -alias test2.keystore -keyalg RSA -validity 20000
输入keystore密码:
再次输入新密码:
您的名字与姓氏是什么?
  [Unknown]:  test
您的组织单位名称是什么?
  [Unknown]:  com
您的组织名称是什么?
  [Unknown]:  com
您所在的城市或区域名称是什么?
  [Unknown]:  bj
您所在的州或省份名称是什么?
  [Unknown]:  bj
该单位的两字母国家代码是什么
  [Unknown]:  CN
CN=test, OU=com, O=com, L=bj, ST=bj, C=CN 正确吗?
  [否]:  y

正在为以下对象生成 1,024 位 RSA 密钥对和自签名证书 (SHA1withRSA) (有效期为 20,00
0 天):
        CN=test, OU=com, O=com, L=bj, ST=bj, C=CN
输入<test2.keystore>的主密码
        (如果和 keystore 密码相同，按回车):
[正在存储 test.keystore]
```

图 3-21 生成数字证书

（4）使用 jarsigner 工具为 Android 应用程序签名。

```
jarsigner -verbose -keystore liufeng.keystore -signedjar notepad_signed.apk notepad.apk liufeng.keystore
```

说明：jarsigner 是工具名称；-verbose 表示将签名过程中的详细信息打印出来，并显示在 dos 窗口中；-keystore liufeng.keystore 表示签名所使用的数字证书所在位置，这里没有写路径，表示在当前目录下；-signedjar notepad_signed.apk notepad.apk 表示给 notepad.apk 文件签名，签名后的文件名称为 notepad_signed.apk；liufeng.keystore 表示证书的别名，对应于生成数字证书时 -alias 参数后面的名称。

（5）使用 zipalign 工具优化已签名的 apk 文件。

zipalign -v notepad_signed.apk notepad_signed_aligned.apk

说明：zipalign 是工具名称；-v 表示在 DOS 窗口打印出详细的优化信息；notepad_signed.apk notepad_signed_aligned.apk 表示对已签名文件 notepad_signed.apk 进行优化，优化后的文件名为 notepad_signed_aligned.apk。

需要特别说明的是，如果以前的程序是采用默认签名的方式（即 debug 签名），一旦换了新的签名应用将不能覆盖安装，必须将原先的程序卸载掉才能安装上。因为程序覆盖安装主要检查两点：

1）两个程序的入口 Activity 是否相同。两个程序如果包名不一样，即使其他所有代码完全一样，也不会被视为同一个程序的不同版本。

2）两个程序所采用的签名是否相同。如果两个程序所采用的签名不同，即使包名相同，也不会被视为同一个程序的不同版本，不能覆盖安装。

另外，可能有人会认为反正 debug 签名的应用程序也能安装使用，那就没有必要自己签名了。千万不要这样想，因为 debug 签名的应用程序有这样两个限制，或者说风险：

1）debug 签名的应用程序不能在 Android Market 上架销售，它会强制用户使用自己的签名。

2）debug.keystore 在不同的机器上所生成的可能都不一样，这就意味着如果用户换了机器进行 apk 版本升级，那么将会出现上面那种程序不能覆盖安装的问题。不要小视这个问题，如果用户开发的程序只有自己使用，当然无所谓，卸载再安装就可以了，但如果软件有很多使用者，这就是大问题了，就相当于软件不具备升级功能。

本章小结

- 学习 Android 开发环境的搭建，如果前期 Java 语言的开发环境已经具备，则主要学习 Android SDK 和 ADT 插件的安装，还有 AVD 的安装。
- 创建第一个 Android 项目，首先熟悉建立程序的顺序，并且理解 SDK 的目录结构，然后了解 SDk 的核心开发包的主要内容，最后了解联机调试和应用程序签名。

第 4 章　Android 应用程序基础

学习目标：

- 掌握 Android 应用程序的构成
- 掌握 Activity 和 Intent 的使用
- 掌握 Fragment

4.1　Android 应用程序基础

第 3 章中实现了一个简单的 Android 应用程序，本章将分析 Android 应用程序的框架和程序的内部结构，从而让大家了解 Android 应用程序必需的组件和程序目录，以及文件背后的秘密。

Android 应用程序的开发主要使用 Java 语言。开发完成后，需要将编译生成的 class 文件、应用程序数据文件以及资源文件通过 aapt 工具捆绑成一个 Android 应用程序包，文件的后缀名为“.apk”。用户下载这个文件到他们的设备上，然后进行安装使用。apk 文件中的所有代码被认为是一个应用程序。

aapt 是 Android Asset Packaging Tool 的首字母缩写，这个工具包含在 SDK 的 tools 目录下。一般开发人员不会直接使用 aapt 工具，但是在大部分的 IDE 插件中会使用这个工具生成 apk 文件，最终构成一个 Android 应用程序。

默认情况下，每一个应用程序都运行在自己的 Linux 进程中。当应用程序中的任何代码需要执行时，Android 将启动进程；当它不再被其他应用程序请求时，Android 将关闭进程。每个应用程序都有其自己的虚拟机（VM），因此应用程序的代码独立于其他所有应用程序的代码而运行。每个应用程序分配一个唯一的 Linux 用户 ID，权限设置为每个应用程序的文件仅对用户和应用程序本身可见。为了节省系统资源，具有相同 ID 的应用程序也可以安排在同一个 Linux 进程中，共享同一个 VM。

4.1.1　Android 应用程序组件

Android 应用程序没有一个单一的入口点（例如没有 main()函数）。相反，系统要实例化和运行需要几个必要的组件。本节将介绍 Android 支持的 4 个重要组件，并不是每一个 Android 应用程序都同时需要这 4 个组件。某些时候，只需要几个组件来组合成一个应用。本节将对这些组件的功能进行简单的介绍，其他章节将详细讲解各个组件的使用方法。

1. 活动（Activity）组件

Activity 是 Android 构造块中最基本的一个组成单元。一般情况下，一个活动就是一个单独的屏幕。一个活动表示一个可视化的用户界面，关注用户的事件触发。每个活动都是独立于其他活动的，而且是作为 Activity 基类的一个子类来实现的。

2. 服务（Service）组件

服务没有可视化的用户界面，而是在后台无期限地运行。每个服务都继承自 Service 基类。

3. 广播接收器（BroadcastReceiver）组件

一个广播接收器就是一个组件，它仅仅接收广播信息并对其作出相应的反应。许多广播是由系统发出的，一个应用程序可以有任意数量的广播接收器去响应任何它认为重要的公告。所有的广播接收器都继承自 BroadcastReceiver 基类。

4. 内容提供器（ContentProvider）组件

ContentProvider 是数据的包装器。它将一个应用程序指定的数据集提供给其他应用程序使用。这些数据集可能来自 XML 文件，也可能来自 SQLite 数据库，还可能来自网络服务器。内容提供器继承自 ContentProvider 基类，其设计了一些标准的方法集，使其他应用程序可以检索和存储数据。

4.1.2 Android 应用程序工程的目录结构

在第 3 章的 HelloAndroid 示例中，我们已经看到了 Android 工程的目录结构。现在结合图 4-1 再详细讲解各个目录的作用。

图 4-1 Android 工程的目录结构

1. src：源码目录

src 目录中存放的是该项目的源代码，其内部结构会根据用户所声明的包自动组织。例如，在图 4-1 所示的目录结构中，该目录的组织方式为 src/cn/mm/Ex04_04_HelloApp.java，在项目开发过程中，程序员大部分时间都在编写该目录下的源代码文件。

2. gen：R 文件目录

gen 目录中存放的是由 Android 开发工具自动生成的文件 R.java。R.java 的作用是管理程序中的资源（res 目录下的资源）。gen 目录中的内容是自动生成的，在开发过程中不需要开发人员去编辑。

3. assets：放置非系统管理资源

assets 目录用于存放与项目相关的数据或资源文件，例如文本文件、二进制文件等，这些文件不受系统管理。在程序中使用 getResources.getAssets().open("text.txt")可得到资源文件的输入流，然后在程序中就可以读取其中的数据。

4. res：放置各种资源文件

（1）->res\drawable。res 目录用于放置各种格式的图片文件，如 png、gif、jpg 等。Android SDK 从 1.6 版本以后，为了支持多分辨率的图片显示，将 res\drawable 分为四个目录，即 res\drawable-hdpi、res\drawable-ldpi、res\drawable-mdpi、res\drawable-xhdpi。drawable-hdpi 主要存放高分辨率图片，如 WVGA（480*800）和 FWVGA（480*854）；drawable-mdpi 主要存放中等分辨率图片，如 HVGA（320*480）；drawable-ldpi 主要存放低分辨率图片，如 QVGA（240*320）；drawable-xhdpi 主要存放超大分辨率图片，分辨率至少为 960*720。Android 系统根据机器的分辨率分别到对应的文件夹里面寻找图片，所以在开发程序时为了兼容不同平台的不同屏幕，建议在相应的文件夹里存放不同版本的图片。

（2）->res\layout。该目录下存放的是 XML 布局文件。

（3）->res\menu。该目录下存放的是菜单配置文件。

（4）->res\values。该目录存放的是不同类型的 key-value 对，例如：字符串资源的描述文件 strings.xml、样式描述文件 styles.xml、颜色的描述文件 colors.xml、尺寸的描述文件 dimens.xml，以及数组描述文件 arrays.xml 等。

（5）AndroidManifest.xml：功能清单文件。AndroidManifest.xml 是一个非常重要的配置文件，包含应用程序中每个组件的配置信息和权限信息等。可以配置的信息如下：

- 应用程序的包名：该包名将作为应用程序的唯一标识符；
- 所包含的组件：Activity、Service、BroadcastReceiver、ContentProvider 等；
- 应用程序兼容的最低版本；
- 声明应用程序需要的链接库；
- 应用程序自身应该具有的权限的声明；
- 其他应用程序访问应用程序时应该具有的权限。

（6）project.properties：保存项目环境信息。此文件用于存储开发环境的配置信息，开发人员一般不需要修改此文件。

随着学习的深入，我们还会接触更多的目录，后续章节会根据需要再作进一步介绍。

4.2 Android 应用程序的构成

Android 应用程序可能由一个或多个组件组成，下面我们将详细介绍这些组件。

4.2.1　Activity

Activity 是 Android 的核心组件，它为用户操作提供可视化的用户界面，每一个 Activity 提供一个可视化的区域。比如，一个短消息应用程序可以包括一个用于显示联系人列表的 Activity、一个写短信的 Activity，以及翻阅以前的短信和改变设置的 Activity。尽管它们彼此独立，但一起组成了一个完整的短消息应用程序界面。每个用户界面都以 Activity 作为基类。

一个应用程序可以包含一个或多个 Activity，Activity 的作用和数目取决于应用程序的设计。一般情况下，总有一个 Activity 被标记为用户在应用程序启动时第一个看到。

每个 Activity 至少提供一个窗口，窗口显示的可视内容是由一系列视图构成的，这些视图均继承自 View 基类。每个视图控制着窗口中一块特定的矩形空间。父视图包含并组织它的子视图的布局。叶节点视图（位于视图层次最底端）在它们控制的矩形中进行绘制，并对用户的操作作出响应。所以，视图是 Activity 与用户进行交互的界面。比如，视图可以显示一个小图片，并在用户指向或点击它的时候产生动作。Android 有很多既定的视图供用户直接使用，包括按钮、文本域、卷轴、菜单项、复选框等。这些需要显示的组件在窗口中的摆放位置是通过 XML 布局文件来指定的。

4.2.2　BroadcastReceiver

广播接收器（BroadcastReceiver）是一个专注于接收广播信息并对其作出处理的组件。很多广播源自于系统广播。比如，时区改变、电池电量低、拍摄了一张照片或者用户改变了语言选项等，系统都会发出广播。用户应用程序也可以发送广播。

应用程序可以拥有任意数量的广播接收器以对它感兴趣的所有通知信息予以响应。所有的广播接收器均继承自 BroadcastReceiver 基类。

广播接收器不需要用户界面，可以启动一个 Activity 来响应收到的信息。

4.2.3　Service

服务没有可视化的用户界面，是在后台运行的。比如一个服务可以在用户做其他事情的时候在后台播放背景音乐，也可以从网络上获取一些数据或者计算一些东西并提供给需要这个运算结果的 Activity 使用。每个服务都继承自 Service 基类。

一个媒体播放器应用程序可能有一个或多个 Activity 来给用户选择歌曲并进行播放，然而，音乐播放这个任务本身不应该为任何 Activity 所处理，因为用户期望在其离开播放器应用程序时，音乐仍在继续播放。为达到这个目的，媒体播放器 Activity 应该启用一个运行于后台的服务，而系统将在这个 Activity 不再显示于屏幕之后，仍维持音乐播放服务的运行。

开发者可以连接（绑定）到一个正在运行的服务（如果服务没有运行，则启动它）。连接后，可以通过服务暴露出来的接口与服务进行通信。对于音乐服务来说，这个接口可以允许用户暂停、回退、停止以及重新开始播放。

服务运行于应用程序进程的主线程内，如果有 Activity 存在，它们将在同一主线程中。所以它可能会对其他组件或用户界面有干扰，因此在进行一些耗时的任务（比如音乐回放）时，一般会派生一个新线程来完成这个任务。

4.2.4 ContentProvider

内容提供器将一些特定的应用程序数据提供给其他应用程序使用。数据可以存储于文件系统、SQLite 数据库或其他地方。内容提供器继承自 ContentProvider 基类，为其他应用程序读取和存储它管理的数据提供了一套标准方法。然而，应用程序并不直接调用这些方法，而是使用一个 ContentResolver 对象，通过调用它的方法来实现对 ContentProvider 数据的访问。ContentResolver 可以与任何内容提供器进行会话，从而对所有交互通信进行管理。

4.2.5 激活组件

接收到 ContentResolver 发出的请求后，ContentRrovider 被激活，而其他三种组件（Activity、Service 和 BroadcastReceiver）则被一种叫做意图（Intent）的异步消息激活。意图是一个保存着消息内容的 Intent 对象。对于 Activity 和 Service 来说，Intent 对象指明了请求的操作名称以及作为操作对象的数据 URI 和其他一些信息。例如，Intent 可以传递一个对 Activity 的请求，让它为用户显示一张图片，或者让用户编辑一些文本。而对于 BroadcastReceiver 而言，Intent 对象指明了广播的行为。对于每种组件来说，激活的方法是不同的。下面我们将介绍 Activity 的使用以及如何用 Intent 激活它。

4.3 Activity 与 Intent

一个 Activity 可以启动另外一个 Activity（有可能是处于不同应用程序的 Activity）。要实现这个任务，必须构建一个 Intent 对象，并把数据放在 Intent 中，然后把它传递给 startActivity()，这样就可以跳转到另外一个 Activity。接下来将介绍 Activity 和 Intent。

4.3.1 Activity 系统原理

Android 将这两个 Activity 放在同一个任务中来维持一个完整的用户体验。简单地说，任务就是用户所体验到的“应用程序”，它是安排在一个栈中的一组相关 Activity。栈中的根 Activity 就是第一个启动的 Activity，栈最上方的 Activity 则是当前正在运行的，用户可以直接对其进行操作。当一个 Activity 启动另外一个 Activity 的时候，新的 Activity 就被压入栈，并成为当前运行的 Activity，而前一个 Activity 仍保持在栈中。当用户按下 Back 键的时候，当前 Activity 弹出栈，而前一个 Activity 恢复为当前运行状态。

栈中保存的是对象，如果发生了诸如需要多个地图浏览器的情况，那么在一个任务中就会出现同一 Activity 的多个实例，栈会为每个实例单独开辟一个入口。堆栈中的 Activity 永远不会重排，只会压入或弹出，任务中的所有 Activity 是作为一个整体进行移动的。整个任务（即 Activity 栈）可以移到前台，或退至后台。比如，当前任务在栈中有 4 个 Activity，其中 3 个在当前 Activity 之下，首先用户按下 Home 键，就回到了应用程序列表界面，然后选择了一个新的应用程序（也就是一个新任务），则当前任务进入后台，而新任务的根 Activity 就会显示出来，最后过了一小会儿，用户再次回到应用程序列表界面又选择了前一个应用程序（上一个任务），于是该任务带着其堆栈中的 4 个 Activity 再一次回到前台。

4.3.2　Activity 生命周期

应用程序组件都有生命周期，它们由 Android 初始化，直至这些实例被销毁。本节讨论 Activity 的生命周期，包括它们在生命周期中的状态、在状态之间转变时的方法，以及当进程被关闭或实例被销毁时这些状态产生的效果。

一个 Activity 主要有三个状态：

（1）当在屏幕前台时（位于当前任务栈的顶部），它处于运行的状态，即该 Activity 为用户当前操作的 Activity。

（2）当失去焦点但仍然对用户可见时，它处于暂停状态，即在它之上有另外一个 Activity。这个 Activity 也许是透明的，或者未能完全遮蔽全屏，所以被暂停的 Activity 仍对用户可见。暂停的 Activity 仍然处于存活状态（它保留着所有的状态和成员信息并连接至窗口管理器），但当系统处于极低内存的情况下，系统仍然可以“杀死”这个 Activity。

（3）当前操作的 Activity 完全被另一个 Activity 覆盖时，它处于停止状态，但是仍然保留所有的状态和成员信息。它不再对用户可见，所以它的窗口将被隐藏，如果其他地方需要内存，则系统经常会“杀死”这种状态的 Activity。

如果一个 Activity 处于暂停或停止状态，系统可以要求它结束（调用它的finish()方法）或直接“杀死”它的进程来将其驱逐出内存。当该 Activity 再次对用户可见的时候，它只能重新启动并恢复至以前的状态。当一个 Activity 从某个状态转变到另一个状态时，它被下列 protected 方法所通知：

```
void onCreate(Bundle savedInstanceState)
void onStart()
void onRestart()
void onResume()
void onPause()
void onStop()
void onDestroy()
```

开发者可以重载这些方法以便在状态改变时执行合适的操作。所有的 Activity 都必须实现 onCreate()，以便于对象在第一次实例化时进行初始化设置。很多 Activity 会实现onPause()方法，主要是在页面发生变化时，能将重要数据持久保存到应用程序的存储器中。

所有 Activity 生命周期方法的实现都必须先调用其父类的重写方法。

总的来说，这七个方法定义了一个 Activity 的完整生命周期。要实现这些方法可以查看三个嵌套的生命周期循环：

（1）一个 Activity 的完整生命周期自第一次调用 onCreate()开始，直至调用 onDestroy()结束。Activity 在 onCreate()中设置所有“全局”状态以完成初始化，而在 onDestroy()中释放所有系统资源。比如，如果 Activity 有一个线程在后台运行，然后从网络上下载数据，它会用 onCreate()创建那个线程，而用 onDestroy()来销毁那个线程。

（2）一个 Activity 的可视生命周期自调用 onStart()开始，直到调用 onStop()结束。在此期间，用户可以在屏幕上看到此 Activity。可以通过这两个方法来管控并向用户显示这个 Activity 的资源。比如，可以在 onStart()中注册一个 BroadcastReceiver 来监控会影响到用户改变的动作，在 onStop()中取消注册这个广播。onStart()和 onStop()方法可以随着应用程序是否对用户可见而被多次调用。

（3）一个 Activity 的前台生命周期自调用 onResume()开始，直至调用 onPause()结束。在此期间，Activity 位于前台的最上面并与用户进行交互。Activity 经常在暂停和恢复之间进行转换。比如说，当设备转入休眠状态或有新的 Activity 启动时，将调用 onPause()方法。当 Activity 获得结果或者接收到新的 Intent 的时候，会调用 onResume()方法。因此，这两个方法中的代码应当是轻量级的。

图 4-2 展示了上述循环过程以及 Activity 在这个过程之中经历的状态改变。

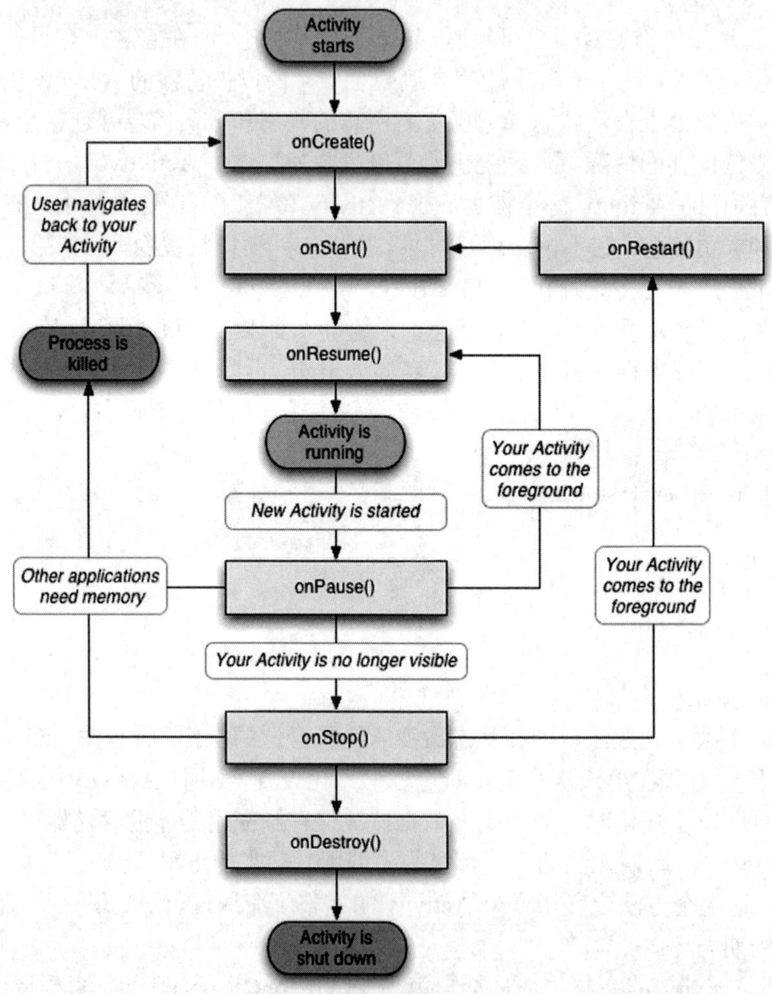

图 4-2 Activity 的生命周期

4.3.3 创建 Activity

前面阐述了 Activity 的生命周期及其原理，接下来通过代码来验证学过的知识。首先学会创建 Activity。在创建 Activity 之前，先创建一个 Android 工程，然后按以下步骤完成 Activity 的创建。

（1）创建一个自定义 Activity 类，此类继承自 Activity。

```
public class MainActivity extends Activity {
}
```

（2）覆盖 onCreate(Bundle savedInstanceState)方法，当 Activity 第一次运行时，Activity 框架会调用这个方法。

```
public class MainActivity extends Activity {
    /** Activity 被第一次加载时调用*/
    @Override
    public void onCreate(Bundle savedInstanceState) {
        super.onCreate(savedInstanceState);
        //加载主界面
        setContentView(R.layout.main);
        //获取 UI 控件引用
        findViews();
        //为组件添加事件监听
        setListensers();
    }
}
```

（3）在 AndroidManifest 文件中配置 Activity 信息。由于 Activity 是 Android 应用程序的一个组件，所以每一个 Activity 都需要在 Android 的配置文件中进行配置。

```
<?xml version="1.0" encoding="utf-8"?>
<manifest xmlns:android="http://schemas.android.com/apk/res/android"
      package="cn.mm.Ex05"
      android:versionCode="1"
      android:versionName="1.0">
<application android:icon=
"@drawable/icon" android:label="@string/app_name">
<activity android:name=
".MainActivity" android:label="@string/app_name">
<intent-filter>
<action android:name="android.intent.action.MAIN" />
<category android:name="android.intent.category.LAUNCHER" />
</intent-filter>
</activity>
</application>
</manifest>
```

（4）为 Activity 添加必要的控件，在 layout 文件夹中创建一个 xml 格式的布局文件，然后在这个布局文件中对 Activity 的布局以及不同的控件进行设置。

```
<?xml version="1.0" encoding="utf-8"?>
<LinearLayout xmlns:android="http://schemas.android.com/apk/res/android"
     android:orientation="vertical" android:layout_width="fill_parent"
     android:layout_height="fill_parent">
     <TextView android:id="@+id/testMessage"
          android:layout_width="fill_parent"
          android:layout_height="wrap_content"
```

```
            android:text="@string/hello" />
        <Button
            android:id="@+id/testButton"
            android:layout_width="wrap_content"
            android:layout_height="wrap_content"
            android:text="change" />
</LinearLayout>
```

（5）在第一步定义的 Activity 子类中通过 findViewById()方法来获取布局文件中声明的控件，前提是布局文件中必须声明这些控件的 ID。

```
//私有方法，查找组件
private TextView testMessage;
private Button testButton;
private void findViews(){
    testMessage = (TextView)findViewById(R.id.testMessage);
    testButton = (Button)findViewById(R.id.testButton);
}
```

（6）在相应的组件上添加事件处理。

```
//匿名内部监听类
private Button.OnClickListener calcBMI = new Button.OnClickListener(){
    public void onClick(View v){
        testMessage.setText("Changed OK!");
        }
    };

//私有方法，注册监听
private void setListensers(){
    testButton.setOnClickListener(calcBMI);
}
```

完成上述步骤后，可以发布应用程序到真机或模拟器上，以便进行相关测试。

4.3.4 使用 Intent 跳转 Activity

在 4.3.3 节中，讲述了如何创建一个单独的 Activity，但是一个应用程序应该由若干个 Activity 组成，接下来我们看看如何在这些 Activity 之间实现跳转并传递数据。

用类名跳转 Intent 对象对操作的动作、动作涉及的数据、附加信息进行描述。Android 首先根据此 Intent 的描述找到对应的组件，然后将 Intent 传递给调用的组件，并完成组件调用。Intent 实现了调用者与被调用者之间的解耦作用。Intent 在传递过程中要找到目标消费者，也就是 Intent 的响应者。

下面为用类名直接跳转的代码：

```
Intent intent = new Intent();          //构建意图对象
//在 intent 上设置来源的 Activity 实例和要前往的 Activity 所在的 class
intent.setClass(A.this,B.class);
startActivity(intent);                 //开始跳转
```

用 Action 来跳转。

（1）自定义 Action。

如果在 AndroidManifest.xml 中有一个 Activity 的 IntentFilter 定义了一个 Action，那么请求的 Intent 能与这个目标 Action 匹配，并且 IntentFilter 中没有定义 Type、Category 内容，此时系统就会启动这个 Activity。如果有两个以上的程序匹配，系统就会弹出一个对话框来提示说明。Action 的值在 Android 中有很多预定义，如果想直接跳转到自己定义的 Intent 接收者，就可以在接收者的 IntentFilter 中加入一个自定义的 Action 值（同时要设定 Category 的值为 android.intent.category.DEFAULT），在自己的 Intent 中设定该值为 Intent 的 Action，就直接能跳转到自己定义的 Intent 接收者中。

下面是在 AndroidManifest.xml 文件中自定义的 Action 动作：

```
<!--配置跳转 activity-->
<activity android:name="com.android.dialog.MyDialog">
<intent-filter>
<!--配置 action 路径-->
    <action android:name="android.intent.action.mydialog" />
    <category android:name="android.intent.category.DEFAULT" />
</intent-filter>
</activity>
```

（2）系统 Action。

下面列举了很多系统 Action，并传递了不同的数据来激活应用程序以外的 Activity。这些代码大家可以在以后的程序中直接使用，比如显示网页或地图、打电话、发短信等。

```
//显示网页
    Uri uri = Uri.parse("http://Google.com");
    Intent it = new Intent(Intent.ACTION_VIEW, uri);
    startActivity(it);
//显示地图
    Uri uri = Uri.parse("geo:38.899533,-77.036476");
    Intent it = new Intent(Intent.ACTION_VIEW, uri);
    startActivity(it);
//打电话
    //叫出拨号程序
    Uri uri = Uri.parse("tel:0800000123");
    Intent it = new Intent(Intent.ACTION_DIAL, uri);
    startActivity(it);

    //直接打电话出去
    Uri uri = Uri.parse("tel:0800000123");
    Intent it = new Intent(Intent.ACTION_CALL, uri);
    startActivity(it);
    //用此代码时要在 AndroidManifest.xml 中加上
    //<uses-permission id="android.permission.CALL_PHONE" />

//传送 SMS/MMS
    //调用短信程序
```

```
Intent it = new Intent(Intent.ACTION_VIEW, uri);
it.putExtra("sms_body", "The SMS text");
it.setType("vnd.android-dir/mms-sms");
startActivity(it);
//传送消息
Uri uri = Uri.parse("smsto://0800000123");
Intent it = new Intent(Intent.ACTION_SENDTO, uri);
it.putExtra("sms_body", "The SMS text");
startActivity(it);
//传送 MMS
Uri uri = Uri.parse("content://media/external/images/media/23");
Intent it = new Intent(Intent.ACTION_SEND);
it.putExtra("sms_body", "some text");
it.putExtra(Intent.EXTRA_STREAM, uri);
it.setType("image/png");
startActivity(it);
//传送 Email
Uri uri = Uri.parse("mailto:xxx@abc.com");
Intent it = new Intent(Intent.ACTION_SENDTO, uri);
startActivity(it);
Intent it = new Intent(Intent.ACTION_SEND);
it.putExtra(Intent.EXTRA_EMAIL, "me@abc.com");
it.putExtra(Intent.EXTRA_TEXT, "The email body text");
it.setType("text/plain");
startActivity(Intent.createChooser(it, "Choose Email Client"));
Intent it=new Intent(Intent.ACTION_SEND);
String[] tos={"me@abc.com"};
String[] ccs={"you@abc.com"};
it.putExtra(Intent.EXTRA_EMAIL, tos);
it.putExtra(Intent.EXTRA_CC, ccs);
it.putExtra(Intent.EXTRA_TEXT, "The email body text");
it.putExtra(Intent.EXTRA_SUBJECT, "The email subject text");
it.setType("message/rfc822");
startActivity(Intent.createChooser(it, "Choose Email Client"));
//传送附件
Intent it = new Intent(Intent.ACTION_SEND);
it.putExtra(Intent.EXTRA_SUBJECT, "The email subject text");
it.putExtra(Intent.EXTRA_STREAM, "file:///sdcard/mysong.mp3");
sendIntent.setType("audio/mp3");
startActivity(Intent.createChooser(it, "Choose Email Client"));
//播放多媒体
Uri uri = Uri.parse("file:///sdcard/song.mp3");
Intent it = new Intent(Intent.ACTION_VIEW, uri);
it.setType("audio/mp3");
startActivity(it);
```

```
Uri uri =
Uri.withAppendedPath(MediaStore.Audio.Media.INTERNAL_CONTENT_URI,"1");
Intent it = new Intent(Intent.ACTION_VIEW, uri);
startActivity(it);
```

传递数据：使用 Intent 在页面之间跳转，数据传递是必须的，我们可以直接在 Intent 对象上放置基本数据类型的数据，也可以放置字符串和其他数据类型的数据。对于其他数据类型，实现了 Parcelable 或 Serializable 接口就可以。下面的代码是用 Bundle 来实现数据传递：

```
Intent intent = new Intent();                    //意图
//在 intent 上设置来源的 Activity 实例和要前往的 Activity 所在的 class
intent.setClass(A.this,B.class);
//附加在 intent 上的消息都存储在 Bundle 实体对象（Map 对象）中
Bundle bundle = new Bundle();
bundle.putString("KEY_HEIGHT","200");     //附带信息
bundle.putString("KEY_WEIGHT","300");
//将 Bundle 对象附加在 Intent 对象上
intent.putExtras(bundle);
startActivity(intent);                           //跳转
```

4.4　Activity 与 Fragment

Fragment 是在 Android 3.0 中新增的概念，主要目的是用在大屏幕设备上，例如平板电脑上，支持更加动态和灵活的 UI 设计。平板电脑的屏幕要比手机大得多，有更多的空间开放更多的 UI 控件，并且这些组件之间会产生更多的交互。Fragment 允许这样的一种设计，而不需要我们亲自来管理 view hierarchy 的复杂变化，通过将 Activity 的布局分散到 Fragment 中，可以在运行时修改 Activity 的外观，并在由 Activity 管理的 back stack 中保存那些变化。

4.4.1　Fragment 概述

Fragment 表现 Activity 中 UI 的一个行为或者一部分。可以将多个 Fragment 组合在一起，放在一个单独的 Activity 中来创建一个多界面区域的 UI，并可以在多个 Activity 里重用某一个 Fragment。可以把 Fragment 想象成一个 Activity 的模块化区域，它有自己的生命周期，接收属于它自己的输入时间，并且可以在 Activity 运行期间添加和删除。

一个 Fragment 必须总是嵌入在一个 Activity 中，同时 Fragment 的生命周期直接受其宿主 Activity 的生命周期影响。例如：若 Activity 被暂停，那么在其中的所有 Fragment 也被暂停；若 Activity 被销毁，所有隶属于它的 Fragment 也被销毁。然而，当一个 Activity 正在运行时（处于 resumed 状态），我们可以独立地操作每一个 Fragment，比如添加或删除它们。当处理这样一种 Fragment 事务时，可以将它添加到 Activity 所管理的 back stack 中，每一个 Activity 中的 back stack 实体都是一个发生过的 Fragment 事务的记录。back stack 允许用户通过按下 Back 键从一个 Fragment 事务后退。

4.4.2　创建 Fragment

要创建一个 Fragment，必须创建一个 Fragment 的子类（或者继承自一个已存在的 Fragment

的子类）。Fragment 类的代码看起来很像 Activity。它包含了与 Activity 类似的回调方法，例如 onCreate()、onStart()、onPause()和 OnStop()。事实上，如果准备将一个现成的 Android 应用转换到使用 Fragment 技术，可能只需简单地将代码从 Activity 的回调函数分别移动到 Fragment 的回调方法。

通常，应当至少实现如下的生命周期方法：

（1）onCreate()：当创建 Fragment 时，系统调用此方法。在实现代码中，应当初始化想要在 Fragment 中保持的必要组件，当 Fragment 被暂停或者停止后可以恢复。

（2）onCreateView()：Fragment 第一次绘制它的用户界面的时候，系统会调用此方法。为了绘制 Fragment 的 UI，此方法必须返回一个 View，这个 View 是 Fragment 布局的根 View。如果 Fragment 不提供 UI，可以返回 null。

（3）onPause()：当用户离开 Fragment 的时候调用此方法，这时用户要提交任何应该持久的变化，因为用户可能不会回来。更多的事件可以参考图 4-3。

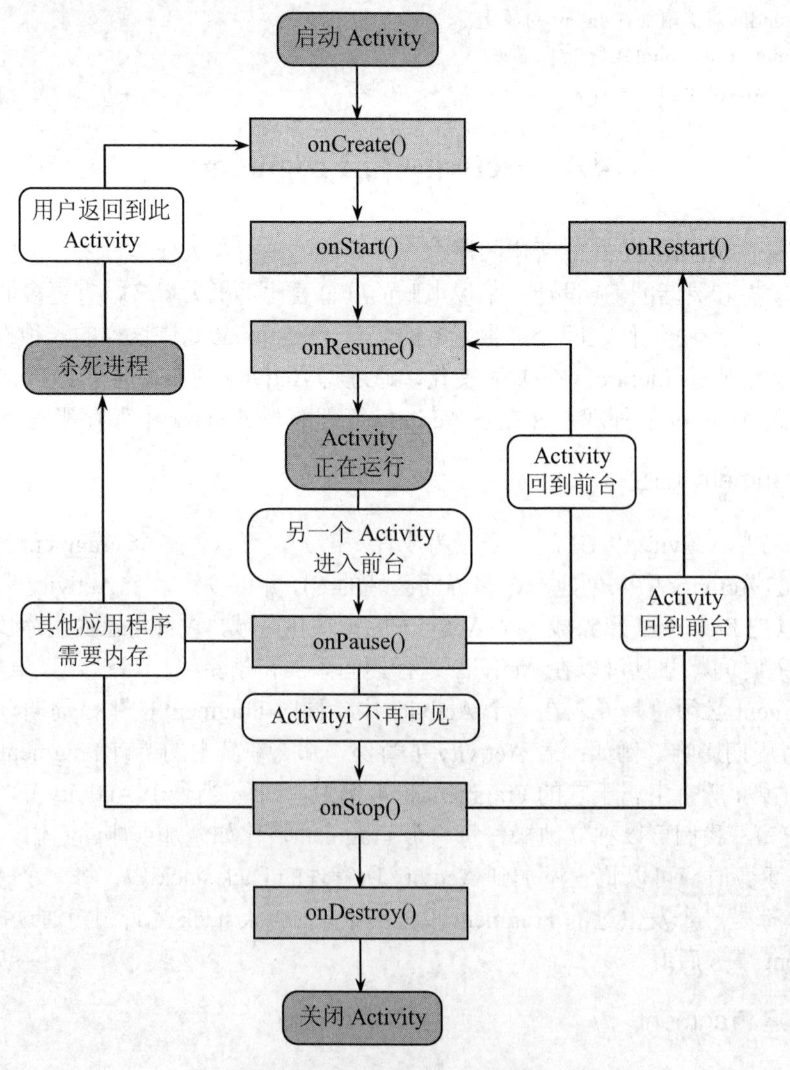

图 4-3 Fragment 的生命周期方法

除了继承基类 Fragment，还有一些子类也可能会继承：

（1）DialogFragment：对话框式的 Fragment 可以将一个 Fragment 对话框并到 Activity 管理的 Fragment back stack 中，允许用户回到一个曾放弃的 Fragment。可以显示一个浮动的对话框。用这个类来创建一个对话框，是除了使用 Activity 类的对话框工具方法之外的一个好的选择。

（2）ListFragment：类似于 ListActivity 的效果，并且还提供了与 ListActivity 类似的 onListItemClick 和 setListAdapter 等功能。所以显示一个由一个 adapter（例如 SimpleCursorAdapter）管理的项目列表，类似于 ListActivity。它提供一些方法来管理一个 list view，例如 onListItemClick()回调来处理点击事件。

（3）PreferenceFragment：显示一个 Preference 对象的层次结构的列表，类似于 PreferenceActivity，这在为应用创建“设置”Activity 时有用处。

4.4.3 Fragment 生命周期

管理 Fragment 的生命周期时，大多数时候和管理 Activity 生命周期很像，如图 4-4 所示。和 Activity 一样，Fragment 可以处于三种状态：

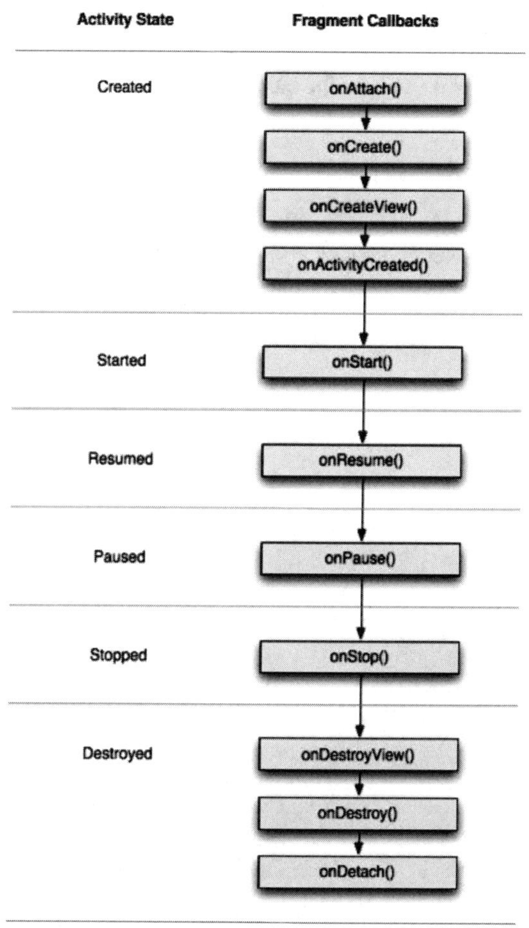

图 4-4 Fragment 的生命周期与 Activity 的关系

（1）Resumed：在运行的 Activity 中 Fragment 可见。

（2）Paused：另一个 Activity 处于前台并拥有焦点，但是这个 Fragment 所在的 Activity 仍然可见。

（3）Stopped：要么是宿主 Activity 已经被停止，要么是 Fragment 从 Activity 中移除但被添加到后台堆栈中。停止状态的 Fragment 仍然活着，然而它对用户不再可见，并且如果 Activity 被杀死，它也会被杀死。

仍然和 Activity 一样，可以使用 Bundle 保持 Fragment 的状态。若 Activity 的进程被杀死，并且 Activity 被重新创建，需要恢复 Fragment 的状态时就可以用到 Bundle。可以在 Fragment 的 onSaveInstanceState()期间保存状态，并可以在 onCreate()、onCreateView()或 onActivityCreated()期间恢复它。

在生命周期方面，Activity 和 Fragment 之间最重要的区别是各自如何在它的后台堆栈中存储。默认 Activity 在停止后，它会被放到一个由系统管理的用于保存 Activity 的后台堆栈中（因此用户可以使用 Back 键导航回退到它）。然而，当在一个事务期间移除 Fragment 时，只有显式调用 addToBackStack()请求保存实例，其才会被放到一个由宿主 Activity 管理的后台堆栈中。另外，管理 Fragment 生命周期和管理 Activity 生命周期非常类似。需要理解的是，Activity 的生命周期如何影响 Fragment 的生命周期。

本章小结

本章主要学习 Android 应用程序中的 4 个重要的组件，介绍了 Android 应用程序工程的目录结构，内容包括 src、gen、assets、res 等目录，然后介绍了活动（Activity）组件、服务（Service）组件、广播接收器（BroadcastReceiver）组件和内容提供器（ContentProvider）组件，在介绍 Android 应用程序的构成时主要介绍了 Activity 与 Intent、Activity 与 Fragment 等内容。

第 5 章　基本 UI 设计

学习目标：

- 掌握 Android 常用基本 UI 控件
- 掌握 Android 布局管理器
- 掌握 Android 事件处理机制

5.1　视图概述

对于 Android 应用来说，一个美观又简洁的界面显得非常重要，既能提高用户体验，又能保证应用的高效执行。Android SDK 已经为用户提供了一套完善的界面设计功能，有丰富的组件供我们使用。如果这些组件不能满足我们的需求，还可以对它们进行扩展。为了设计出美观而又简洁的界面，我们需要对 Android SDK 提供的界面生成技术进行深入的学习。本章将讲述在 Android 上实现用户界面的基本知识，怎样使用 XML 定义屏幕并把它加载到代码中，以及需要处理界面的各种任务。

一个 Activity 的功能很多，但它本身无法显示在屏幕上，而是借助于视图组（ViewGroup）和视图（View），这两个才是最基本的用户界面表达单元。

一个 View 对象就是一个数据结构，它是一个存储屏幕上特定的布局和内容属性的数据结构。视图负责处理它所代表的屏幕布局、测量、绘制及捕获焦点的改变等。视图是 Widget（窗体部件）的基类。Widget 可以处理屏幕区域的测量和绘制，使用它们可以更快速地创建用户界面。可用到的 Widget 包括 Text、EditText、Button、RadioButton、Checkbox 等。

ViewGroup 是直接继承 View 类的子类，它可以装载和管理下一层的视图和其他的视图组。使用视图组可以为界面增加结构，创建复杂的界面元素，可以把这个整体看作是单一的实体。视图组是布局的基类，而布局是视图组的一组子类，提供了通用的屏幕布局。

在 Android 平台上，定义活动的 UI 使用的 View 和 ViewGroup 节点的层次结构如图 5-1 所示。根据需要，层次树可以变得更简单或更复杂，而且可以使用 Android 预定义的 Widgets 和 Layouts 集合，或者使用自定义的 Views。

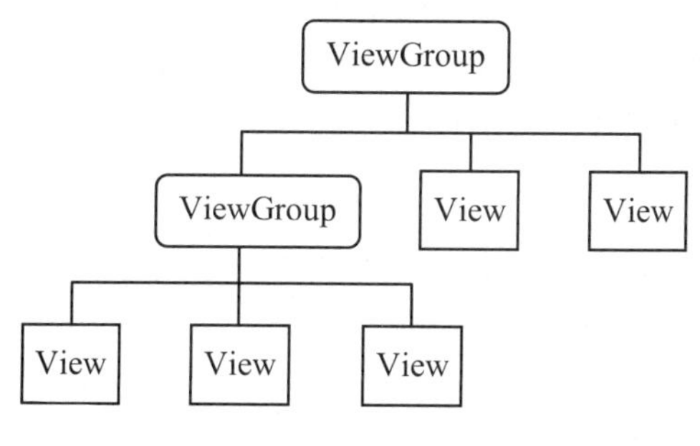

图 5-1　视图层次结构

5.2 基本 UI 控件

5.2.1 TextView（文本框）

我们创建的第一个工程 HelloAndroid 就是用 TextView 来显示一段文字。TextView 是一个用来显示文本标签的组件。下面我们把 HelloAndroid 的实现代码改写一下，修改 TextView 显示的文字的颜色、大小等属性，运行效果如图 5-2 所示。

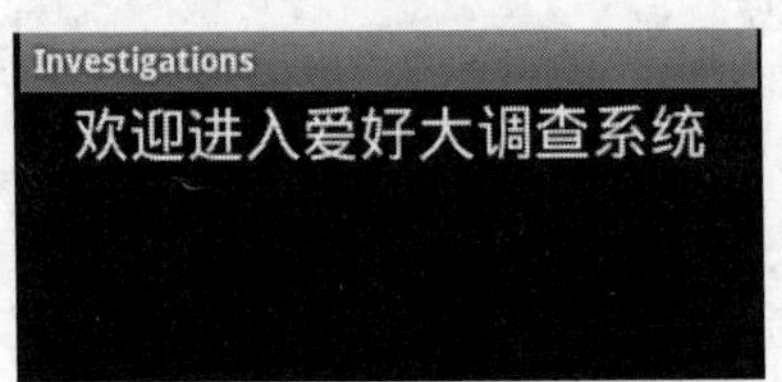

图 5-2　TextView 效果图

首先，我们来看一下在布局文件中 TextView 的定义：

```
<TextView
    android:layout_width="fill_parent"
    android:layout_height="wrap_content"
    android:text="@string/hello"
    android:textColor="#ffffffff"
    android:textSize="25px"
    android:gravity="center"
    android:id="@+id/textViewHello"/>
```

在 TextView 标签中，android:id 属性代表了 TextView 组件的 ID 值；android:layout_width 属性指定了组件的基本宽度；android:layout_height 属性指定了组件的基本高度，一般只能设置为 fill_parent（填充整个屏幕）或 wrap_content（填充组件内容本身大小）；android:text 属性表示 TextView 显示的文字内容；android:textColor 属性设置了 TextView 显示的文字的颜色，需要注意的是，颜色值只能是以“#”开头的八位 0～f 之间的值，前两位代表的是透明度，后六位是颜色值；android:textSize 属性设置了 TextView 显示的文字的字体大小；android:gravity 属性是对该 View 内容的限定，这里是将 TextView 里的文字居中显示。通过 setText()方法可以修改 TextView 显示的文字。

如果我们的 TextView 对象里是一个 URL 地址，而且需要以链接的形式显示，则可以对 TextView 执行以下操作，在布局文件里为 TextView 加上 android:autoLink = "all"属性，all 是指匹配所有的链接，具体如下面的代码所示。

```
<TextView
    android:id="@+id/tv"
    android:layout_width="fill_parent"
    android:layout_height="wrap_content"
    android:autoLink="all"
    android:text="有问题问 Google：http://www.Google.hk"
/>
```

从上边的代码中可以看出，TextView 不仅能显示文本，而且还能识别文本中的链接，并将该链接转换成可点击的链接。系统会根据不同类型的链接调用相应的软件进行处理，当我们点击上面代码中的链接时，系统会启动 Android 内置的浏览器，并导航到网址指向的网页。

注意：我们后面要学习的每个组件都有很多属性，具体的属性内容可以查看 Android 的官方文档。

5.2.2　EditText（编辑框）

EditText 也是开发中经常使用的组件。比如，要实现一个登录界面，需要用户输入账号和密码等信息，然后我们获得用户输入的内容，把它交给服务器来判断。因此，我们要学习如何在布局文件中实现编辑框，然后获得编辑框的内容。

程序运行效果如图 5-3 所示。

图 5-3　EditText 效果图

EditText 在布局文件中的定义如下：

```
<EditTextandroid:layout_height="wrap_content"
android:layout_width="fill_parent"
android:id="@+id/editTextName"
android:hint="请输入名字">
</EditText>
```

在 EditText 标签中，android:hint 属性可设置 EditText 为空时输入框内的提示信息。

```
private EditText nameEditText = null; //声明需要用到的组件
@Override
publicvoid onCreate(Bundle savedInstanceState)
{
    super.onCreate(savedInstanceState);
    //将 main.xml 布局文件加载到 MainActivity 中
    setContentView(R.layout.main);
    //通过 findViewById 方法找到 EditText 组件，强制类型转换
    nameEditText = (EditText) findViewById(R.id.editTextName);
}
```

我们在 Activity 类中通过使用 findViewById()方法获得 EditText 对象，获得编辑框中内容的方法是 getText()。

5.2.3　Button（按钮）

Button（按钮）是用得最多的组件之一。既然是按钮，必然有按钮的触发事件，所以需要通过 setOnClickListener 事件来监听。在下面的例子中，我们通过点击按钮触发了一个跳转事件。程序运行效果如图 5-4 所示。

图 5-4 Button 效果图

Button 在布局文件中的定义如下：

```
<Button>
    android:layout_width="wrap_content"
    android:layout_height="wrap_content"
    android:text="进入调查系统"android:id="@+id/buttonSubmit">
</Button>
```

我们可以设置按钮的大小、文本的颜色等属性，按钮的其他属性也是可以设置的。

```
private Button submitButton = null;            //声明 Button 组件
//通过 findViewById 方法找到 Button 组件，强制类型转换
submitButton = (Button) findViewById(R.id.buttonSubmit);
submitButton.setOnClickListener(new OnClickListener()
{//给按钮注册监听事件
    publicvoid onClick(View v) {
    Intent intent = new Intent();              //创建一个 Intent 对象
    //指定 intent 要启动的类
    intent.setClass(MainActivity.this, Inquiry.class);
    startActivity(intent);                     //启动一个新的 Activity
    MainActivity.this.finish();                //关闭当前的 Activity
    }
});
```

5.2.4 ImageButton（图片按钮）

除了 5.2.3 节已经介绍的 Button，我们还可以制作带图标的按钮，这就是接下来要介绍的 ImageButton 组件。程序运行效果如图 5-5 所示。

图 5-5 ImageButton 效果图

ImageButton 在布局文件中的定义如下：

```
<ImageButtonandroid:src="@drawable/icon"
        android:layout_width="wrap_content"
        android:layout_height="wrap_content"
```

```
            android:id="@+id/imageButtonOcc"
            android:layout_margin="10dp"
    ></ImageButton>
    <ImageButtonandroid:src="@drawable/icon"
            android:layout_width="wrap_content"
            android:layout_height="wrap_content"
            android:id="@+id/imageButtonHobb"
            android:layout_margin="10dp"
    ></ImageButton>
    <ImageButtonandroid:src="@drawable/icon"
            android:layout_width="wrap_content"
            android:layout_height="wrap_content"
            android:id="@+id/imageButtonPicture"
            android:layout_margin="10dp"
    ></ImageButton>
```

在 ImageButton 标签中，我们通过 android:src 设置 ImageButton 显示的图标。

```
private ImageButton professionButton = null;        //声明 ImageButton 组件
private ImageButton hobbyButton = null;             //声明 ImageButton 组件
private ImageButton pictureButton = null;
private Intent intent = new Intent();               //创建 Intent 对象
@Override
protectedvoid onCreate(Bundle savedInstanceState) {
    super.onCreate(savedInstanceState);
    setContentView(R.layout.inquiry);
    //获得 Button 组件
    professionButton = (ImageButton) findViewById(R.id.imageButtonOcc);
    hobbyButton = (ImageButton) findViewById(R.id.imageButtonHobb);
    pictureButton = (ImageButton) findViewById(R.id.imageButtonPicture);
    //给 ImageButton 组件注册监听事件
    professionButton.setOnClickListener(new OnClickListener() {
        @Override
        publicvoid onClick(View v) {
            //指定 intent 要启动的类
            intent.setClass(InquiryActivity.this, ProfessionActivity.class);
            startActivity(intent);              //启动一个新的 Activity
            InquiryActivity.this.finish();      //关闭当前的 Activity
        }
    });
    //给 ImageButton 组件注册监听事件
    hobbyButton.setOnClickListener(new OnClickListener() {
        publicvoid onClick(View v) {
            //指定 intent 要启动的类
            intent.setClass(InquiryActivity.this, HobbyActivity.class);
            startActivity(intent);              //启动一个新的 Activity
            InquiryActivity.this.finish();      //关闭当前的 Activity
        }
```

```
        });
        //给 ImageButton 组件注册监听事件
        pictureButton.setOnClickListener(new OnClickListener() {
            publicvoid onClick(View v) {
                //指定 intent 要启动的类
                intent.setClass(InquiryActivity.this, PictureActivity.class);
                startActivity(intent);                //启动一个新的 Activity
                InquiryActivity.this.finish();        //关闭当前的 Activity
            }
        });
    }
```

5.2.5 ImageView（显示图片）

如果我们想把一张图片显示在屏幕上，就需要创建一个显示图片的对象。在 Android 中，这个对象是 ImageView，可以通过 setImageResource 方法来设置要显示的图片资源索引，还可以对图片执行一些其他操作，比如设置它的 alpha（透明度）值等。程序运行效果如图 5-6 所示。

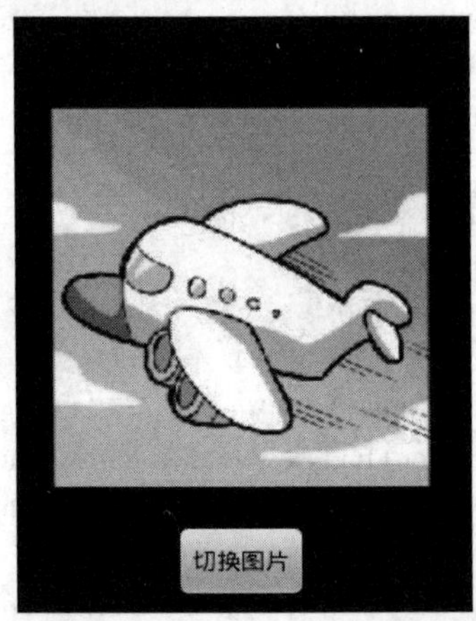

图 5-6 ImageView 效果图

ImageView 在布局文件中的定义如下：

```
<ImageView
    android:id="@+id/imageViewPic"
    android:layout_height="240dp"
    android:layout_width="240dp"
    android:layout_margin="10dp"android:src="@drawable/a"></ImageView>
<Buttonandroid:text="切换图片"android:id="@+id/buttonSure"
    android:layout_width="wrap_content"
    android:layout_height="wrap_content"
    android:layout_margin="10dp"></Button>
```

在 ImageView 标签里，我们通过设置 android:src 属性来显示图片；android:layout_ margin 属性可设置图片离父容器上下左右四个方向的边缘的距离。其中 android:layout_ marginBottom 属性可设置图片离某元素底边缘的距离；android:layout_marginLeft 属性可设置图片离某元素左边缘的距离；android:layout_marginRight 属性可设置图片离某元素右边缘的距离；android:layout_ marginTop 属性可设置图片离某元素上边缘的距离。

```
publicclass PictureActivity extends Activity {
    private ImageView picImg = null;          //声明 ImageView 组件
    private Button sureButton = null;         //声明 Button 组件
    privateintid = R.drawable.a;              //定义 id，获得图片 id
    @Override
    protectedvoid onCreate(Bundle savedInstanceState) {
        super.onCreate(savedInstanceState);
        setContentView(R.layout.picture);                              //加载布局
        picImg = (ImageView) findViewById(R.id.imageViewPic);          //获得 ImageView 对象
        sureButton = (Button) findViewById(R.id.buttonSure);           //获得 Button 对象
        sureButton.setOnClickListener(new OnClickListener() {          //注册监听事件
            publicvoid onClick(View v) {
                if(id == R.drawable.a)  //判断 id 值是否等于 a
                    id = R.drawable.b; //改变 id 的值，切换图片
                else {
                    id = R.drawable.a;
                }
                picImg.setImageResource(id); //设置 ImageView 要显示的图片
            }
        });
    }
}
```

代码显示图片的方法是 setImageResource(int id)，设置 ImageView 的背景的方法是 setBackgroundResource(resid)。

5.2.6　RadioButton（单选按钮）

RadioButton 也是开发中使用得很多的组件，在投票或调查类应用中会经常用到。在 Android 里，可通过 RadioGroup 和 RadioButton 一起来实现一个单项选择效果。Android 平台上的单选按钮可通过 RadioButton 来实现，而 RadioGroup 则是将 RadioButton 集中管理。下面通过一个例子来说明如何实现单项选择效果，程序运行的效果如图 5-7 所示。

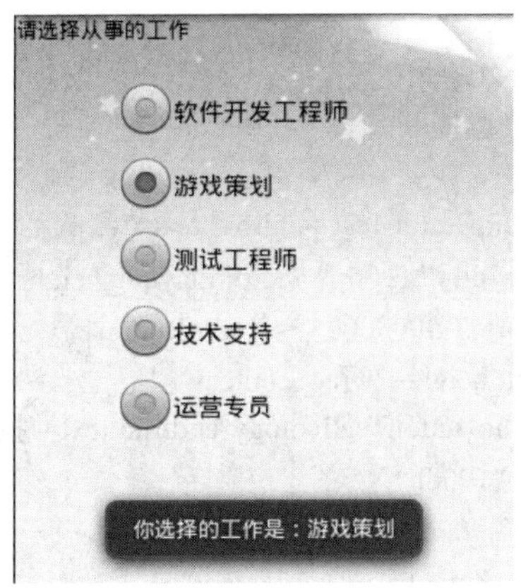

图 5-7　RadioButton 效果图

单项选择由两部分组成：前面的单选按钮和后面所选择的“答案”。Android 平台上的单选按钮可通过 RadioButton 来实现，而选择的“答案”则通过 RadioGroup 来实现。因此，我们在布局文件中定义一个 RadioGroup 和五个 RadioButton，在定义 RadioGroup 时，已经将“答案”赋给了每个选项，那么如何确定用户的选择是否正确呢？这需要在用户执行点击操作时来判断用户所选择的是哪一项，需要为其注册事件监听的方法是 setOnCheckedChangeListener()。

首先，RadioButton 在布局文件中的定义如下：

```
<LinearLayoutxmlns:android="http://schemas.android.com/apk/res/android"
    android:layout_width="fill_parent"
    android:layout_height="fill_parent"
    android:orientation="vertical"
    android:background="@drawable/d"
    ndroid:gravity="center">
<TextViewandroid:layout_height="wrap_content"
    android:layout_width="fill_parent"
    android:text="请选择从事的工作"
    android:textColor="#ff000000"
    android:id="@+id/textViewDisplay"></TextView>
<RadioGroupandroid:id="@+id/radioGroupPro"
    android:layout_height="wrap_content"
    android:layout_width="fill_parent"
    android:layout_margin="10dp"
    android:padding="10dp"
    android:gravity="center_horizontal"
    android:layout_weight="1">
<RadioButtonandroid:text="软件开发工程师"
    android:layout_height="wrap_content"
    android:id="@+id/radioButtonSoft"
    android:layout_width="190dp"
    android:textColor="#ff000000"></RadioButton>
<RadioButtonandroid:layout_height="wrap_content"
    android:id="@+id/RadioButtonGame"
    android:text="游戏策划"
    android:layout_width="190dp"
    android:textColor="#ff000000"></RadioButton>
<RadioButton
    android:id="@+id/RadioButtonTest" android:text="测试工程师"
        android:layout_width="190dp" android:layout_height="wrap_content"
        android:textColor="#ff000000"></RadioButton>
<RadioButtonandroid:layout_height="wrap_content"
    android:id="@+id/RadioButtonTechnology"android:text="技术支持"
    android:layout_width="190dp"
    android:textColor="#ff000000"></RadioButton>
<RadioButtonandroid:layout_height="wrap_content"
    android:id="@+id/RadioButtonOperate"android:text="运营专员"
```

```
        android:layout_width="190dp"
        android:textColor="#ff000000"></RadioButton>
</RadioGroup>
</LinearLayout>

private RadioGroup radioGroup = null;                //声明 RadionGroup 组件
private RadioButton softRadioButton = null;          //声明 RadionButton 组件
private RadioButton testRadioButton = null;          //声明 RadionButton 组件
private RadioButton gameRadioButton = null;          //声明 RadionButton 组件
private RadioButton technologyRadioButton = null; //声明 RadionButton 组件
private RadioButton operateRadioButton = null;       //声明 RadionButton 组件
@Override
protectedvoid onCreate(Bundle savedInstanceState) {
        super.onCreate(savedInstanceState);
        setContentView(R.layout.profession);             //加载布局文件
        radioGroup = (RadioGroup) findViewById(R.id.radioGroupPro);        //获得 RadionGroup 对象
        //获得 RadioButton 对象
        softRadioButton = (RadioButton) findViewById(R.id.radioButtonSoft);
        testRadioButton = (RadioButton) findViewById(R.id.RadioButtonTest);
        gameRadioButton = (RadioButton) findViewById(R.id.RadioButtonGame);
        technologyRadioButton = (RadioButton) findViewById(R.id.RadioButtonTechnology);
        operateRadioButton = (RadioButton) findViewById(R.id.RadioButtonOperate);
        radioGroup.setOnCheckedChangeListener(new RadioGroup.OnCheckedChangeListener()
        {      //注册监听事件
            @Override
            publicvoid onCheckedChanged(RadioGroup group, int checkedId) {
                switch (checkedId) {//根据单选按钮 id 显示用户所选择的信息
                    case R.id.radioButtonSoft:
                        showToast("你选择的工作是："+ softRadioButton.getText());
                        break;
                    case R.id.RadioButtonGame:
                        showToast("你选择的工作是："+ gameRadioButton.getText());
                        break;
                    case R.id.RadioButtonTest:
                        showToast("你选择的工作是："+ testRadioButton.getText());
                        break;
                    case R.id.RadioButtonTechnology:
                        showToast("你选择的工作是："+technologyRadioButton.getText());
                        break;
                    case R.id.RadioButtonOperate:
                        showToast("你选择的工作是："+ operateRadioButton.getText());
                        break;

                }
            }
        });
```

```
}
privatevoid showToast(String str){        //Toast 提示信息
    Toast.makeText(ProfessionActivity.this, str, Toast.LENGTH_SHORT).show();    }
```

5.2.7 CheckBox（复选框）

我们在前面实现了单项选择，接下来要实现多项选择。Android 平台提供了 CheckBox 组件来实现多项选择。这里需要注意的是，既然用户可以选择多个选项，那么为了确定用户是否选择了某一项，需要对每个选项进行事件监听。

我们先来看一个例子，程序的运行效果如图 5-8 所示。

图 5-8　CheckBox 效果图

首先在布局文件中定义 CheckBox 来实现多项选择，然后对每一项设置事件监听 setOnCheckedChangeListener，通过 isChecked 来判断选项是否被选中。

CheckBox 在布局文件中的定义如下：

```
<LinearLayoutxmlns:android="http://schemas.android.com/apk/res/android"
    android:layout_width="fill_parent"android:layout_height="fill_parent"
    android:orientation="vertical">
    <TextViewandroid:text="调查：请选择你所喜欢的"
        android:id="@+id/textView1"
        android:layout_width="wrap_content"
        android:layout_height="wrap_content"></TextView>
    <CheckBoxandroid:text="游戏"
        android:id="@+id/checkBox1"
        android:layout_width="wrap_content"
        android:layout_height="wrap_content"></CheckBox>
    <CheckBoxandroid:text="音乐"
        android:id="@+id/checkBox3"
        android:layout_width="wrap_content"
        android:layout_height="wrap_content"></CheckBox>
    <CheckBoxandroid:text="跳舞"
```

```
            android:id="@+id/checkBox4"
            android:layout_width="wrap_content"
            android:layout_height="wrap_content"></CheckBox>
        <CheckBoxandroid:text="游泳"
            android:id="@+id/checkBox2"
            android:layout_width="wrap_content"
            android:layout_height="wrap_content"></CheckBox>
        <CheckBoxandroid:text="旅游"
            android:id="@+id/checkBox5"
            android:layout_width="wrap_content"
            android:layout_height="wrap_content"></CheckBox>
        <CheckBoxandroid:text="读书"
            android:id="@+id/checkBox6"
            android:layout_width="wrap_content"
            android:layout_height="wrap_content"></CheckBox>
        <Buttonandroid:layout_height="wrap_content"
            android:layout_width="wrap_content"
            android:id="@+id/button1"
            android:text="提交"></Button>
</LinearLayout>
```

```
private Button h_Button = null;                //声明提交按钮
private CheckBox h_CheckBox1 = null; //声明多选项对象
private CheckBox h_CheckBox2 = null; //声明多选项对象
private CheckBox h_CheckBox3 = null; //声明多选项对象
private CheckBox h_CheckBox4 = null; //声明多选项对象
private CheckBox h_CheckBox5 = null; //声明多选项对象
private CheckBox h_CheckBox6 = null; //声明多选项对象
@Override
protectedvoid onCreate(Bundle savedInstanceState) {
        super.onCreate(savedInstanceState);
        setContentView(R.layout.hobb);                          //加载布局文件
        h_Button = (Button) findViewById(R.id.button1);     //获得提交按钮对象
        //获得每个多选项对象
        h_CheckBox1 = (CheckBox) findViewById(R.id.checkBox1);
        h_CheckBox2 = (CheckBox) findViewById(R.id.checkBox2);
        h_CheckBox3 = (CheckBox) findViewById(R.id.checkBox3);
        h_CheckBox4 = (CheckBox) findViewById(R.id.checkBox4);
        h_CheckBox5 = (CheckBox) findViewById(R.id.checkBox5);
        h_CheckBox6 = (CheckBox) findViewById(R.id.checkBox6);
        h_CheckBox1.setOnCheckedChangeListener(new OnCheckedChangeListener()
        {       @Override//对每个选项设置监听事件
                publicvoid onCheckedChanged(CompoundButton buttonView,boolean isChecked) {
                        if(h_CheckBox1.isChecked()){//isChecked()多选框被选中为 true，否则为 false
                        showToast("你选择了：" +h_CheckBox1.getText());//显示所选择的信息
```

```
                }
            }
        });
        h_CheckBox2.setOnCheckedChangeListener(new OnCheckedChangeListener()
        {   @Override//对每个选项设置监听事件
            publicvoid onCheckedChanged(CompoundButton buttonView,boolean isChecked) {
                if(h_CheckBox2.isChecked()){ //判断多选框是否被选中
                showToast("你选择了：" +h_CheckBox2.getText());//显示所选择的信息
                }
            }
        });
        h_CheckBox3.setOnCheckedChangeListener(new OnCheckedChangeListener()
        {   @Override//对每个选项设置监听事件
            publicvoid onCheckedChanged(CompoundButton buttonView,boolean isChecked) {
                if(h_CheckBox3.isChecked()){//判断多选框是否被选中
                showToast("你选择了：" +h_CheckBox3.getText());
                }
            }
        });
        h_CheckBox4.setOnCheckedChangeListener(new OnCheckedChangeListener()
        {   @Override
            publicvoid onCheckedChanged(CompoundButton buttonView,boolean isChecked) {
                if(h_CheckBox4.isChecked()){
                showToast("你选择了：" +h_CheckBox4.getText());
                }
            }
        });
        h_CheckBox5.setOnCheckedChangeListener(new OnCheckedChangeListener()
        {   @Override
            publicvoid onCheckedChanged(CompoundButton buttonView,boolean isChecked) {
                if(h_CheckBox5.isChecked()){
                showToast("你选择了：" +h_CheckBox5.getText());
                }
            }
        });
        h_CheckBox6.setOnCheckedChangeListener(new OnCheckedChangeListener()
        {   @Override
            publicvoid onCheckedChanged(CompoundButton buttonView,boolean isChecked) {
                if(h_CheckBox6.isChecked()){
                showToast("你选择了：" +h_CheckBox6.getText());
                }
            }
        });
        //对按钮设置监听事件
        h_Button.setOnClickListener(new OnClickListener() {
```

```
        @Override
        publicvoid onClick(View v) {
                // TODO Auto-generated method stub
                int num = 0;
                if(h_CheckBox1.isChecked())
                {
                    num ++;
                }
                if(h_CheckBox2.isChecked())
                {
                    num ++;
                }
                if(h_CheckBox3.isChecked())
                {
                    num ++;
                }
                if(h_CheckBox4.isChecked())
                {
                    num ++;
                }
                if(h_CheckBox5.isChecked())
                {
                    num ++;
                }
                if(h_CheckBox6.isChecked())
                {
                    num ++;
                }
                showToast("你一共选择了" + num + "项");
            }
        });
    }
    //Toast 提示信息
    privatevoid showToast(String str){
        Toast.makeText(HobbyActivity.this, str, Toast.LENGTH_SHORT).show();
    }
```

5.2.8 AutoCompleteTextView

Android 提供的 AutoCompleteTextView 是一种可输入的文本框。它在输入少量字符时可以提供以已输入字符开始的若干备选项，并以下拉列表的形式将其显示出来供用户选择。当用户选择某一项时，会用选中项内容自动填充文本框，这个功能提供给用户很好的体验。

需要注意的是，备选项中的数据是从程序中的数据适配器对象获得的。我们可以创建合适的适配器对象，并填充我们想要的数据。下面我们通过一个例子来说明如何运用 AutoCompleteTextView，程序运行的效果如图 5-9 所示。

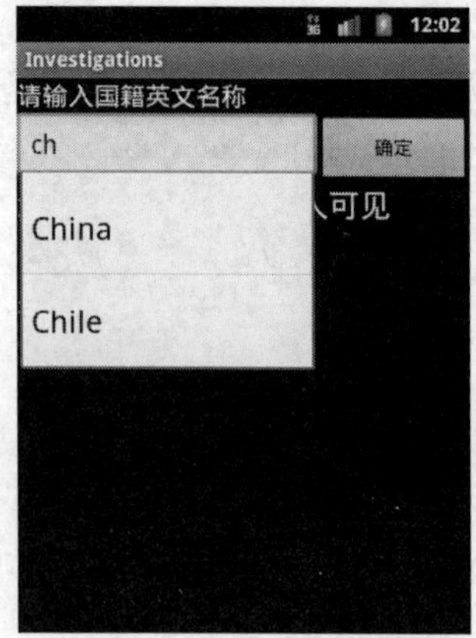

图 5-9 AutoCompleteTextView 效果图

首先依然是在布局文件中添加控件：

```
<LinearLayout
    android:layout_width="match_parent"
    android:layout_height="wrap_content">
<AutoCompleteTextView
    android:id="@+id/autoCompleteTextView1"
    android:layout_width="wrap_content"
    android:layout_height="wrap_content"
    android:layout_weight="3"/>
<Button
    android:id="@+id/button1"
    android:layout_width="wrap_content"
    android:layout_height="wrap_content"
    android:layout_weight="1"
    android:text="确定"/>
</LinearLayout>
```

代码实现如下：

```
private AutoCompleteTextView autoCountryTv = null;
private Button confirmBt = null;
//定义 AutoCompleteTextView 的数据源
privatestaticfinal String[] COUNTRIES = new String[] {
    "Afghanistan","Albania","Algeria","American Samoa","Andorra","Angola","Anguilla","Antarctica",
    "Bahamas ","Bahrain ","Bangladesh ","Barbados ","Belarus ","Belgium ","Belize ","Brazil ",
    "China","Canada ","Chile ","Colombia ","Congo ","Cuba ","Czech Republic ","Cyprus "
};
@Override
protectedvoid onCreate(Bundle savedInstanceState) {
    super.onCreate(savedInstanceState);
    this.setContentView(R.layout.country);
    autoCountryTv =(AutoCompleteTextView)this.findViewById(R.id.autoCompleteTextView1);
    confirmBt = (Button)this.findViewById(R.id.button1);
    //创建适配器（adapter）
```

```
        ArrayAdapter<String> adapter =
        new ArrayAdapter<String>(this, android.R.layout.simple_dropdown_item_1line, COUNTRIES);
        //给自动匹配文本框（AutoCompleteTextView）设置适配器
        autoCountryTv.setAdapter(adapter);
        //给“确定”按钮加监听器
        confirmBt.setOnClickListener(new OnClickListener(){
            @Override
            publicvoid onClick(View arg0) {
                //取得 AutoCompleteTextView 中的内容
                CharSequence country = autoCountryTv.getText();
                //显示 AutoCompleteTextView 的内容
                Toast.makeText(CountryActivity.this, country, Toast.LENGTH_LONG).show();
            }
        });
    }
```

5.2.9 ToggleButton

ToggleButton 是一种只有两种状态的触发器按键，非开即关，并且可以显示出代表实时状态的“指示灯”。Android 4.0 以上新添加了另一种触发器按键，名叫 Switch。它以一个滑块作为指示器，如图 5-10 所示。

图 5-10　ToggleButton 和 Switch 效果图

ToggleButton 的用法与 Button 完全相同，不同的是我们可以使用setChecked (boolean)方法改变按键的指示状态，或者使用toggle()方法翻转按键当前的指示状态。我们可以通过 isChecked()方法获取按键的当前状态并做一些操作。ToggleButton 效果图如图 5-11 所示。

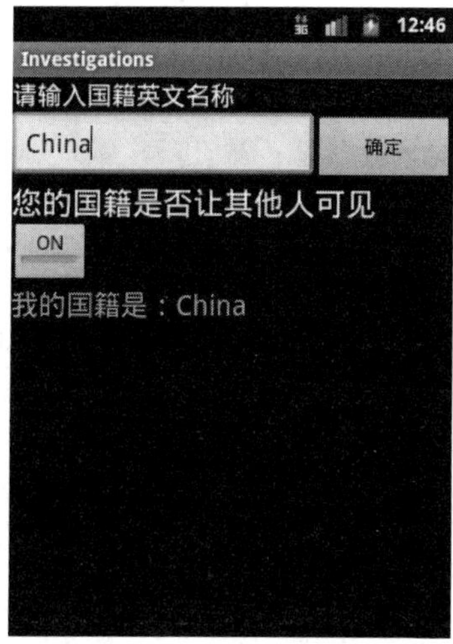

图 5-11　ToggleButton 效果图

在 5.2.8 节的布局文件中添加一些代码：

```
<TextView
    android:id="@+id/textView1"
    android:layout_width="wrap_content"
    android:layout_height="wrap_content"
    android:text="您的国籍是否让其他人可见"
    android:textAppearance="?android:attr/textAppearanceLarge"/>
<ToggleButton
    android:id="@+id/toggleButton1"
    android:layout_width="wrap_content"
    android:layout_height="wrap_content"
    android:text="ToggleButton"/>
<LinearLayout
    android:layout_width="fill_parent"
    android:layout_height="wrap_content">
<TextView
    android:id="@+id/textView4"
    android:layout_width="wrap_content"
    android:layout_height="wrap_content"
    android:text="我的国籍是："
    android:textSize="20sp"/>
<TextView
    android:id="@+id/textView3"
    android:layout_width="wrap_content"
    android:layout_height="wrap_content"
    android:textSize="20sp"/>
</LinearLayout>
```

修改 5.2.8 节的程序代码：

```
private AutoCompleteTextView autoCountryTv = null;
private Button confirmBt = null;
private ToggleButton showToggleBt = null;
private TextView countryTv = null;
//定义 AutoCompleteTextView 的数据源
privatestaticfinal String[] COUNTRIES = new String[] {
    "Afghanistan","Albania","Algeria","American Samoa","Andorra","Angola","Anguilla","Antarctica",
    "Bahamas ","Bahrain ","Bangladesh ","Barbados ","Belarus ","Belgium ","Belize ","Brazil ",
    "China","Canada ","Chile ","Colombia ","Congo ","Cuba ","Czech Republic ","Cyprus "
};
private CharSequence country = "未知";
@Override
protectedvoid onCreate(Bundle savedInstanceState) {
    // TODO Auto-generated method stub
    super.onCreate(savedInstanceState);
    this.setContentView(R.layout.country);
```

```
        autoCountryTv = (AutoCompleteTextView)this.findViewById(R.id.autoCompleteTextView1);
        confirmBt = (Button)this.findViewById(R.id.button1);
        showToggleBt = (ToggleButton)this.findViewById(R.id.toggleButton1);
        countryTv = (TextView)this.findViewById(R.id.textView3);
        //创建适配器（adapter）
        ArrayAdapter<String> adapter =
        new ArrayAdapter<String>(this, android.R.layout.simple_dropdown_item_1line, COUNTRIES);
        //给自动匹配文本框（AutoCompleteTextView）设置适配器
        autoCountryTv.setAdapter(adapter);
        //给“确定”按钮加监听器
        confirmBt.setOnClickListener(new OnClickListener(){
            @Override
            publicvoid onClick(View arg0) {
                //取得 AutoCompleteTextView 中的内容
                country = autoCountryTv.getText();
                //显示 AutoCompleteTextView 的内容
                Toast.makeText(CountryActivity.this, country, Toast.LENGTH_LONG).show();
                showCountry();
            }
        });
        //给开关按钮设置选择监听器
        showToggleBt.setOnCheckedChangeListener(new CompoundButton.OnCheckedChangeListener() {
            publicvoid onCheckedChanged(CompoundButton buttonView, boolean isChecked) {
            showCountry();
            }
        });
        //更新国籍显示
        showCountry();
    }
    /*
     * 更新国籍显示
     */
    privatevoid showCountry(){
        if (showToggleBt.isChecked()) {
            countryTv.setText(country);
        } else {
            countryTv.setText("******");
        }
    }
```

5.3　布局管理器

Android 提供了 5 种通用的布局对象，它们都是视图组的子类，分别是 FrameLayout（框架布局）、LinearLayout（线性布局）、TableLayout（表格布局）、AbsoluteLayout（绝对布局）和 RelativeLayout（相对布局）。下面将对这 5 种布局进行详细介绍。

5.3.1 FrameLayout（框架布局）

FrameLayout 是最简单的一个布局对象，所有的组件都会固定在屏幕的左上角，不能指定位置。一般而言，如果要制作一个复合型的新组件，就可以基于该类来实现。下面是 FrameLayout 布局代码。

FrameLayout 在布局文件中的定义如下：

```
<?xml version="1.0" encoding="utf-8"?>
<FrameLayout xmlns:android="http://schemas.android.com/apk/res/android"
    android:orientation="vertical"
    android:layout_width="fill_parent"
    android:layout_height="fill_parent">
    <TextView
        android:layout_width="fill_parent"
        android:layout_height="wrap_content"
        android:text="这里是文字 1"/>
    <EditText
        android:text="这里是编辑文字"
        android:id="@+id/EditText01"
        android:layout_width="wrap_content"
        android:layout_height="wrap_content">
    </EditText>
    <Button
        android:text="这里是按钮 1"
        android:id="@+id/Button01"
        android:layout_width="wrap_content"
        android:layout_height="wrap_content">
    </Button>
</FrameLayout>
```

在 XML 布局文件中，android:orientation 属性声明了 FrameLayout 布局的排列方式（水平还是垂直）。

FrameLayout 的布局效果如图 5-12 所示。

图 5-12 FrameLayout 效果图

5.3.2 LinearLayout（线性布局）

LinearLayout 的功能是以单一方向对其中的组件进行线性排列显示。比如，以垂直排列显示，则各组件将在垂直方向上排列显示；以水平排列显示，则各组件将在水平方向上排列显示。下面是关于 LinearLayout 的布局代码。

LinearLayout 在布局文件中的定义如下：

```
<?xml version="1.0" encoding="utf-8"?>
<LinearLayout xmlns:android="http://schemas.android.com/apk/res/android"
    android:orientation="vertical"
    android:layout_width="fill_parent"
    android:layout_height="fill_parent">
    <TextView
        android:layout_width="fill_parent"
        android:layout_height="wrap_content"
        android:text="这里是文字 1"/>
    <EditText
        android:text="这里是编辑文字 1"
        android:id="@+id/EditText01"
        android:layout_width="wrap_content"
        android:layout_height="wrap_content">
    </EditText>
    <Button
        android:text="这里是按钮 1"
        android:id="@+id/Button01"
        android:layout_width="wrap_content"
        android:layout_height="wrap_content">
    </Button>
</LinearLayout>
```

LinearLayout 的布局效果如图 5-13 所示。

图 5-13 LinearLayout 的布局效果

5.3.3 TableLayout（表格布局）

TableLayout 的功能是将子元素的位置分配到行或者列中。Android 中的一个 TableLayout 由许多 TableRow 组成，每个 TableRow 都会定义一个 row。TableLayout 容器不会显示 row、cloumns 或 cell 的边框线。关于更详细的信息，可以查看 TableLayout 的 API 参考文档。下面是 TableLayout 的布局代码。

TableLayout 在布局文件中的定义如下：

```
<?xml version="1.0" encoding="utf-8"?>
<TableLayout xmlns:android="http://schemas.android.com/apk/res/android"
    android:orientation="vertical"
    android:layout_width="fill_parent"
    android:layout_height="fill_parent">
```

```
    <TableRow>
        <TextView
            android:text="第一排第一个"
            android:id="@+id/TextView01" >
        </TextView>
        <TextView
            android:text="第一排第二个"
            android:id="@+id/TextView02" >
        </TextView>
        <TextView
            android:text="第一排第三个"
            android:id="@+id/TextView03" >
        </TextView>
    </TableRow>

    <TableRow>
        <TextView
            android:text="第二排第一个"
            android:id="@+id/TextView04" >
        </TextView>
        <TextView
            android:text="第二排第二个"
            android:id="@+id/TextView05" >
        </TextView>
        <TextView
            android:text="第二排第三个"
            android:id="@+id/TextView06" >
        </TextView>
    </TableRow>
</TableLayout>
```

在 XML 布局文件中，android:shrinkColumns属性可设置表格的列是否收缩（列编号从 0 开始），多列用逗号隔开，如 android:shrinkColumns="0,1,2"，即表格的第 1、2、3 列的内容是收缩的，以适合屏幕，不会被挤出屏幕；android:collapseColumns属性可设置表格的列是否隐藏；android:stretchColumns作用是设置表格的列是否拉伸。

TableLayout 的布局效果如图 5-14 所示。

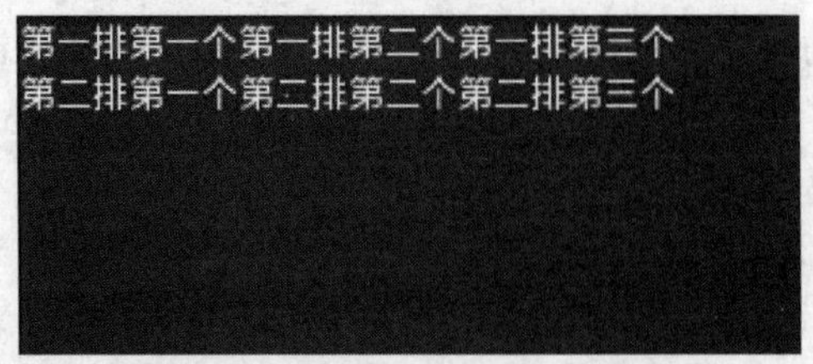

图 5-14 TableLayout 的布局效果

默认情况下，TableLayout 是不能滚动的，超出手机屏幕的部分无法显示。在 TableLayout 的外层增加一个 ScrollView 就可以解决此问题。

5.3.4　AbsoluteLayout（绝对布局）

AbsoluteLayout 允许以坐标的方式指定显示对象的具体位置。左上角的坐标为(0,0)，可使用属性 lauout_x 和 layout_y 来指定组件的具体坐标。需要注意的是，由于显示对象的位置被固定，这种布局管理器在不同的设备上最终显示的效果可能会不一致。下面是 AbsoluteLayout 的布局代码。

AbsoluteLayout 在布局文件中的定义如下：

```
<?xml version="1.0" encoding="utf-8"?>
<AbsoluteLayout xmlns:android="http://schemas.android.com/apk/res/android"
    android:orientation="vertical"
    android:layout_width="fill_parent"
    android:layout_height="fill_parent">
    <Button
        android:layout_x="0dip"
        android:layout_y="100dip"
        android:text="这里是按钮 1"
        android:id="@+id/Button01"
        android:layout_width="wrap_content"
        android:layout_height="wrap_content">
    </Button>
    <TextView
        android:layout_x="10dip"
        android:layout_y="10dip"
        android:id="@+id/TextView01"
        android:text="这里是文字 1"
        android:layout_width="wrap_content"
        android:layout_height="wrap_content">
    </TextView>
    <Button
        android:layout_x="150dip"
        android:layout_y="100dip"
        android:text="这里是按钮 2"
        android:id="@+id/Button02"
        android:layout_width="wrap_content"
        android:layout_height="wrap_content">
    </Button>
</AbsoluteLayout>
```

AbsoluteLayout 的布局效果如图 5-15 所示。

图 5-15　AbsoluteLayout 的布局效果

5.3.5 RelativeLayout（相对布局）

RelatvieLayout 可以设置某一个视图相对于其他视图的位置。比如，一个按钮可以放置于另一个按钮右边，或者放在布局管理器的中央。

RelativeLayout 的属性如下：

android:layout_below：在某元素的下方。

android:layout_top：置于指定组件之上。

android:layout_toLeftOf：置于指定组件左边。

android:layout_toRightOf：置于指定组件右边。

android:layout_alignParentTop：与父组件上对齐。

android:layout_alignParentBottom：与父组件下对齐。

android:layout_alignParentLeft：与父组件左对齐。

android:layout_alignLeft：与指定组件左对齐。

android:layout_alignRight：与指定组件右对齐。

android:layout_alignBottom：与指定组件下对齐。

android:layout_alignBaseline：与指定组件基线对齐。

这些属性一部分由元素直接提供，另一部分由容器的 LayoutParams 成员（RelativeLayout 的子类）提供。RelativeLayout 参数有 width、height、below、alignTop、topLeft、pading 和 marginLeft。

注意：其中有些参数的值是相对于其他子元素而言的，所以才称为相对布局。这些参数包括 topLeft、alighTop 和 below，用来指定相对于其他元素的左、上和下的位置。下面为 RelatvieLayout 布局的示例。

RelatvieLayout 在布局文件中的定义如下：

```
<?xml version="1.0" encoding="utf-8"?>
<RelativeLayout xmlns:android="http://schemas.android.com/apk/res/android"
        android:orientation="vertical"
        android:layout_width="fill_parent"
        android:layout_height="fill_parent">
        <TextView
                android:text="这里是文字 1"
                android:id="@+id/TextView01"
                android:layout_width="wrap_content"
                android:layout_height="wrap_content">
        </TextView>
        <Button
                android:text="这里是按钮 1"
                android:id="@+id/Button01"
                android:layout_width="wrap_content"
                android:layout_below="@+id/TextView01"
                android:layout_height="wrap_content">
```

```
    </Button>
    <TextView
        android:text="这里是文字 2"
        android:id="@+id/TextView02"
        android:layout_width="wrap_content"
        android:layout_below="@+id/Button01"
        android:layout_height="wrap_content">
    </TextView>
    <Button
        android:text="这里是按钮 2"
        android:id="@+id/Button02"
        android:layout_width="wrap_content"
        android:layout_toRightOf="@+id/Button01"
        android:layout_below="@+id/TextView01"
        android:layout_height="wrap_content">
    </Button>
</RelativeLayout>
```

RelativeLayout 的布局效果如图 5-16 所示。

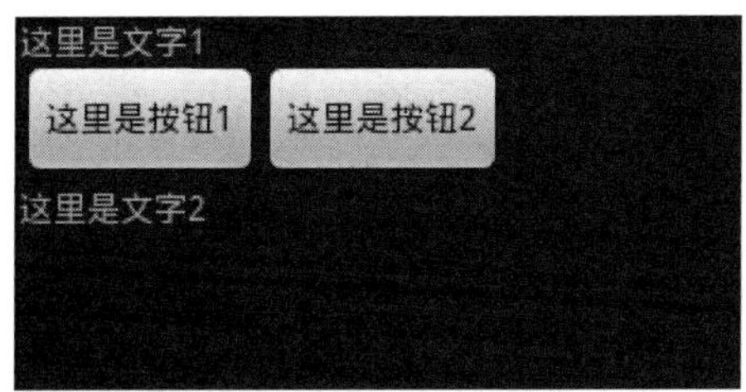

图 5-16　RelativeLayout 的布局效果

5.4　事件处理

事件是用户和 UI 交互时所触发的操作。比如，我们按下键盘就可以触发几个事件。当键盘上的按键被按下时，触发了“按下”事件；当松开按键时，又触发了“释放”事件。在 Android 中，这些事件将被传送到事件处理器，它是一个专门接收事件对象并对其进行翻译和处理的方法。

在 Java 程序中，实现与用户交互功能的控件都需要通过事件来处理，并指定控件所用的事件监听器。在 Android 中，同样需要设置事件监听器，另外，View 同样可以响应按键和触屏两种事件。

5.4.1　事件模型

当用户与应用程序交互时，用户的操作一定是通过触发某些事件来完成的，事件可通知程序应该执行哪些操作。这个繁杂的过程主要涉及两个对象：事件源与事件监听器。事件源指的是事件所发生的控件，各个控件在不同情况下触发的事件不尽相同，而且产生的事件对象也可能不同。事件监听器则是用来处理事件的对象，实现了特定的接口，根据事件的不同重写不同的处理方法来处理事件。

将事件源与事件监听器联系到一起，就需要为事件源注册监听。当事件发生时，系统才会自动通知事件监听器来处理相应的事件。接下来用图 5-17 来说明事件处理的整个流程。

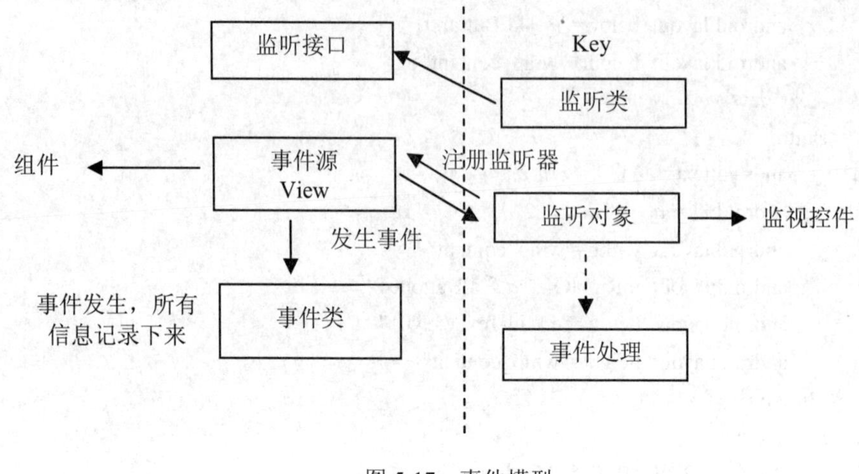

图 5-17　事件模型

5.4.2　事件处理机制

Android 的事件处理机制有两种：一种是回调机制，另一种是监听接口机制。接下来会分别对这两种机制进行介绍。

1. 回调机制

在Android操作系统中，对事件的处理是一个非常基础而且重要的操作。许多功能的实现都需要对相关事件进行触发，然后才能达到自己的目的。比如，Android 事件监听器是视图 View 类的接口，包含单独的回调方法。视图 View 类的监听器接口在视图中进行注册，当用户操作界面时触发事件，Android 系统会自动调用接口中的回调方法。下面这些回调方法被包含在 Android 事件监听器的接口中。

（1）onKeyDown()：该方法是接口 KeyEvent.Callback 中的抽象方法，所有的 View 全部实现了该接口并重写了该方法，该方法用来捕捉手机键盘被按下的事件。

（2）onKeyUp()：该方法同样是接口 KeyEvent.Callback 中的一个抽象方法，并且所有的 View 同样全部实现了该接口并重写了该方法，onKeyUp()方法用来捕捉手机键盘按键释放的事件。

（3）onTouchEvent()：该方法是在 View 类中定义的，并且所有的 View 子类全部重写了该方法，应用程序可以通过该方法处理手机屏幕的触摸事件。

（4）onClick()：包含在 View.OnClickListener 中。当用户触摸界面上的 item（在触摸模式下），或者通过浏览键或跟踪球聚焦在某个 item 上，然后按下“确认”键或跟踪球时可调用该方法。

（5）onLongClick()：包含在 View.OnLongClickListener 中。当用户触摸并控制住界面上的 item（在触摸模式下），或者通过浏览键或跟踪球聚焦在某个 item 上，然后保持按下“确认”

键或跟踪球（一秒钟）时可调用该方法。

（6）onFocusChange()：包含于 View.OnFocusChangeListener 中，当用户使用浏览键或跟踪球浏览进入或离开界面上的 item 时被调用。

（7）onKey()：包含在 View.OnKeyListener 中，当用户聚焦在某个 item 上并按下或释放设备上的一个按键时被调用。

（8）onTouch()：包含在 View.OnTouchListener 中，当用户执行的动作被当作一个触摸事件时被调用，包括按下、释放或者屏幕上的任何移动手势（在某个 item 的边界内）。

接下来通过简单的例子讲解 onKeyDown()、onKeyUp()及 onTouchEvent()等方法的使用，代码如下：

```
publicclass Ex03_3 extends Activity {
    /** Called when the activity is first created. */
    @Override
    publicvoid onCreate(Bundle savedInstanceState) {
        super.onCreate(savedInstanceState);
        setContentView(R.layout.main);
        Button button = (Button)findViewById(R.id.button);
        button.setOnClickListener(new Button.OnClickListener(){
            @Override
            publicvoid onClick(View v) {
                showToast("点击按钮");
            }});
    }
    //按下按键事件
    publicboolean onKeyDown(int keyCode, KeyEvent event){
        switch(keyCode){
        case KeyEvent.KEYCODE_DPAD_UP:
            showToast("按下向上键");
            break;
        case KeyEvent.KEYCODE_DPAD_DOWN:
            showToast("按下向下键");
            break;
        case KeyEvent.KEYCODE_DPAD_LEFT:
            showToast("按下向左键");
            break;
        case KeyEvent.KEYCODE_DPAD_RIGHT:
            showToast("按下向右键");
            break;
        }
        returnfalse;
    }
    //释放按键事件
    publicboolean onKeyUp(int keyCode, KeyEvent event){
        switch(keyCode){
        case KeyEvent.KEYCODE_DPAD_UP:
            showToast("释放向上键");
```

```
                break;
            case KeyEvent.KEYCODE_DPAD_DOWN:
                showToast("释放向下键");
                break;
            case KeyEvent.KEYCODE_DPAD_LEFT:
                showToast("释放向左键");
                break;
            case KeyEvent.KEYCODE_DPAD_RIGHT:
                showToast("释放向右键");
                break;
            }
            returnfalse;
        }
        //触屏事件
        publicboolean onTouchEvent(MotionEvent event){
            int action = event.getAction();
            int posX = (int)event.getX();
            int posY = (int)event.getY();
            switch(action){
            case MotionEvent.ACTION_DOWN:
                showToast("坐标"+posX+","+posY);
                break;
            }
            returnfalse;
        }
        publicvoid showToast(String str){
            Toast.makeText(Ex03_3.this,str,Toast.LENGTH_SHORT).show();
        }
```

当按下键盘上方向键时，界面上就会显示按下方向键，这是通过 onKeyDown()方法捕捉事件的。

当松开键盘上方向键时，界面上就会显示释放方向键，这是通过 onKeyUp()方法捕捉事件的。

当触摸屏幕时，通过 onTouchEvent()方法捕捉触摸屏幕的事件，根据事件获得触摸的动作，然后根据触摸动作进行处理。本示例是把触摸屏幕的光标的 X、Y 坐标显示到屏幕上。

2. 监听接口机制

（1）OnClickListener 接口：该接口处理的是点击事件，在触摸模式下，是指在某个 View 上按下并抬起的组合动作，而在键盘模式下，是指某个 View 获得焦点后点击“确定”键或者按下跟踪球的事件。

（2）OnLongClickListener 接口：该接口与 OnClickListener 接口的原理基本相同，只是该接口为 View 长按事件的捕捉接口，即当长时间按下某个 View 时触发的事件。

（3）OnFocusChangeListener 接口：该接口用来处理控件焦点发生改变的事件。如果注册了该接口，当某个控件失去焦点或者获得焦点时都会触发该接口中的回调方法。

（4）OnKeyListener 接口：对手机键盘进行监听的接口。通过对某个 View 注册监听，当 View 获得焦点并有键盘事件时，便会触发该接口中的回调方法。

本章小结

本章主要介绍了 Android 常用基本 UI 控件、布局管理器和事件处理机制。其中常用 UI 控件包括了 TextView（文本框）、EditText（编辑框）、Button（按钮）、ImageButton（图片按钮）、ImageView（显示图片）、RadioButton（单选按钮）、CheckBox（复选框）、AutoCompleteTextView 和 ToggleButton，还介绍了 5 种布局对象，包括 FrameLayout（框架布局）、LinearLayout（线性布局）、TableLayout（表格布局）、AbsoluteLayout（绝对布局）和 RelativeLayout（相对布局），最后介绍了事件处理机制，包括回调机制和监听接口机制。

第 6 章　高级 UI 设计

学习目标：

- 掌握 Android 菜单、列表
- 掌握 Android 提示方法
- 掌握 ActionBar

6.1　菜单

菜单是用户界面中最常见的元素之一，使用非常频繁。在 Android 中，有如下 3 种菜单：选项菜单（OptionsMenu）、上下文菜单（ContextMenu）和子菜单（SubMenu）。在本章中我们主要介绍选项菜单（OptionsMenu）和上下文菜单（ContextMenu）。

6.1.1　选项菜单（OptionsMenu）

Android 手机专门用一个按键 Menu 来显示菜单，它的功能是在屏幕底部弹出一个菜单，我们称这个菜单为选项菜单。一般情况下，选项菜单最多显示 2 排，每排 3 个菜单项。这些菜单项有文字和图标，故也被称作 Icon Menus。如果可选择项多于 6 项，第 6 项以后的菜单项会被隐藏，第 6 项被 More 取代，点击 More 才出现第 6 项及以后的菜单项，这些菜单项被称作 Expanded Menus。所以，如果应用程序设置了菜单，我们就可以通过该按键来操作应用程序的菜单项。

要实现菜单功能，首先需要通过方法 onCreateOptionsMenu()来创建菜单，然后需要对能够触发的事件进行监听，这样才能够在事件监听（onOptionsItemSelected）过程中根据不同的菜单项来执行不同的任务。

我们通过一个例子来讲解如何实现 Menu 菜单，并通过 Menu 菜单切换图片。

首先，我们需要定义菜单的 ID，以便于以后修改。

```
/**定义菜单 ID*/
privatestaticfinalintM_CHANGE_FIRST = Menu.FIRST;            //切换第一张图
privatestaticfinalintM_CHANGE_SECOND = Menu.FIRST + 1;       //切换第二张图
privatestaticfinalintM_HELP = Menu.FIRST + 2;                //帮助
```

然后，重写 onCreateOptionsMenu()方法来定制我们的菜单，在此方法中，我们通过 Menu 对象创建菜单。实现代码如下：

```
/**创建 Menu 菜单，重写 onCreateOptionsMenu()方法*/
@Override
publicboolean onCreateOptionsMenu(Menu menu) {
    //创建 Menu 群组 ID
    int idGroup1 = 0;
    //创建 Menu 顺序 ID
```

```
        int orderMenuItem1 = Menu.NONE;
        int orderMenuItem2 = Menu.NONE + 1;
        int orderMenuItem3 = Menu.NONE + 2;
        menu.add(idGroup1,M_CHANGE_FIRST,orderMenuItem1,"切换第一张图");
        menu.add(idGroup1,M_CHANGE_SECOND,orderMenuItem2,"切换第二张图");
        menu.add(idGroup1,M_HELP,orderMenuItem3,"帮助");
        returnsuper.onCreateOptionsMenu(menu);
    }
```

menu.add()方法的第一个参数表示对菜单进行分组；第二个参数是菜单的 ID，是菜单的唯一标识；第三个参数表示菜单的显示顺序；第四个参数是文本，表示要显示的菜单文字。

当菜单显示出来后，用户点击菜单中的某一项，这时菜单需要响应这个点击事件。这很简单，可以通过重载 onOptionsItemSelected()方法来实现，如下面的代码所示：

```
    /** 选择 Menu 菜单，重写 onOptionsItemSelected()方法*/
    @Override
    publicboolean onOptionsItemSelected(MenuItem item) {
        int id = item.getItemId();//获得 Menu 菜单的 ID
        switch(id){
        caseM_CHANGE_FIRST:
            imageView.setImageDrawable(getResources().getDrawable(R.drawable.a));
            break;
        caseM_CHANGE_SECOND:
            imageView.setImageDrawable(getResources().getDrawable(R.drawable.b));
            break;
        caseM_HELP:
            Intent intent = new Intent(MainActivity.this,HelpActivity.class);
            startActivity(intent);
            break;
        }
        returnsuper.onOptionsItemSelected(item);
    }
```

程序的运行效果如图 6-1 所示。

图 6-1　OptionsMenu 的效果

6.1.2 上下文菜单（ContextMenu）

上下文菜单是注册到某个 View 对象上的。如果一个 View 对象注册了上下文菜单，用户可以通过长按该 View 对象调出上下文菜单。我们来看一个关于 ContextMenu 的例子，这个例子是关于如何查看和删除信息的。

我们先创建一个 ContextMenu，它需要重写 onCreateContextMenu() 方法，在 onCreateContextMenu()方法里调用 Menu 的 add 方法添加菜单项（MenuItem），代码如下：

```
/**
* 创建长按菜单（上下文菜单）
* @param ContextMenu menu
* @param View v
*/
@Override
publicvoid onCreateContextMenu(ContextMenu menu, View v,ContextMenuInfo menuInfo) {
    menu.add(0,M_UPDATE,0,"修改");      //添加“修改”菜单项
    menu.add(0,M_DEL,0,"删除");         //添加“删除”菜单项
    menu.add(0,M_SELECT,0,"查看");      //添加“查看”菜单项
    super.onCreateContextMenu(menu, v, menuInfo);
}
```

接下来处理菜单的点击事件，需要先重写 onContextItemSelected()方法，然后通过参数 item 获得菜单 ID 并进行判断，实现代码如下：

```
/**
* 长按菜单（上下文菜单）响应事件
* @param MenuItem item
*/
@Override
publicboolean onContextItemSelected(MenuItem item) {
    //获得当前被选择的菜单项信息
    AdapterContextMenuInfo info =(AdapterContextMenuInfo)item.getMenuInfo();
    long itemID = info.id;
    Intent intent; //Intent 对象
    switch(item.getItemId())
    {
    caseM_UPDATE:
        //创建 Intent 对象
        intent = new Intent(Diary.this,EditDiary.class);
        intent.putExtra("option", 2);              //传递数据
        intent.putExtra("itemID", itemID);         //传递数据
        startActivity(intent);                     //启动一个新的 Activity
        dao.close();                               //关闭数据库对象
        Diary.this.finish();                       //关闭当前的 Activity
        break;
    caseM_DEL:
        dao.delete(itemID);                        //数据库对象调用删除方法
        readerListView();                          //调用读取列表方法
```

```
            break;
        caseM_SELECT:
            intent = new Intent(Diary.this,EditDiary.class);
            intent.putExtra("option", 1);
            intent.putExtra("itemID", itemID);
            startActivity(intent);
            dao.close();
            Diary.this.finish();
            break;
        }
        returnsuper.onContextItemSelected(item);
    }
```

完成上面的两步操作之后，还需要注册上下文菜单，注册上下文菜单的方法是 registerForContextMenu()。如果我们不注册上下文菜单，将导致其不能显示。

```
/**注册上下文菜单 */
registerForContextMenu(getListView());
```

程序的运行效果如图 6-2 所示。

图 6-2　ContextMenu 的效果

6.2 列表

6.2.1 Adapter（适配器）

Adapter 是 Android 中的一个重要角色，它是数据和 UI（View）之间的一个重要桥梁。Adapter 还负责为数据集中的每个数据项生成一个 View。它有一个重要的方法 getView (int position,View convertView,ViewGroup parent)。这个方法被 setListAdapter(adapter)间接地调用。getView 方法的作用是得到一个 View，这个 View 显示数据项里指定位置的数据，用户可以手动创建一个 View 页面或者使用 XML layout 中 inflate 方法产生一个页面。当这个 View 页面被 inflate 方法激活了，它的父 View（如 GridView、ListView 等）将使用默认的 layout 参数，除非用 inflate(int,android.view.ViewGroup,boolean)方法来指定一个根 View 并防止 adapter 附着在根上。

以下为 Adapter 的几个常见子类。

ListAdapter 接口：继承自 Adapter。ListAdapter 是 ListView 和 List 的数据之间的桥梁。数据经常来自于 Cursor，但这不是必需的。ListView 能显示任何数据，只要它是被 ListAdapter 包装的。

BaseAdapter 抽象类：它是 Adapter 类的基类，自定义的 Adapter 都需要继承 BaseAdapter。

ArrayAdapter 类：ArrayAdapter 是一个绑定 View 到一组对象的通用类。默认状态下，这个类预期提供的资源 ID 与一个单独的 TextView 相关联。如果想用一个更复杂的 layout，就要用包含了域 ID 的构造函数。这个域 ID 能够与一个在更大的 layout 资源里的 TextView 相关联。ArrayAdapter 将被数组里每个对象的 toString()方法填满。用户可以添加通常对象的 Lists 或 Arrays。重写对象的 toString()方法可决定 List 里哪一个写有数据的 Text 将被显示。如果想用一些其他的不同于 TextView 的 View 来显示数组（比如 ImageViews），或者其他数据（不包括 toString()返回值），就要重写 getView(int,View,ViewGroup)方法来返回想要的 View 类型。

SimpleAdapter 类：一个使静态数据和在 XML 文件中定义的 Views 对应起来的简单 Adapter。可以把 List 上的数据指定为一个 Map 范型的 ArrayList，ArrayList 里的每一个条目对应于 List 里的一行，Maps 包含着每一行的数据。用户要先指定一个 XML，这个 XML 定义了用于显示一行的 View，还要指定一个对应关系，这个对应关系是从 Map 的 keys 对应到指定的 Views。

6.2.2 ListView（列表视图）

在 Android 开发中，ListView 是比较常用的组件。它以列表的形式展示具体的内容，并且能够根据数据的长度自适应显示。

列表的显示需要三个元素：

（1）ListVeiw：用来展示列表的 View。

（2）Adapter：用来把数据映射到 ListView 上的中介。

（3）数据：被映射的字符串、图片，或者基本组件等资源。

根据列表的 Adapter 类型，列表可分为三种：ArrayAdapter、SimpleAdapter 和 SimpleCursorAdapter，其中以 ArrayAdapter 最为简单，只能显示一行字。SimpleAdapter 有最好的扩充性，可以自定义出各种效果。SimpleCursorAdapter 可以认为是 SimpleAdapter 对数据库的简单结合，可以方便地把数据库中的内容以列表的形式展示出来。

以下为三个关于 ListView 的例子。

第一个例子是用 ListView 来显示普通的列表，在这个例子中，我们首先需要在 Activity 类中创建一个 ListView 对象，然后定义要添加到 ListView 中的数据，具体代码如下：

```
//创建 ListView 对象
private ListView listView;
//添加数据
private List<String> getData(){
    List<String> data = new ArrayList<String>();
    data.add("唐僧");
    data.add("悟空");
    data.add("沙僧");
```

```
        data.add("八戒");
        return data;
    }
```

定义好数据后，创建一个 ArrayAdapter，将数据与 listView 里显示的布局结合起来。代码如下：

```
publicvoid onCreate(Bundle savedInstanceState){
    super.onCreate(savedInstanceState);
    listView = new ListView(this);    //获得 ListView 组件
    //设置列表的适配器
    listView.setAdapter(new ArrayAdapter<String>(this, android.R.layout.simple_expandable_list_
                            item_1,getData()));
}
```

最后，我们将做好的 listView 通过 setContentView()方法显示到界面上。代码如下：

```
setContentView(listView);    //将 listView 显示到当前页面
```

程序的运行效果如图 6-3 所示。

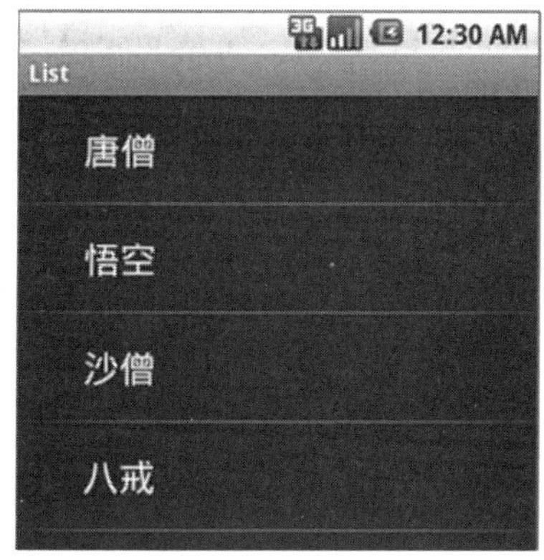

图 6-3　ListView 的效果

上面代码使用了 ArrayAdapter(Context context, int textViewResourceId, List<T> objects)来装配数据，要装配数据就需要一个连接 ListView 视图对象和数组数据的适配器来做两者的适配工作，然后使用 setAdapter()来完成适配阶段的最后工作。ArrayAdapter 的构造需要三个参数，第一个参数是上下文，第二个参数是指定列表项的模版，也就是一个 XML 布局文件的资源 ID，第三个参数是列表项中显示的数据。

注意：“上下文”在这个例子里指的是当前 Activity 的对象实例（this）。该代码中布局资源 ID（android.R.layout.simple_list_item_1）是系统定义好的布局文件。它只显示一行文字，可以在 Android SDK 安装目录下的 platforms\android-2.1\data\res\layout 目录中找到。

第二个例子是用 ListView 来显示联系人的列表信息。在这个例子中，我们将采用 SimpleCursorAdapter。先在通讯录中添加一个联系人作为数据库的数据，然后获得一个指向数据库的 Cursor 游标对象并且定义一个布局文件（当然也可以使用系统自带的）。具体代码如下：

```
public class MyListView2 extends Activity {
    //定义 ListView 对象
    private ListView listView;
    @Override
```

```
        public void onCreate(Bundle savedInstanceState){
            super.onCreate(savedInstanceState);
            listView = new ListView(this);
            //获取系统联系人信息
            Cursor cursor = getContentResolver().query(People.CONTENT_URI, null, null, null, null);
            startManagingCursor(cursor);
            ListAdapter listAdapter = new SimpleCursorAdapter(this,
                android.R.layout.simple_expandable_list_item_1,
                cursor,new String[]{People.NAME},new int[]{android.R.id.text1});
            //设置列表的适配器
            listView.setAdapter(listAdapter);
            setContentView(listView);
        }
    }
```

Cursor cursor = getContentResolver().query(People.CONTENT_URI, null, null, null, null);指先获得一个指向系统通讯录数据库的 Cursor 对象，从而获得数据来源。

通过 startManagingCursor(cursor)，我们将获得的 Cursor 对象交由 Activity 管理，这样 Cursor 的生命周期和 Activity 便能够自动同步，省去自己手动管理 Cursor 的工作。

SimpleCursorAdapter 构造函数的前面三个参数与 ArrayAdapter 是一样的，最后两个参数中的一个是包含数据库列的 String 型数组，一个是 XML 布局文件中组件标签的 android:id 属性值的数组，其作用是自动地将 String 型数组所表示的每一列数据映射到 XML 布局文件中对应 ID 的组件上。上面的代码是将 NAME 列的数据依次映射到布局文件的 ID 为 text1 的组件上。

注意：需要在 AndroidManifest.xml 中加入权限，否则程序运行会报错。

```
<uses-permission android:name="android.permission.READ_CONTACTS">
</uses-permission>
```

程序运行效果如图 6-4 所示。

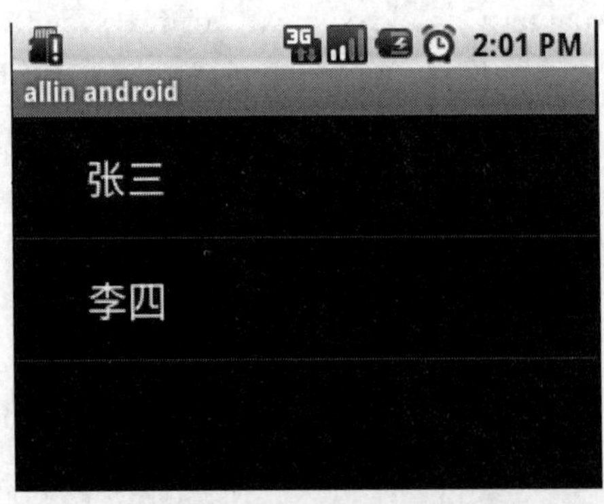

图 6-4　显示联系人列表

第三个例子是关于 SimpleAdapter 的使用。SimpleAdapter 的扩展性最好，可以定义各种各样的布局，可以放 ImageView，还可以放 Button 和 CheckBox 等。

下面的程序实现了一个带有图片的类表。首先定义好一个用来显示每一列内容的布局文件 vlist.xml：

```
<LinearLayout xmlns:android="http://schemas.android.com/apk/res/android"
    android:orientation="horizontal" android:layout_width="fill_parent"
    android:layout_height="fill_parent">
<ImageView android:id="@+id/img"
    android:layout_width="wrap_content"
    android:layout_height="wrap_content"
    android:layout_margin="5px"/>
<LinearLayout android:orientation="vertical"
    android:layout_width="wrap_content"
    android:layout_height="wrap_content">
<TextView android:id="@+id/title"
    android:layout_width="wrap_content"
    android:layout_height="wrap_content"
    android:textColor="#FFFFFFFF"
    android:textSize="22px" />
<TextView android:id="@+id/info"
    android:layout_width="wrap_content"
    android:layout_height="wrap_content"
    android:textColor="#FFFFFFFF"
    android:textSize="13px" />
</LinearLayout>
</LinearLayout>
```

Simple 类继承自 ListActivity，ListActivity 是 Activity 的子类。在 Simple 类里将数据加载到 list 集合中，然后定义 SimpleAdapter 将 list 集合中的数据和布局文件结合起来。

```
publicclass Simple extends ListActivity {
    publicvoid onCreate(Bundle savedInstanceState) {
        super.onCreate(savedInstanceState);
        SimpleAdapter adapter = new SimpleAdapter(this,getData(),R.layout.vlist,
        new String[]{"title","info","img"},
        newint[]{R.id.title,R.id.info,R.id.img});
        setListAdapter(adapter);
    }
    private List<Map<String, Object>> getData() {
        List<Map<String, Object>> list = new ArrayList<Map<String, Object>>();
        Map<String, Object> map = new HashMap<String, Object>();
        map.put("title", "G1");
        map.put("info", "Google 1");
        map.put("img", R.drawable.tool0);
        list.add(map);
        map = new HashMap<String, Object>();
        map.put("title", "G2");
        map.put("info", "Google 2");
        map.put("img", R.drawable.tool1);
        list.add(map);
        map = new HashMap<String, Object>();
        map.put("title", "G3");
```

```
            map.put("info", "Google 3");
            map.put("img", R.drawable.tool2);
            list.add(map);
            return list;
        }
    }
```

程序的运行效果如图 6-5 所示。

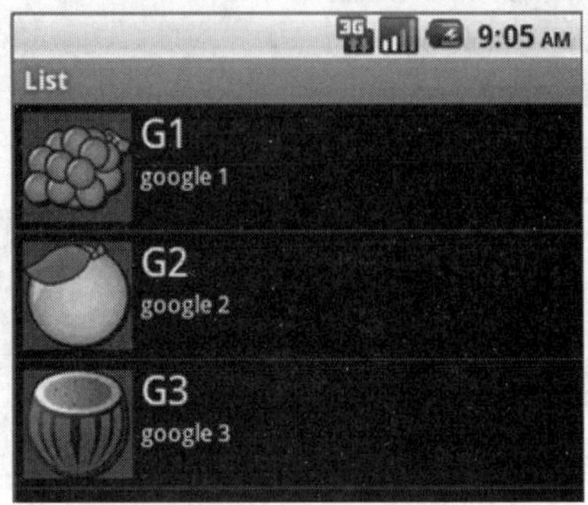

图 6-5 水果列表

使用 SimpleAdapter 的数据一般都是由 HashMap 构成的 List，List 的每一节对应 ListView 的每一行。HashMap 的每个键值数据映射到布局文件中对应 ID 的组件上。因为系统没有对应的布局文件可用，我们可以自己定义一个布局文件（如上面例子中的 vlist.xml）。SimpleAdapter 构造方法里的第一个参数是上下文，即当前 Activity 的对象实例（this）；第二个参数是数据；第三个参数是模版的资源 ID；第四个参数是组件对应的资源；第五个参数是 XML 布局文件中组件的 ID。布局文件的各组件分别映射到 HashMap 的各元素上，以完成适配。

6.2.3 Spinner（下拉列表）

当我们在网站上注册账号时，网站可能会让我们提供性别、生日、城市等信息。网站开发人员为了方便用户，不需要用户填写这些信息，而提供一个下拉列表将所有的可选项列出来，让用户选择。Android 给我们提供了一个 Spinner 控件，这个控件主要就是一个列表，Spinner 位于 android.widget 包下，每次只显示用户选中的元素，当用户再次点击时，会弹出选择列表供用户选择，而选择列表中的元素同样来自适配器。

以下为选择居住地区的例子。在该例中，我们先在 layout 下的 XML 文件中添加一个 Spinner 组件，代码如下：

```
<?xml version="1.0" encoding="utf-8" ?>
<LinearLayoutxmlns:android="http://schemas.android.com/apk/res/android"
    android:orientation="vertical" android:layout_width="fill_parent"
    android:layout_height="fill_parent">
<TextViewandroid:id="@+id/tv" android:layout_width="fill_parent"
    android:layout_height="wrap_content" android:text="@string/hello" />
<Spinnerandroid:id="@+id/sp" android:layout_width="fill_parent"
    android:layout_height="wrap_content" />
</LinearLayout>
```

然后，我们需要在 Activity 类中获得 Spinner 组件：

```
spinner = (Spinner)findViewById(R.id.sp);
textView = (TextView)findViewById(R.id.tv);
```

接下来，我们需要创建一个适配器，此适配器是 ArrayAdapter，代码如下：

```
/*
    * 新建 ArrayAdapter 对象并将 allCity 传入
    * */
adapter = new ArrayAdapter<String>(this, android.R.layout.simple_spinner_item,allCity);
```

定义好适配器后，将适配器设置给 Spinner 组件，并为其注册监听事件以弹出提示信息，代码如下：

```
//将 adapter 添加到 spinner 中
    spinner.setAdapter(adapter);
    spinner.setOnItemSelectedListener(new OnItemSelectedListener(){
        @Override
        public void onItemSelected(AdapterView<?> arg0, View arg1,int arg2, long arg3) {
            textView.setText("你选择的是"+city[arg2]);
        }
        @Override
        public void onNothingSelected(AdapterView<?> arg0) {
            // TODO Auto-generated method stub
        }});
}
```

程序效果运行如图 6-6 所示。

图 6-6　Spinner 效果图

6.2.4 GridView（网格视图）

GridView 组件用于显示一个表格，它采用了二维表的方式来显示列表项，其中每个列表项是一个 View 对象。以下为一个关于 GridView 的例子，用来显示角色信息，具体实现步骤及代码如下所示。

（1）在布局文件中添加 GridView 组件：

```
<LinearLayout xmlns:android=http://schemas.android.com/apk/res/android
    android:layout_width="wrap_content"android:layout_height="wrap_content"
    android:background="@drawable/youxijuesejiemian">
<ImageView
    android:id="@+id/ImageView01"
    android:layout_width="fill_parent"
    android:layout_height="wrap_content">
</ImageView>
<GridViewandroid:stretchMode="columnWidth"
    android:listSelector="#00000000"
    android:layoutAnimation="@anim/layout_wave_scale"
    android:layout_width="fill_parent" android:id="@+id/role_gridview"
    android:numColumns="3" android:layout_height="wrap_content"
    android:verticalSpacing="8dip" android:layout_marginTop="80dip"
    android:layout_marginLeft="15dip">
</GridView>
</LinearLayout>
```

在 GridView 标签中，android:stretchMode = "columnWidth"属性表示 gridview 的填充方式（以每一列宽为准）；android:numColumns 属性是用来设定 GridView 每行显示的 View 数目，如果没有这个属性会默认每行显示一个 View。

（2）定义 GridView 组件和 GridView 使用的适配器：

```
//声明 GridView 组件
private GridView organi_gridview;
private GridView_Adapter grid_Adapter;
```

（3）定义 GridView 适配器，GridView_Adapter 类需要继承 BaseAdapter 并实现其抽象方法，GridView_Adapter 类是用于显示 GridView 列表项中内容的。

```
/**
 * 自定义 Adapter 类用于显示 GridView 中的内容
 */
privateclass GridView_Adapter extends BaseAdapter {
    private Context context;                    //上下文
    privateint image_arr[];                     //GridView 列表项里显示图片数组
    private LayoutInflater layoutInflater;
    private LinearLayout layout_Adapter;        //适配器
    private ImageView imageView;                //声明 ImageView 对象
    public GridView_Adapter(Context context, int iamge_arr[]) {
        this.context = context;
        this.image_arr = iamge_arr;
        layoutInflater = (LayoutInflater) context
```

```
                    .getSystemService(Context.LAYOUT_INFLATER_SERVICE);
        }
        publicint getCount() {
            // TODO Auto-generated method stub
            return image_arr.length;
        }
        public Object getItem(int position) {
            // TODO Auto-generated method stub
            return image_arr[position];
        }
        publiclong getItemId(int position) {
            // TODO Auto-generated method stub
            return position;
        }
        public View getView(int position, View convertView, ViewGroup parent) {
            // TODO Auto-generated method stub
            layout_Adapter = (LinearLayout) this.layoutInflater.inflate(
                    R.layout.organi_grid, null);                //找到 organi_grid.xml 布局文件
            imageView = (ImageView) layout_Adapter
                    .findViewById(R.id.grid_image);             //获得 ImageView 组件对象
            imageView.setImageResource(ORGANI_ARR[position]); //切换 ImageView 组件中的图片
            return layout_Adapter;
        }
    }
```

（4）获得 GridView 组件并使用 GridView 类的 setAdapter 方法指定自定义适配器对象：

```
    /**
     * 定义各组件
     */
    publicvoid setValues(){
        intent = new Intent();
        organi_gridview = (GridView) findViewById(R.id.role_gridview);    //获得 GridView 组件
        grid_Adapter = new GridView_Adapter(this, ORGANI_ARR);
            organi_gridview.setAdapter(grid_Adapter);                     //指定自定义适配器对象
            organi_gridview.setBackgroundColor(Color.alpha(100));         //设置背景颜色
    }
```

（5）为 GridView 组件注册监听事件：

```
    /*
     * 事件监听
     */
    publicvoid setListenser(){
        organi_gridview.setOnItemClickListener(new OnItemClickListener() {
            @Override
            publicvoid onItemClick(AdapterView<?> parent, View view, int position,long id) {
                // TODO Auto-generated method stub
                show_Alert_Way(position);
            }
        });
    }
```

6.2.5 Gallery（图片库）

还记得 iPhone 中用手指拖动图片的效果吗？iPhone 曾经凭借这个效果吸引了不少眼球，而要在 Android 平台上实现这样的效果，需要一个容器来存放 Gallery 显示的图片，这里使用一个继承自 BaseAdapter 类的派生类来显示这些图片。我们需要监听其事件，从而确定用户当前选中的是哪一张图片。首先，需要将所有要显示的图片的索引存放在一个 int 型数组中，然后通过 setImageResource 方法来设置 ImageView 要显示的图片资源，最后将每张图片的 ImageView 显示在屏幕上。下面的例子实现了这一过程，当点击某张图片的时候，捕捉并处理该事件。

存放这些图片的容器 ImageAdapter 的实现代码如下：

```
publicclass ImageAdapter extends BaseAdapter
{
        /*声明变量*/
        int mGalleryItemBackground;
        private Context mContext;
        /*ImageAdapter 的构造器*/
        public ImageAdapter(Context c)
        {
            mContext = c;
        }
        /*覆盖的方法为 getCount()，返回图片数目*/
        publicint getCount()
        {
            return myImageIds.length;
        }
        /*覆盖的方法为 getItemId()，返回图像的数组 ID */
        public Object getItem(int position)
        {
            return position;
        }
        publiclong getItemId(int position)
        {
            return position;
        }
        /*覆盖的方法为 getView()，返回 ImageView 对象*/
        public View getView(int position, View convertView, ViewGroup parent)
        {
          /*产生 ImageView 对象*/
          ImageView i = new ImageView(mContext);
          /*设置图片给 ImageView 对象*/
          i.setImageResource(myImageIds[position]);
          /*重新设置图片的宽和高*/
          i.setScaleType(ImageView.ScaleType.FIT_XY);
          /*重新设置 Layout 的宽和高*/
```

```
        i.setLayoutParams(new Gallery.LayoutParams(240, 240));
        /*设置 Gallery 的背景图*/
        i.setBackgroundResource(mGalleryItemBackground);
        /*返回 ImageView 对象*/
        return i;
    }
    /*构建 Integer array，并取得预加载 drawable 的图片 ID*/
    private Integer[] myImageIds =
    {
        R.drawable.hou,R.drawable.zhu,R.drawable.tang
    };
}
```

然后通过 setAdapter 方法把资源文件添加到 Gallery 中显示，并设置其事件处理，代码如下：

```
publicclass Ex05_8 extends Activity {
    private Gallery ga;
    /** Called when the activity is first created. */
    @Override
        publicvoid onCreate(Bundle savedInstanceState)
        {    super.onCreate(savedInstanceState);
        setContentView(R.layout.main);
        ga = (Gallery)findViewById(R.id.ga);
        ga.setAdapter(new ImageAdapter(this));
        ga.setOnItemClickListener(new OnItemClickListener()
        {    @Override
            publicvoid onItemClick(AdapterView<?> arg0, View arg1, int id, long arg3)
            {
                Toast.makeText(Ex05_8.this,"now: "+id,Toast.LENGTH_SHORT).show();
            }
        }
    };
}
```

程序的运行效果如图 6-7 所示。

图 6-7 图片浏览

6.3 提示方法

6.3.1 AlertDialog

我们在与用户交互的过程中，经常会用到“确认”“警告”这样的 Dialog 形式的提示对话框。本节介绍的是 AlertDialog（提示对话框），它也是 Android 中创建对话框最常用的方法。

在下面的例子中，当我们点击一个按钮后，会弹出一个 AlertDialog。在这个例子的实现代码中，通过 setPositiveButton 和 setNegativeButton 方法加入了两个按钮，每个按钮都有各自的监听事件。如果对话框设置了按钮，那么需要对其设置事件监听（OnClickListener）。本例构造了一个具有标题（setTitle）、提示信息（setMessage）和两个按钮的对话框。另外还可以通过 setIcon()方法设置对话框里的图标，比如 setIcon(R.drawable.myIcon)。

AlertDialog 的实现代码如下：

```
publicclass Ex05_6_alert extends Activity
{
    private Button button;
    /** Called when the activity is first created*/
    @Override
    publicvoid onCreate(Bundle savedInstanceState)
    {
        super.onCreate(savedInstanceState);
        setContentView(R.layout.alert);
        button =(Button) findViewById(R.id.bt);
        button.setOnClickListener(new Button.OnClickListener(){
            publicvoid onClick(View v) {
                new AlertDialog.Builder(Ex05_6_alert.this).setTitle("about")
                .setMessage("你真有勇气！")
                .setPositiveButton("确定", new DialogInterface.OnClickListener(){
                    publicvoid onClick(DialogInterface di,int i){}
                })
                .setNegativeButton("百度首页", new DialogInterface.OnClickListener(){
                    publicvoid onClick(DialogInterface di,int i){
                        Uri uri = Uri.parse("http://www.baidu.com");
                        Intent intent = new Intent(Intent.ACTION_VIEW,uri);
                        startActivity(intent);
                    }
                }).show();
        }});
    }
}
```

由于 AlertDialog 类不能直接使用 new 关键字来创建其对象实例，为了能创建 AlertDialog

对象，需要调用 AlertDialog 的内部类 Builder 类。创建完 AlertDialog 对象后需要通过 Builder 类的 show()方法显示对话框。

程序的运行效果如图 6-8 所示。

图 6-8　图片浏览

以下讲述的是另一种对话框 ProgressDialog，与 AlertDialog 不同的是，ProgressDialog 显示的是一种“加载中”的效果。

需要注意的是，Android 的 ProgressDialog 必须在后台程序运行完毕前以 dismiss()方法来关闭取得焦点（focus）的对话框，否则程序会陷入无法终止的死循环中。在线程里不能有任何更改当前 Activity 或父视图的任何状态，及文字输出等事件，因为线程里的当前 Activity 与视图并不属于父视图，两者之间也没有关联。在下面的例子中，如果想在线程里改变图片的 alpha 值，是没有效果的。在该示例中，我们通过一个线程来模拟后台程序的运行，在线程完毕时，关闭加载中的动画对话框。

ProgressDialog 的实现代码如下：

```
public class Ex05_6_progress extends Activity
{
    private Button button;
    //创建 ProgressDialog 对象
    private ProgressDialog myDialog = null;
    /** Called when the activity is first created */
    @Override
    public void onCreate(Bundle savedInstanceState)
    {
        super.onCreate(savedInstanceState);
        setContentView(R.layout.progress);
        button =(Button) findViewById(R.id.bt);
        button.setOnClickListener(myShowProgressBar);
```

```
        }
        //Button 监听事件
        Button.OnClickListener myShowProgressBar =
        new Button.OnClickListener()
        {
            public void onClick(View arg0)
            {
                final CharSequence strDialogTitle =
                getString(R.string.str_dialog_title);
                final CharSequence strDialogBody =
                getString(R.string.str_dialog_body);
                //显示 Progress 对话框
                myDialog = ProgressDialog.show (
                    Ex05_6_progress.this,
                    strDialogTitle,
                    strDialogBody,
                    true);
                new Thread()
                {
                    public void run()
                    {
                        try
                        {
                            sleep(1000);
                        }
                        catch (Exception e)
                        {
                            e.printStackTrace();
                        }
                        finally
                        {
                            //卸载所创建的 myDialog 对象
                            myDialog.dismiss();
                        }
                    }
                }.start(); /* 开始运行线程 */
            }
        };
    }
```

程序的运行效果如图 6-9 所示。

图 6-9　进度条对话框

6.3.2　Toast

Toast 是 Android 提供的“提示信息”类，Toast 类的使用非常简单，而且用途很多。比如在要求用户输入年龄的时候，不小心输入了字母，这个时候 Toast 可以提示用户“只能输入数字”。下面过一个示例来演示 Toast 的用法，代码如下：

```
public class Ex05_1 extends Activity {
    private Button button;
    /** Called when the activity is first created */
    @Override
    public void onCreate(Bundle savedInstanceState)
    {
        super.onCreate(savedInstanceState);
        setContentView(R.layout.main);
        button = (Button)findViewById(R.id.button);
        button.setOnClickListener(new Button.OnClickListener()
        {
            @Override
            public void onClick(View v)
            {
                Toast.makeText(Ex05_1.this,"你点击了一下按钮",Toast.LENGTH_SHORT).show();
            }
        });
    }
}
```

当点击了按钮之后，屏幕会弹出 Toast 信息，Toast 是没有焦点的，而且 Toast 显示的时间有限，过了一定的时间就会自动消失。在上面的示例代码中，我们用 Toast.LENGTH_SHORT

对时间进行了限制。

Toast 的 makeText 方法里有三个参数，分别对应的是 Context 上下文、Toast 显示的内容，以及显示的时间。如果需要显示的时间很短，则可以用 Toast.LENGTH_SHORT；如果需要显示的时间很长，则可以用 Toast.LENGTH_LONG。

程序的运行效果如图 6-10 所示。

图 6-10 Toast 的效果图

6.4 ActionBar

从 Android 3.0 开始，新建的 Activity 默认使用系统的Holo主题，当使用了 Holo 或继承于它的主题时，我们的 Activity 窗口上方会出现一个动作条，包括标题、导航、交互项，ActionBar 的效果如图 6-11 所示。

图 6-11 ActionBar 的效果图

我们可以在 Activity 的 OnCreate()方法里通过 getActionBar()方法返回当前 Activity 的 ActionBar 对象，通过这个对象可以使用 ActionBar 的 APIs 进行开发工作，比如调用 ActionBar 的 show()、hide()方法显示、隐藏 ActionBar，代码示例如下：

```
@Override
protectedvoid onCreate(Bundle savedInstanceState) {
    super.onCreate(savedInstanceState);
    setContentView(R.layout.activity_main);
    ActionBar actionBar = getActionBar();
    actionBar.show();
    actionBar.hide();
}
```

需要注意的是，显示或隐藏 ActionBar 时会引起整个 Activity 的重绘。

6.4.1 ActionBar 标题栏

默认情况下，Activity 的图标和标题会作为标题栏显示在 ActionBar 的最左边，其中图标可以响应用户的点击事件，通常应用程序可以利用这个点击响应实现下面两个功能之一：

- 跳到应用程序的首页；
- 回到应用程序的上一级。

需要注意的是从 Android 4.0 开始，ActionBar 的图标默认禁用了点击响应行为，我们需要手动调用setHomeButtonEnabled(true)方法来使用这个功能。

当用户点击标题栏图标时，系统会自动调用 Activity 的onOptionsItemSelected()方法，一个 ID 为 android.R.id.home 的 MenuItem 会作为参数传进来，下面是一个跳转到应用首页的

onOptionsItemSelected()的实现示例：

```
@Override
publicboolean onOptionsItemSelected(MenuItem item)
{
    switch(item.getItemId()){
        case android.R.id.home:
        //点击 ActionBar 的图标，回到首页（HomeActivity）
        Intent intent =newIntent(this,HomeActivity.class);
        intent.addFlags(Intent.FLAG_ACTIVITY_CLEAR_TOP);
        startActivity(intent);
        return true;
        default:
        returnsuper.onOptionsItemSelected(item);
    }
}
```

注意：HomeActivity 需要自己实现。

6.4.2 ActionBar 导航模式

当应用程序需要导航功能时，可以启用 ActionBar 的导航模式，系统会自动根据屏幕的宽度调整 ActionBar 的显示，下面图 6-12 和图 6-13 所示是同一个 ActionBar 的横屏和竖屏的效果图。

图 6-12　ActionBar 的横屏效果图

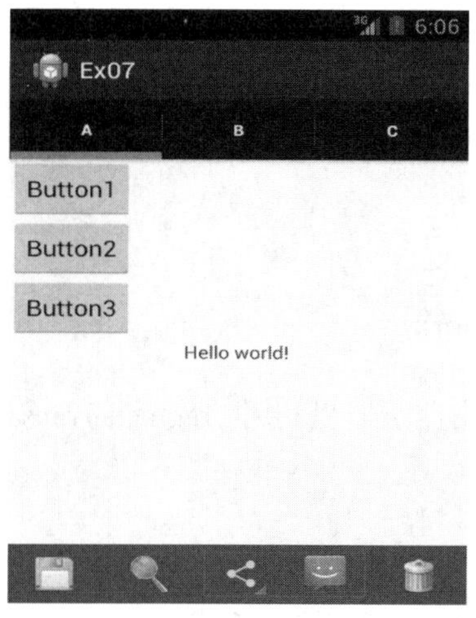

图 6-13　ActionBar 的竖屏效果图

要使用导航选项卡，需要启用导航模式，下面是给 ActionBar 添加选项卡及选项卡点击监听器的代码示例：

```
//导航模式
actionBar.setNavigationMode(ActionBar.NAVIGATION_MODE_TABS);
//定义选项卡点击监听器
TabListener tabListener = new TabListener(){
    @Override
    publicvoid onTabReselected(Tab tab, FragmentTransaction arg1) {
        Toast.makeText(MainActivity.this, "选项卡" + tab.getText() + "被两次选中",
            Toast.LENGTH_LONG).show();
    }
    @Override
    publicvoid onTabSelected(Tab tab, FragmentTransaction arg1) {
        Toast.makeText(MainActivity.this, "选项卡" + tab.getText() + "被选中",
            Toast.LENGTH_LONG).show();
    }
    @Override
    publicvoid onTabUnselected(Tab tab, FragmentTransaction arg1) {
        Toast.makeText(MainActivity.this, "选项卡" + tab.getText() + "解除选中",
            Toast.LENGTH_LONG).show();
    }
};
//添加 A 选项卡
Tab tab = actionBar
        .newTab()
        .setText("A");
tab.setTabListener(tabListener);
actionBar.addTab(tab);
//添加 B 选项卡
tab = actionBar
        .newTab()
        .setText("B");
tab.setTabListener(tabListener);
actionBar.addTab(tab);
//添加 C 选项卡
tab = actionBar
        .newTab()
        .setText("C");
tab.setTabListener(tabListener);
actionBar.addTab(tab);
```

通常我们可以在选项卡点击监听器里利用 FragmentTransaction 切换 Fragment 的方式切换主视图。

6.4.3 ActionBar 交互项

如果想更显式地给用户提供一些菜单项，我们可以将一些菜单项声明为 ActionBar 的交互项，可在/res/menu/activity_main.xml 文件中定义菜单项：

```
<menuxmlns:android="http://schemas.android.com/apk/res/android">
<item
    android:id="@+id/menu_settings"
    android:orderInCategory="100"
    android:showAsAction="never"
    android:title="@string/menu_settings"/>
<item
    android:id="@+id/menu_save"
    android:icon="@drawable/save"
    android:showAsAction="ifRoom|withText"
    android:title="Save"/>
<item
    android:id="@+id/menu_search"
    android:actionLayout="@layout/searchview"
    android:icon="@drawable/search"
    android:showAsAction="ifRoom|collapseActionView"
    android:title="menu_search">
</item>
<item
    android:id="@+id/menu_share"
    android:actionProviderClass="android.widget.ShareActionProvider"
    android:enabled="true"
    android:showAsAction="ifRoom"
    android:title="menu_share"/>
<item
    android:id="@+id/menu_delete"
    android:icon="@drawable/delete"
    android:showAsAction="ifRoom"
    android:title="menu_delete">
</item>
</menu>
```

其中 item 的 android:showAsAction 属性可有五种取值：

- never：永远不会显示，只会在菜单项列表中显示。
- ifRoom：会显示在 Item 中，如果已经有 4 个或者 4 个以上的 Item，则会隐藏在菜单项列表中。
- always：无论是否溢出，总会显示。
- withText：Title 会显示。
- collapseActionView：可拓展的 Item。

我们要在 Activity 中重写onCreateOptionsMenu()方法，当 Activity 启动时会调用这个方法，创建 ActionBar，下面是实现这个方法的代码示例：

```
@Override
publicboolean onCreateOptionsMenu(Menu menu) {
    MenuInflater inflater = getMenuInflater();
```

```
        inflater.inflate(R.menu.activity_main, menu);
        returntrue;
    }
```

显示效果如图 6-14 所示。

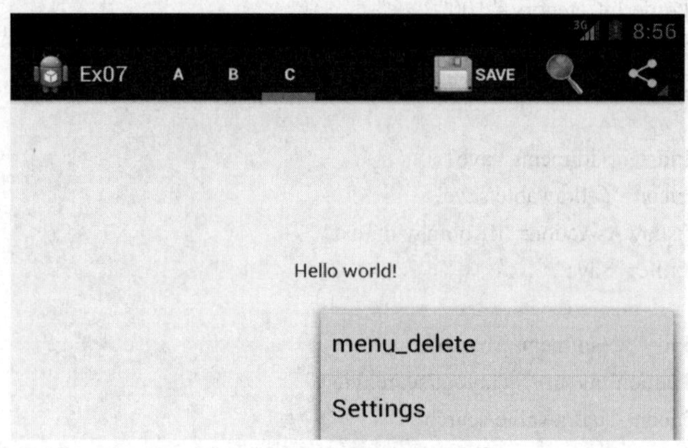

图 6-14 执行效果图

接下来给交互项添加监听事件，修改 onOptionsItemSelected()方法的代码如下：

```
@Override
publicboolean onOptionsItemSelected(MenuItem item) {
    switch (item.getItemId()) {
    case android.R.id.home:
        //点击 ActionBar 的图标，回到首页（HomeActivity）
        Toast.makeText(getApplicationContext(), "回到首页",
        Toast.LENGTH_LONG).show();
        //Intent intent = new Intent(this, HomeActivity.class);
        //intent.addFlags(Intent.FLAG_ACTIVITY_CLEAR_TOP);
        //startActivity(intent);
        break;
    case R.id.menu_settings:
        Toast.makeText(getApplicationContext(), "menu_settings",
            Toast.LENGTH_LONG).show();
        break;
    case R.id.menu_save:
        Toast.makeText(getApplicationContext(), "menu_save",
            Toast.LENGTH_LONG).show();
        break;
    case R.id.menu_search:
        Toast.makeText(getApplicationContext(), "menu_collapse",
            Toast.LENGTH_LONG).show();
        break;
    case R.id.menu_share:
        Toast.makeText(getApplicationContext(), "menu_share",
            Toast.LENGTH_LONG).show();
```

```
                break;
        case R.id.menu_delete:
                Toast.makeText(getApplicationContext(), "menu_delete",
                Toast.LENGTH_LONG).show();
                break;
        default:
                }
    return true;
    }
```

上述代码中 ID 为 menu_search 的交互项，设置一个折叠起来的搜索视图，搜索视图中有一些表单控件，可修改 onCreateOptionsMenu()方法，查看视图上表单控件的使用，并设置折叠视图状态改变的监听器，代码如下：

```
@Override
publicboolean onCreateOptionsMenu(Menu menu) {
        MenuInflater inflater = getMenuInflater();
        inflater.inflate(R.menu.activity_main, menu);
        //给可折叠的菜单项
        MenuItem searchItem = menu.findItem(R.id.menu_search);
        //获取折叠起来的视图组
        LinearLayout viewGroup = (LinearLayout) searchItem.getActionView();
        Button btnn = (Button) viewGroup.findViewById(R.id.search_btn);
        final EditText editText = (EditText) viewGroup
                        .findViewById(R.id.search_edit);
        //设置搜索按钮的监听器
        btnn.setOnClickListener(new OnClickListener() {
                publicvoid onClick(View v) {
                        Toast.makeText(MainActivity.this, "搜索：" + editText.getText(),
                                        Toast.LENGTH_LONG).show();
                }
        });
        //设置可折叠菜单项的折叠展开监听器
        searchItem.setOnActionExpandListener(new OnActionExpandListener() {
                @Override
                publicboolean onMenuItemActionExpand(MenuItem item) {
                        Toast.makeText(MainActivity.this, "展开搜索视图", 0).show();
                        return true;
                }                       @Override
                publicboolean onMenuItemActionCollapse(MenuItem item) {
                        Toast.makeText(MainActivity.this, "折叠搜索视图", 0).show();
                        return true;
                }
        });
        return true;
}
```

本章小结

本章主要介绍了 Android 菜单与列表、Android 提示方法和 ActionBar 等相关内容。在介绍 Android 菜单与列表时主要介绍了 OptionsMenu（选项菜单）、ContextMenu（上下文菜单）、Adapter（适配器）、ListView（列表视图）、Spinner（下拉列表）、GridView（网格视图）和 Gallery（图片库）；Android 提示方法的相关内容包括 AlertDialog（对话框）和 Toast 的两种方式；在讲述 ActionBar 时介绍了 ActionBar 标题栏、ActionBar 导航模式和 ActionBar 交互项。

第 7 章　Android 数据存储

学习目标：

- 掌握 Android 文件存储方式
- 掌握 Android SharedPreferences 存储数据方式

7.1　Android 数据存储介绍

数据存储是应用程序最基本的功能，它是以某种方式保存数据，使数据不能丢失并且有效、简便地使用和更新。

数据存储是 Android 中最重要的功能之一，各个应用所存储的数据或文件都是私有的。在默认情况下，只有该应用本身才能够访问其存储的数据资源。Android 提供的存储方式有文件（Files）、SharedPreferences、SQLite 数据库和网络等四种。

Files 是把需要保存的数据通过文件的形式记录下来。当应用程序需要这些数据时，可以通过 FileInputStream 读取这个文件来获得其中数据。由于 Android 采用了 Linux 内核，因此 Android 系统中的文件也是 Linux 形式的。在 Android 中，文件是每个应用程序私有的，不能被其他应用程序使用。

SharedPreferences 用于保存系统的配置信息。比如，如果我们想让用户在应用程序下次启动时自动登录，就需要 SharedPreferences 将输入的用户名和密码保存起来。

SQLite 数据库是一个开源的关系型数据库，与普通的关系型数据库一样，也具有 ACID 等特性。它可以用来存储大量的数据，并且能够很容易地对数据执行查询、更改、删除等操作，但是其操作比文件（Files）和 SharedPreferences 两种方式都要复杂。第 8 章会详细介绍 SQLite 数据库。

“网络”就是指将数据存储于网络，比如以邮件保存数据，在网络中另一台服务器上保存数据。

7.2　文件（Files）

文件存储是通过 Context 类的 openFileOutput(String name, int mode)方法来创建一个文件的输出流（FileOutputStream）对象（注意：创建失败时会抛出 FileNotFoundException 异常）。openFileOutput 方法里的第一个参数 name 表示文件的名字，并且文件名字不能含有路径信息。当文件不存在的时候，该文件将被创建，文件存储在系统默认的“/data/data/<包名>/files/”目录下。第二个参数 mode 表示文件打开或创建的权限。

文件存储在手机内存的私有目录下。在模拟器中测试程序时，可以通过 ADT 的 DDMS 透视图来查看文件的位置。可在 Eclipse 的“窗口（window）”菜单中的 Open Perspective 下选择 DDMS，打开透视图，进入 File Explorer 页面（注意模拟器已是启动的状态），找到 data/data/<本应用程序包名>/files/文件名，如图 7-1 所示。

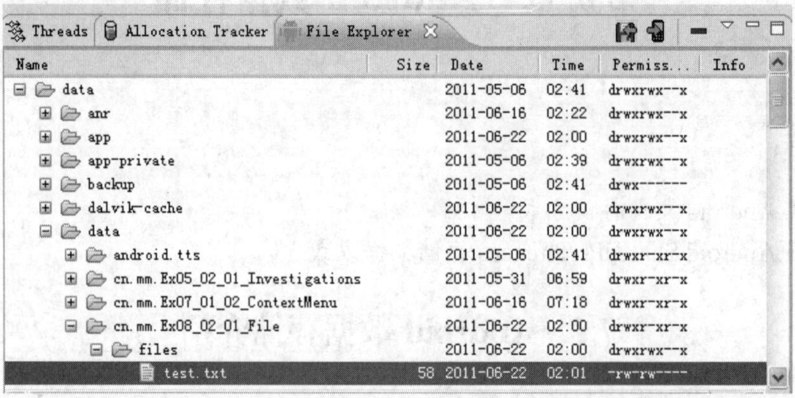

Name	Size	Date	Time	Permiss...	Info
data		2011-05-06	02:41	drwxrwx--x	
anr		2011-06-16	02:22	drwxrwx--x	
app		2011-06-22	02:00	drwxrwx--x	
app-private		2011-05-06	02:39	drwxrwx--x	
backup		2011-05-06	02:41	drwx------	
dalvik-cache		2011-06-22	02:00	drwxrwx--x	
data		2011-06-22	02:00	drwxrwx--x	
android.tts		2011-05-06	02:41	drwxr-xr-x	
cn.mm.Ex05_02_01_Investigations		2011-05-31	06:59	drwxr-xr-x	
cn.mm.Ex07_01_02_ContextMenu		2011-06-16	07:18	drwxr-xr-x	
cn.mm.Ex08_02_01_File		2011-06-22	02:00	drwxr-xr-x	
files		2011-06-22	02:00	drwxrwx--x	
test.txt	58	2011-06-22	02:01	-rw-rw----	

图 7-1　File 文件的存储目录

在图 7-1 中可看到一个“Permiss…”列，此列显示了文件的访问权限。

- d：表示目录。
- -：表示文件。
- l：表示链接文件。
- b：表示可供存储的接口设备文件。
- r：表示此文件可读。
- w：表示此文件可写。
- x：表示文件可执行。

如果不具备某个权限，该项将以“-”代替。对于图 7-1 中 test.txt 文件的访问权限：“-rw-rw----”，其中第一个“-”代表它是文件，后面的字符分成 3 组，每组 3 个字符，第一组“rw-”代表拥有者（创建者）权限，第二组代表是组内成员（加入拥有者组）权限，第三组代表其他用户，test.txt 文件的拥有者及其组内成员可以对该文件进行读写操作，而其他用户无权访问此文件。

对于 mode 访问权限，mode 的取值有以下几种：

- MODE_PRIVATE：表示该文件只能被本应用访问。
- MODE_APPEND：表示新的内容会添加在原文件内容的后面。
- MODE_WORLD_WRITABLE：表示该文件能被所有应用写入。
- MODE_WORLD_READBLE：表示该文件能被所有应用读取。

FileOutputStream 类的 write(byte[] buffer)方法将把 buffer 的数据写入到输出流中，完成文件存储操作。

注意：输入/输出流的操作结束后，还应及时将其关闭，释放 I/O 资源。文件名字必须带有扩展名。

7.2.1　存储至默认文件夹

在 Android 系统应用程序中，一般情况下，文件都存储在默认的路径下，此默认路径是

“/data/data/<包名>/files/”。下面为一个实例，其功能是当点击按钮时将数据写入到文件中，文件将保存到默认路径下。

实现的代码如下：

```
//给按钮注册监听事件
button.setOnClickListener(new OnClickListener() {
        public void onClick(View v){
        //获得输入的数据，并将其转换成 String 类型字符串，然后将字符串转换成 byte 数组
            byte[] buf = input.getText().toString().getBytes();
            try{
                saveFile();  //调用 saveFile()方法
            }catch(Exception e){
                e.printeStackTrace();
            }
        }
});
private void saveFile(){
        FileOutputStream fos=openFileOutput("test.txt",Context.MODE_APPEND);
        //创建文件名字为 test.txt，如果 test.txt 文件存在，将新加入的数据追加
        fos.write(buf); //把 buf 里的数据写入到输出流中
        fos.close();    //关闭输出流，释放 I/O 资源
}
```

若要查看保存的数据内容，可以在命令行中用 adb shell 命令登录，进入“/data/data/<包名>/files/”目录，可以用 cat test.txt 命令查看保存的数据内容，还可以通过文件导出按钮将 test.txt 文件导出并保存到本地，然后打开文件，就可以看到文件中的内容。

7.2.2　存储至默认指定文件夹

如果不想将保存数据的文件存储到默认路径下，可以将保存数据的文件存储到指定的文件夹下。下面的例子是在 7.2.1 节中 saveFile 方法的基础上改写的，具体代码如下：

```
private void saveFile ( ){
    File textFile = new File("/data/data/cn.mm.test/test.txt");
    //使用文件的绝对路径打开文件
    FileOutputStream fos = new FileOutputStream(textFile);
    fos.write(buf);    //把 buf 里的数据写入到输出流中
    fos.close();       //关闭输出流，释放 I/O 资源
}
```

注意：testFile.txt 不能创建在“/data/data/cn.mm.test/”之外的地方，因为 Android 的安全机制限定了在默认情况下应用只能访问自己的应用资源。

7.2.3　存储至 SD 卡

视频类等比较大的数据文件可以存储到 SD 卡上，那么如何将数据文件保存到 SD 卡上呢？具体代码如下：

```
private void saveFileToCD(byte [] buf)throws IOException{
    //获得 SD 卡目录
```

```
        if (Environment.getExternalStorageState().equals(Environment.MEDIA_MOUNTED)
                    || !Environment.isExternalStorageRemovable()) {
                return context.getExternalCacheDir().getPath(); // 有
            } else {
                    return context.getCacheDir().getPath(); // 无
        String path = Enviroment.getDownloadCacheDirectory().getPath();
        File textFile = new File(path + "/test.txt");
        FileOutputStream fos = new FileOutputStream(textFile);
        Fos.write(buf);
        Fos.close();
    }
```

其中，Environment.getExternalStorageState()方法用于获取 SD 卡的状态，如果手机装有 SD 卡，并且可以进行读写，那么方法返回的状态等于 Environment.MEDIA_MOUNTED。Environment.getDownloadCacheDirectory()方法用于获取 SD 卡的目录，当然要获取 SD 卡的目录时也可以这样写：File sdCardDir = new File("/sdcard");。

7.2.4 读取资源文件

7.2.1 节至 7.2.3 讲了如何保存数据，本节将介绍如何读取保存的数据。首先读取在/data/data/com.tt/files/目录下的文件，实现代码如下：

```
public String readFileData(String fileName){
    String res="";
    try{
        FileInputStream fin = openFileInput(fileName);
        int length = fin.available();
        byte [] buffer = new byte[length];
        fin.read(buffer);
        res = EncodingUtils.getString(buffer, "UTF-8");
        fin.close();
    }
    catch(Exception e){
        e.printStackTrace();
    }
    return res;
}
```

然后读取 SD 卡目录下面的文件，实现代码如下：

```
public String readFileSdcard(String fileName){
    String res="";
    try{
        FileInputStream fin = new FileInputStream(fileName);
        int length = fin.available();
        byte [] buffer = new byte[length];
        fin.read(buffer);
        res = EncodingUtils.getString(buffer, "UTF-8");
        fin.close();
    }
```

```
        catch(Exception e){
            e.printStackTrace();
        }
        return res;
    }
```

注意：如果读取 SD 卡上的文件，就要用 FileOutputStream，而不能用 openFileOutput。

7.3　SharedPreferences

7.3.1　SharedPreferences 概述

SharedPreferences 提供了一种基于键值对形式的轻量级数据存储方式。通过 SharedPreferences，运行于统一 Context 下的应用程序都可以共享其中的数据。

SharedPreferences 支持的数据类型有 boolean、string、float、long 和 integer 等，非常适合用于存储默认值、实例变量、UI 状态以及用户设置。此外，SharedPreferences 也常用于应用程序各个控件之间共享设置的情况。

使用 SharedPreferences 保存数据，其实质就是用 XML 文件存放数据，文件存放在 data/data/<package name>/shared_prefs 目录下。

7.3.2　SharedPreferences 保存数据

我们经常使用 SharedPreferences 保存数据，比如，如果登录 QQ 时选择记住我们的账号和密码，这些信息就是用 SharedPreferences 保存的。以下为 SharedPreferences 保存数据的步骤：

（1）使用 Activity 类的 getSharedPreferences 方法获得 SharedPreferences 对象，其中存储 key-value 对的文件的名称由 getSharedPreferences 方法的第一个参数指定。getSharedPreferences 方法中的一个参数 mode 是用来设置其权限的，权限有 3 个值，分别是：

- MODE_PRIVATE：应用程序私有，只有当前程序可以访问；
- MODE_WORLD_READABLE：其他程序可以读；
- MODE_WORLD_WRITEABLE：其他程序可以写。

（2）使用 SharedPreferences 接口的 edit()方法获得 SharedPreferences.Editor 对象。

（3）通过 SharedPreferences.Editor 接口的 putXxx 方法来保存 key-value 对，其中 Xxx 表示不同的数据类型。例如：字符串类型的 value 需要用 putString 方法。

（4）通过 SharedPreferences.Editor 接口的 commit 方法来保存 key-value 对。commit 方法相当于数据库事务中的提交（commit）操作。

示例代码如下：

```
publicstatic String fileName = "Login";              //定义 SharedPreferences 数据文件名称
privateintmode = Activity.MODE_PRIVATE;              //设定权限为私有
publicvoid save(){
    //①获取 SharedPreferences 对象
    SharedPreferences settings = getSharedPreferences(fileName, mode);
    SharedPreferences.Editor ed = settings.edit();     //②获得 Editor 类
```

```
    ed.putString("username", et1.getText().toString());  //③添加 username 数据
    ed.putInt("age", 21);                                //④添加 age 数据
   ed.putBoolean("male", true);                          //⑤添加 male 数据
   ed.commit();}
```

SharedPreferences 保存的数据文件的路径如图 7-2 所示。

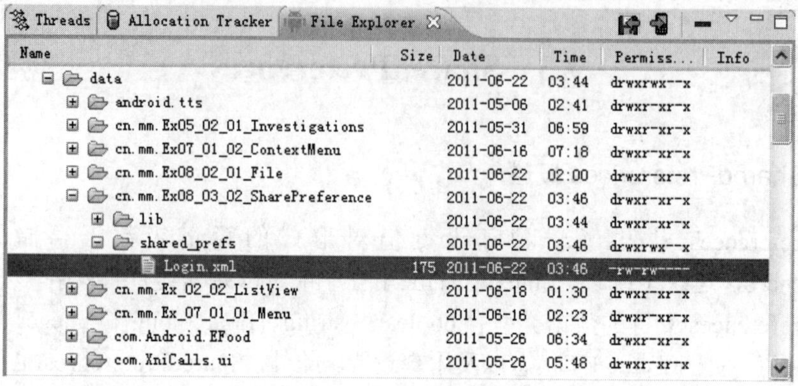

Threads | Allocation Tracker | File Explorer

Name	Size	Date	Time	Permiss...	Info
data		2011-06-22	03:44	drwxrwx--x	
android.tts		2011-05-06	02:41	drwxr-xr-x	
cn.mm.Ex05_02_01_Investigations		2011-05-31	06:59	drwxr-xr-x	
cn.mm.Ex07_01_02_ContextMenu		2011-06-16	07:18	drwxr-xr-x	
cn.mm.Ex08_02_01_File		2011-06-22	02:00	drwxr-xr-x	
cn.mm.Ex08_03_02_SharePreference		2011-06-22	03:46	drwxr-xr-x	
lib		2011-06-22	03:44	drwxr-xr-x	
shared_prefs		2011-06-22	03:46	drwxrwx--x	
Login.xml	175	2011-06-22	03:46	-rw-rw----	
cn.mm.Ex_02_02_ListView		2011-06-18	01:30	drwxr-xr-x	
cn.mm.Ex_07_01_01_Menu		2011-06-16	02:23	drwxr-xr-x	
com.Android.EFood		2011-05-26	06:34	drwxr-xr-x	
com.XniCalls.ui		2011-05-26	05:48	drwxr-xr-x	

图 7-2　文件存储路径

通过文件导出按钮将 Login.xml 导出到本地，查看 Login.xml 的内容，如图 7-3 所示。

```
<?xml version='1.0' encoding='utf-8' standalone='yes' ?>
<map>
<string name="username">ldci</string>
<int name="age" value="21" />
<boolean name="male" value="true" />
</map>
```

图 7-3　Login.xml 的内容

7.3.3　SharedPreferences 读取数据

要利用 SharedPreferences 读取数据，首先要使用 Activity 类的 getSharedPreferences 方法获得 SharedPreferences 对象，然后通过 SharedPreferences 对象调用 getXxx 方法来读取 key-value 对，其中 Xxx 表示不同的数据类型。例如，字符串类型的 value 需要用 getString 方法。读取数据的代码如下：

```
publicvoid load(){
    int mode = Activity.MODE_PRIVATE;
    //获取 SharedPreferences 对象
    SharedPreferences settings = getSharedPreferences(fileName , mode);
    name = settings.getString("username", "nobody");   //获取 username 对应值
    age = settings. getInt("age", 0);                  //获取 age 对应值
    sex = settings.getBoolean("male", true);           //获取 male 对应值
}
```

读取文件中的数据，首先要获取 SharedPreferences 对象，然后通过 SharedPreferences 对象调用 getXxx()方法来获得数据，getXxx()方法中的第一个参数是键（key），第二个参数是默认值，当读取的数据没有值时使用默认值。

本章小结

本章主要介绍了 Android 文件存储方式，分别是文件（Files）、SharedPreferences、SQLite 数据库和网络等四种。对于文件存储方式，介绍了文件访问权限和不同存储地址下的不同存储方式。对于 SharedPreferences，介绍了保存数据的方式、方法和如何使用 SharedPreferences 读取数据。

第 8 章　SQLite 数据库

学习目标：

- 掌握 Android 平台数据库的创建
- 掌握 SQLite 数据库的操作方法
- 掌握平台数据库的拷贝方法

8.1　SQLite 介绍

自从商业应用程序出现以后，数据库就成为应用程序的主要组成部分之一。数据库管理系统在变得越来越关键的同时，也变得越来越庞大，既需要消耗很多的系统资源，又增加了管理的复杂性。随着软件应用程序的逐渐模块化，一种新型的数据库比现有的大型的、复杂的传统数据库管理系统更能适应这种变化，这就是嵌入式数据库。嵌入式数据库直接在应用程序中运行，占用的资源非常少。

SQLite 就是嵌入式系统中很常见的数据库，而且所有的数据都存储在一个文件中。SQLite 是一种轻量级的数据库，有简洁的 SQL 访问界面和相当快的访问速度，而且相对于其他数据库来说，其占用的内存空间较少。在 Android 平台上，SQLite 数据库可以用来储存应用程序中使用的数据，还可以通过定义 Content Provider 等方式来让其他应用程序也能取用其中的数据。在默认情况下，每个应用所创建的数据库都是私有的，其名字也是唯一的，各应用间无法相互访问对方的数据库。Android 平台提供了完整的 SQLite 数据库接口，各应用生成的数据库存储在“/data/data/<包名>/database”目录下。需要注意的是，为保证数据库检索的效率，并保持较小的体积，数据库中不应该保存较大的文件。

在 SQLite 中，我们可以使用 SQL 语句来执行查询（SELECT）、插入（INSERT）、修改（UPDATE）、删除（DELETE）、定义数据格式（CREATE TABLE）等操作。要了解更多关于 SQL 语言的详细内容，请参考相关专业书籍。

8.2　用 adb shell 创建数据库

ADB（Android Debug Bridge）是 Android 下的一个用于管理手机或手机虚拟机的多功能工具。在模拟器打开的情况下，打开命令行，找到安装 Android SDK 的文件夹，并进入 tools 目录，在 tools 目录中可以找到 adb 这个命令行工具。输入“adb shell”命令后，进入“/data/data”目录。

进入“/data/data”目录之后，可以使用“ls”命令来查看模拟器中所有应用程序的数据列表。找到应用程序的包名称后，使用“cd”命令可进入某个具体项目的数据目录，如图 8-1 所示。

```
E:\android\tools>adb shell
error: device not found

E:\android\tools>adb shell
# cd data/data/
cd data/data/
# ls
ls
com.android.alarmclock
com.android.calculator2
com.android.customlocale
com.android.providers.contacts
com.android.providers.downloads
com.android.providers.drm
com.android.email
```

图 8-1　用“ls”显示文件夹

“ls”命令类似于在 Windows 命令行里经常用到的“dir”命令。在 SQLite 数据库中，数据是以数据表的形式保存的。数据表如同表格软件（比如 Microsoft Excel）一样，以列（column）和行（row）来构成一个个表格。数据表中保存了数据记录之间的关系。例如，通讯录就以“姓名”“电话”“地址”等表示了数据记录之间的关系，每次输入都要记录这三种关系的数据。

在“sqlite>”提示符号下，可通过输入以下命令来创建一个数据表：

```
sqlite>create table notes(_id integer primary key,note text not null,created integer);
```

执行上面的命令后，就可创建一个 notes 表，表里面有_id、note、created 三个字段。

SQLite 命令和 Java 代码一样，大小写代表不同的符号，而且要以分号（;）结尾。在 SQLite 的互动模式中，如果没有输入“;”就按下 Enter 键，在互动模式的下一行就会出现“...>”提示符号，表示这行语句（命令）还没有结束。

可用“create table”命令创建数据表，内容用括号括起来，最后要以分号（;）结尾，这样才算完成了一条命令语句。

在上面的代码中，当属性设为_id integer primary key 时，“_id”成为一个自动计数的整数字段。每当新增加数据时，SQLite 会自动按流水的方式为“_id”字段编号。

在 SQLite 中，可以将各字段定义成“TEXT（文字）”“INTEGER（整数）”等属性。属性后可以加上“NOT NULL”之类的约束，以表示此字段一定要填入内容。但是在存储时，SQLite 一律以“字符串（String）”类型来存储数据。所以，如果不够细心，可能会将文字数据存储到标注为整数的字段内。为了避免这种情况发生，使用 SQLite 时，需要注意对数据格式进行验证。

为了验证之前的数据表是否创建成功，可以用“.databases”命令列出目录下所有的 SQLite 数据库列表，用“.table”命令列出所有的数据表，用“.schema”命令显示出创建数据表的建表语句的内容。如果要退出互动模式，可以使用“.exit”命令。另外，如果想知道 SQLite 的其他命令，可以在互动模式下输入“.help”命令。

重新打开数据库的方法是在“sqlite3”命令后添加数据库名称。需要注意的是，必须用完整的数据库名，如# sqlite3 notes.db。

8.3 用标准 SQL 语句操作 SQLite

8.3.1 SQLiteOpenHelper

Android 提供了 SQLiteOpenHelper 抽象类来创建数据库，并通过该类的 getWritableDatabase()方法来获得一个可写的 SQLiteDatabase 对象，这也是创建数据库最常用的方法之一。SQLiteOpenHelper 类不会重复执行数据库初始化操作。具体实现代码如下：

```
onCreate(SQLiteDatabase db)
onUpgrade(SQLiteDatabase db,int oldVersion,int newVersion)
```

onCreate(SQLiteDatabase db)方法在数据库创建时被调用，但是如果数据库文件已经存在，是不会调用 onCreate()方法的，只会打开这个数据库文件；onUpgrade(SQLiteDatabase db,int oldVersion,int newVersion)方法在数据库升级的时候被调用，如果数据库文件已存在，且 newVersion 比 oldVersion 高时，会调用 onUpgrade()方法。onCreate()和 onUpgrade()方法在自定义的 SQLiteOpenHelper 类中必须要实现。详细的代码在 DBHelper 类中，如下：

```
public class DBHelper extends SQLiteOpenHelper {
    //得到可写的 SqliteDatabase
    public SQLiteDatabase SqliteDatabase = this.getWritableDatabase();
    public DBHelper(Context context) {
        super(context, "test2.db", null, 1);
    }
    public void onCreate(SQLiteDatabase db) {
        //创建表
        String sql = "create table users(_id integer primary key autoincrement,userName text,
                userMobile text)";
        db.execSQL(sql);
    }
    public void onUpgrade(SQLiteDatabase db, int oldVersion, int newVersion) {
    }
}
```

8.3.2 组合 insert 语句操作 SQLite

保存数据到数据库是数据库最常用的功能之一。在本节的示例中，程序启动后的第一个界面如图 8-2 所示，点击“用 SQL 语句操作数据库”按钮后会出现一个添加数据的界面，如图 8-3 所示。

在图 8-3 中输入 name 和 mobile 后点击 insert 按钮，会调用 UsersDAO 类中的 insert 方法，详细代码如下：

```
//组合 insert 语句
String sql = "insert into users(username,userMobile) values('"+ userName + "','" + userMobile + "')";
DBHelper dbHelper = new DBHelper(SqlActivity.instance);
//执行 insert 语句
dbHelper.SqliteDatabase.execSQL(sql);
```

```
//关闭 SqliteDatabase
dbHelper.SqliteDatabase.close();
```

图 8-2　程序主界面

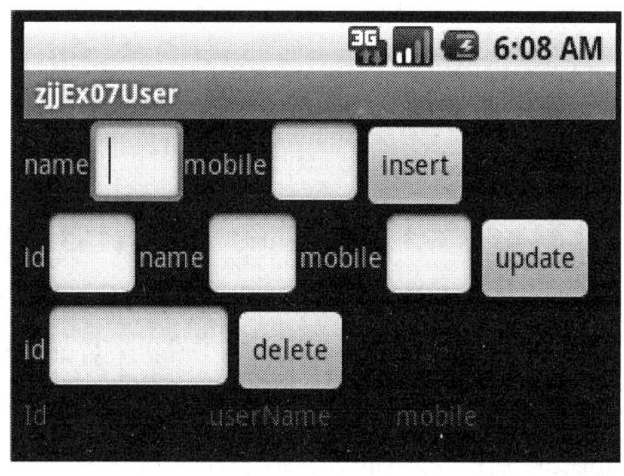

图 8-3　点击“用 SQL 语句操作数据库”后出现的界面

8.3.3　组合 select 语句操作 SQLite

8.3.2 节讲解了如何保存数据到数据库中，还可以通过 SqliteDatabase.rawQuery 方法来读取数据，代码在 UsersDAO 类的 queryAll 方法中，如下：

```
public static Cursor queryAll() {
    Cursor cursor = null;
    try {
        //组合 select 语句
        String sql = "select _id,userName,userMobile from users order by _id desc";
        DBHelper dbHelper = new DBHelper(SqlActivity.instance);
        //执行 select 语句，得到 Cursor 对象
        cursor = dbHelper.SqliteDatabase.rawQuery(sql, null);
    } catch (Exception e) {
        e.printStackTrace();
    }
    return cursor;
}
```

8.3.4　读取 Cursor 对象中所有内容

在 8.3.3 节中得到了一个 Cursor 对象，Cursor 对象包括了我们查询到的所有数据，可以通过一个 while 循环来读出 Cursor 对象中的详细数据。具体代码在 SqlActivity 类的 readCursor 方法中，如下：

```
private void readCursor(Cursor cursor) {
    cursor.moveToFirst();        //将指针移到第一行
    cursor.moveToPrevious();     //将指针移到第一行前面
    while (cursor.moveToNext()) {
        //得_id 列的值
        int id = cursor.getInt(cursor.getColumnIndex("_id"));
        String userName = cursor.getString(cursor
                .getColumnIndex("userName"));
```

```
            String userMobile = cursor.getString(cursor
                    .getColumnIndex("userMobile"));
            Log.d("sql", id + userName + userMobile);
        }
    }
```

8.4 应用 SimpleCursorAdapter

很多时候都需要将数据表中的数据显示在 ListView 和 Gallery 等组件中。虽然可以直接使用 Adapter 对象进行处理，但工作量比较大，为此 Android SDK 提供了一个专门用于数据绑定的 Adapter 类：SimpleCursorAdapter。

SimpleCursorAdapter 与 SimpleAdapter 的使用方法非常类似，只是将数据源从 List 对象换成了 Cursor 对象，而且 SimpleCursorAdapter 类构造方法的第 4 个参数 from 表示 Cursor 对象中的字段，而 SimpleAdapter 类构造方法的第 4 个参数 from 表示 Map 对象中的 key。除此之外，这两个 Adapter 类在使用方法上完全相同。

使用 SimpleCursorAdapter 的代码在 SqlActivity 类的 viewData 方法中，如下：

```
//找到 ListView 对象
this.listView = (ListView) this.findViewById(R.id.ListViewSql);
Cursor cursor = UsersDAO.queryAll();//得到 Cursor 对象
this.startManagingCursor(cursor);
String[] from = { "_id", "userName", "userMobile" };
int[] to = { R.id.TextViewId, R.id.TextViewName, R.id.TextViewMobile };
SimpleCursorAdapter adapter = new SimpleCursorAdapter(this,
        R.layout.list_item, cursor, from, to);
this.listView.setAdapter(adapter);
```

8.4.1 组合 update 语句操作 SQLite

更新表的 update 语句的详细代码在 UsersDAO 类的 update 方法中，如下：

```
String sql = "update users set username='" + userName
        + "',userMobile='" + userMobile + "' where _id=" + _id;
DBHelper dbHelper = new DBHelper(SqlActivity.instance);
dbHelper.SqliteDatabase.execSQL(sql);
dbHelper.SqliteDatabase.close();
```

8.4.2 组合 delete 语句操作 SQLite

删除数据的 delete 语句的详细代码在 UsersDAO 类的 delete 方法中，如下：

```
String sql = "delete from users    where _id=" + _id;
DBHelper dbHelper = new DBHelper(SqlActivity.instance);
dbHelper.SqliteDatabase.execSQL(sql);
dbHelper.SqliteDatabase.close();
```

8.5 用 SQLiteDataBase 的方法操作 SQLite

我们可以通过组合 SQL 语句来操作数据库，Android 中的 SQLiteDatabase 类还提供了 4 个方法来操作数据库，如下：

- insert 方法用来插入数据。
- query 方法用来查询数据。
- update 方法用来更新数据。
- delete 方法用来删除数据。

建议读者使用 SQLiteDatabase 类提供的这 4 个方法来操作数据库，因为这 4 个方法简单易用，下面将对它们进行详细的介绍。

8.5.1 用 SQLiteDatabase 的 insert 方法操作数据库

使用 SQLiteDatabase 的 insert 方法的代码在 UsersDAOSQLiteDatabase 类的 insert 方法中，具体如下：

```
public static boolean insert(String userName, String userMobile) {
    boolean flag = true;
    try {
        ContentValues values = new ContentValues();
        values.put("userName", userName);
        values.put("userMobile", userMobile);
        DBHelper dbHelper = new DBHelper(
                SQLiteDatabaseMethodActivity.instance);
        dbHelper.SqliteDatabase.insert("users", null, values);
        dbHelper.SqliteDatabase.close();
    } catch (SQLException e) {
        flag = false;
        e.printStackTrace();
    }
    return flag;
}
```

8.5.2 用 SQLiteDatabase 的 query 方法操作数据库

使用 SQLiteDatabase 的 query 方法的代码在 UsersDAOSQLiteDatabase 类的 query 方法中，具体如下：

```
DBHelper dbHelper = new DBHelper(
    SQLiteDatabaseMethodActivity.instance);
String[] columns = { "_id", "userName", "userMobile" };
cursor = dbHelper.SqliteDatabase.query("users", columns, null,  null, null, null, "_id desc");
```

8.5.3 用 SQLiteDatabase 的 update 方法操作数据库

使用 SQLiteDatabase 的 update 方法的代码在 UsersDAOSQLiteDatabase 类的 update 方法中，

具体如下：

```
public static boolean update(int _id, String userName, String userMobile) {
    boolean flag = true;
    try {
        DBHelper dbHelper = new DBHelper(
                SQLiteDatabaseMethodActivity.instance);
        ContentValues values = new ContentValues();
        values.put("userName", userName);
        values.put("userMobile", userMobile);
        String[] args = { String.valueOf(_id) };
        dbHelper.SqliteDatabase.update("users", values, "_id=?", args);
        dbHelper.SqliteDatabase.close();
    } catch (SQLException e) {
        flag = false;
        e.printStackTrace();
    }
    return flag;
}
```

8.5.4 用 SQLiteDatabase 的 delete 方法操作数据库

使用 SQLiteDatabase 的 delete 方法的代码在 UsersDAOSQLiteDatabase 类的 delete 方法中，具体如下：

```
public static boolean delete(int _id) {
    boolean flag = true;
    try {
        DBHelper dbHelper = new DBHelper(
                SQLiteDatabaseMethodActivity.instance);
        dbHelper.SqliteDatabase.delete("users", "_id=" + _id, null);
        dbHelper.SqliteDatabase.close();
    } catch (SQLException e) {
        flag = false;
        e.printStackTrace();
    }
    return flag;
}
```

8.6 拷贝或打开数据库

8.6.1 拷贝数据库到 SD 卡上

有些程序第一次运行时数据库中就有大量的数据，这时需要把数据库从 res/raw 目录下拷贝到 SD 卡中，完成这一操作的代码在 CopyDbActivity 类的 onCreate 方法中。

```
String path = "/sdcard/data1"; //在 SD 卡中存放数据库的文件夹
    String dbFileName = "book.db3";
```

```
String dbPathFileName = path + "/" + dbFileName;
File file = new File(path);
if (file.exists() == false) {
    //目录不存在，创建目录
    file.mkdir();
    File file2 = new File(dbPathFileName);
    if (file2.exists() == false) {
        //数据库文件不存在，将 res/raw 目录下的 book.db3 拷贝到/SD 卡上
        InputStream is = this.getResources().openRawResource(R.raw.book);
        FileOutputStream fos = new FileOutputStream(file2);
        byte[] buffer = new byte[8192];// 1024*8=8KB
        while (is.read(buffer) > 0) {
            fos.write(buffer);
        }
        fos.close();
        is.close();
        Toast.makeText(this, "拷贝到" + dbPathFileName + "成功",
            Toast.LENGTH_LONG).show();
    }
}
```

8.6.2 打开数据库

SQLiteDatabase 类的 openOrCreateDatabase 方法也可以打开数据库，这种方法的代码更加简洁，代码在 BookDAO 类的 read 方法中，如下：

```
public static List read(String dbPathFileName) {
    //使用 list 保存每一行数据
    List list = new ArrayList();
    SQLiteDatabase db = SQLiteDatabase.openOrCreateDatabase(dbPathFileName,null);
    //得到 cursor
    Cursor cursor = db.rawQuery("select _id,bookName from book", null);
    //用循环把每一行数据放到 list 中，在方法最后可以把 cursor、db 关闭
    //显示层就不需要考虑关闭 cursor、db 了
    while (cursor.moveToNext()) {
        String _id = cursor.getString(cursor.getColumnIndex("_id"));
        String bookName = cursor.getString(cursor
                .getColumnIndex("bookName"));
        Map map = new HashMap();
        map.put("_id", _id);
        map.put("bookName", bookName);
        list.add(map);
    }
    //关闭 cursor、db
    cursor.close();
    db.close();
    return list;
}
```

在 read 方法中，返回的是 list 而不是 cursor。如果返回的是 cursor，调用的代码还要负责关闭 cursor；如果返回的是 list，调用的代码就不用负责关闭 cursor 了。在实际的应用开发中，建议一定要让读数据库的方法返回 list。

本章小结

本章主要介绍了 Android 平台数据库的相关知识，包括 SQLite 数据库的基本知识、操作方法和如何用标准 SQL 语句操作 SQLite，还介绍了如何应用 SimpleCursorAdapter 和用 SQLiteDataBase 的方法操作 SQLite，最后介绍了拷贝或打开数据库的操作方法。

第 9 章　内容提供器 ContentProvider

学习目标：

- 掌握 Android 平台 ContentProvider 原理
- 掌握 ContentProvider 共享数据方法
- 掌握使用 ContentProvider 处理联系人信息

9.1　ContentProvider 概述

ContentProvider 属于 Android 应用程序的组件之一，作为应用程序之间唯一的共享数据途径，ContentProvider 主要的功能就是存储并检索数据，以及向其他应用程序提供访问数据的接口。

Android 系统为一些常见的数据类型（如音频、视频、图像、手机通讯录联系人信息等）内置了一系列的 ContentProvider，它们都位于 android.provider 包下。如果持有特定的许可，可以在自己开发的应用程序中访问这些 ContentProvider。

让自己的数据和其他应用程序共享有两种方式：创建自己的 ContentProvier（即继承自 ContentProvider 的子类），或者将自己的数据添加到已有的 ContentProvider 中去，后者需要保证现有的 ContentProvider 和自己的数据类型相同，且具有该 ContentProvider 的写入权限。对于 ContentProvider 来说，最重要的就是数据模型（data model）和 URI。

1. 数据模型

ContentProvider 将其存储的数据以数据表的形式提供给访问者，数据表中的每一行都是一条数据记录，每一列则为具有特定类型和意义的数据。每一条数据记录都包括一个“_id”数值字段，该字段唯一标识一条数据记录。

2. URI

每一个 ContentProvider 都对外提供一个能够唯一标识自己数据集（data set）的公开 URI，如果一个 ContentProvider 管理着多个数据集，那么它将会为每个数据集分配一个独立的 URI。ContentProvider 的所有 URI 都以 content:// 开头，其中“content:”用来标识数据是由 ContentProvider 管理的 schema。在几乎所有的 ContentProvider 操作中都会用到 URI，因此一般来讲，如果是自己开发的 ContentProvider，最好将 URI 定义为常量，这样在简化开发的同时也提高了代码的可维护性。

9.2　ContentProvider 的原理解析

首先来介绍如何访问 ContentProvider 中的数据，访问 ContentProvider 中的数据主要通过

ContentResolver 对象，ContentResolver 类提供了成员方法，可以用来对 ContentProvider 中的数据进行查询、插入、修改和删除等操作。以查询为例，查询 ContentProvider 需要掌握如下的信息：

- 唯一标识 ContentProvider 的 URI；
- 需要访问的数据字段名称；
- 需要访问的数据字段的数据类型。

提示：如果需要访问特定的某条数据记录，只需该记录的 id 即可。

查询 ContentProvider 的方法有两种：ContentResolver 的 query()和 Activity 的 managedQuery()，二者接收的参数均相同，返回的也都是 Cursor 对象，唯一不同的是使用 managedQuery()方法可以让 Activity 来管理 Cursor 的生命周期。

9.3 ContentProvider 的联系人处理

9.3.1 获取联系人列表

在 Android 系统中已经给出了一个获取联系人并显示的接口，本节使用此接口来获得联系人信息。

先看程序运行图，如图 9-1 所示。

图 9-1 开始效果

获取联系人的程序代码如下：

```
/**Button 控件*/
private Button button = null;
/**TextView 控件*/
private TextView textview = null;
/**Activity 跳转标识*/
private static final int pick_contact_activity = 2;
@Override
public void onCreate(Bundle savedInstanceState) {
    super.onCreate(savedInstanceState);
    setContentView(R.layout.main);
    button = (Button)this.findViewById(R.id.main_layout_button);
    textview =(TextView)this.findViewById(R.id.main_layout_textview);
    button.setOnClickListener(new Button.OnClickListener() {
        public void onClick(View v) {
            //建构 Uri 来取得联系人的资源位置
            Uri uri = Uri.parse("content://contacts/people");
```

```
                Intent intent = new Intent(Intent.ACTION_PICK, uri);
                //打开系统的联系人列表
                startActivityForResult(intent, pick_contact_activity);
            }
        });
    }      /**
     * 点击联系人列表后返回
     */
    @Override
    protected void onActivityResult(int requestCode, int resultCode, Intent data) {
        switch (requestCode) {
            case pick_contact_activity:
                final Uri uriRet = data.getData();
                if(uriRet != null) {
                    try {
                        Cursor c = managedQuery(uriRet, null, null, null, null);
                        c.moveToFirst();
                        //获取得联系人名
                        String name = c.getString(c.getColumnIndexOrThrow(People.NAME));
                        //获得联系人的电话
                        String phoneNumber = c.getString(c.getColumnIndexOrThrow(Phone.NUMBER));
                        //显示到界面上
                        textview.setText("姓名：" + name + "\n 电话：" + (phoneNumber == null ? "（空）" :
                                phoneNumber));
                    }catch(Exception e){
                        e.printStackTrace();
                        textview.setText(e.toString());
                    }
                }
                break;
        }
        super.onActivityResult(requestCode, resultCode, data);
    }
```

文件说明：

```
    //联系人的资源位置
    Uri uri = Uri.parse("content://contacts/people");
    Intent intent = new Intent(Intent.ACTION_PICK, uri);
    //打开系统的联系人列表界面，pick_contact_activity 是跳转返回值
    startActivityForResult(intent, pick_contact_activity);
```

这段代码是指跳转到联系人列表，如图 9-2 所示。

点击单个联系人后取得联系人信息。界面跳转回到 MainActivity 主界面，调用 onActivityResult(int requestCode,int resultCode,Intent data)方法，requestCode 就会返回刚才设定的参数 pick_contact_activity，依据此 requestCode 的返回值可判断是否为刚才跳过去的界面。data 为返回的封装数据，该数据中有我们选中的联系人的位置信息，可根据 Uri 去查询联系人的全部信息。显示结果如图 9-3 所示。

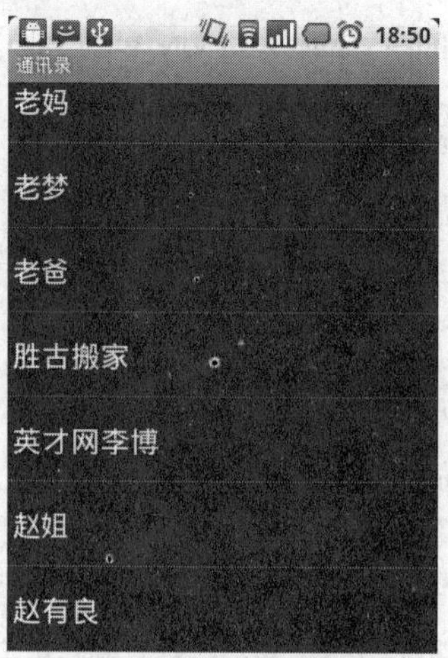

图 9-2　联系人列表

图 9-3　联系人信息显示

注意：*在 AndroidManifest.xml 文件中加入允许程序读取用户联系人数据的权限，代码如下所示。*

```
<uses-permissionandroid:name="android.permission.READ_CONTACTS"/>
```

9.3.2　对联系人列表的查询

9.3.1 节中有如下数据：People.NAME、Phone.NUMBER。打印出来它们就是几个字符串，即“name”“number”，这时需要去查看 Android 存放联系人的表结构，看了以后就会一目了然。步骤如下：

（1）需要有一个可以查看 SQLite 数据库文件的工具。如果没有，推荐用火狐浏览器，它有读取 SQLite 数据库的插件，可以很方便地查看数据库的表信息。

（2）打开 Eclipse，运行模拟器，再打开 DDMS，可以看到 FileExplorer 中有 data 文件夹，如图 9-4 和图 9-5 所示。

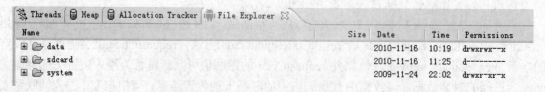

Threads | Heap | Allocation Tracker | File Explorer

Name	Size	Date	Time	Permissions
data		2010-11-16	10:19	drwxrwx--x
sdcard		2010-11-16	11:25	d---------
system		2009-11-24	22:02	drwxr-xr-x

图 9-4　FileExplorer

图 9-5　data 文件夹

（3）点击导出文件的图标，如图 9-6 所示，将 contacts.db 保存到任意可以找到的目录中，比如桌面。

图 9-6　点击导出文件图标

（4）用数据库工具打开刚才的 contacts.db 文件（如图 9-7 所示），以下将用火狐浏览器进行讲解。打开火狐浏览器→工具→SQLite Manager，导入 contacts.db 文件。

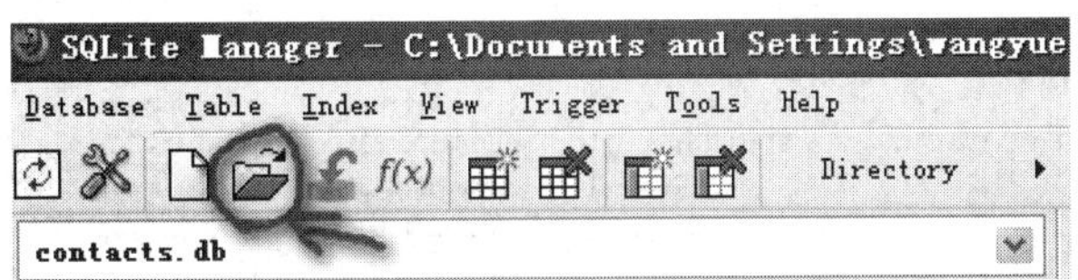

图 9-7　打开 contacts.db 文件

可以看到所有表的信息，其中 people 和 phones 这两个表就是我们需要的表，选中并点击即可得到对应的表结构，如图 9-8 和图 9-9 所示。

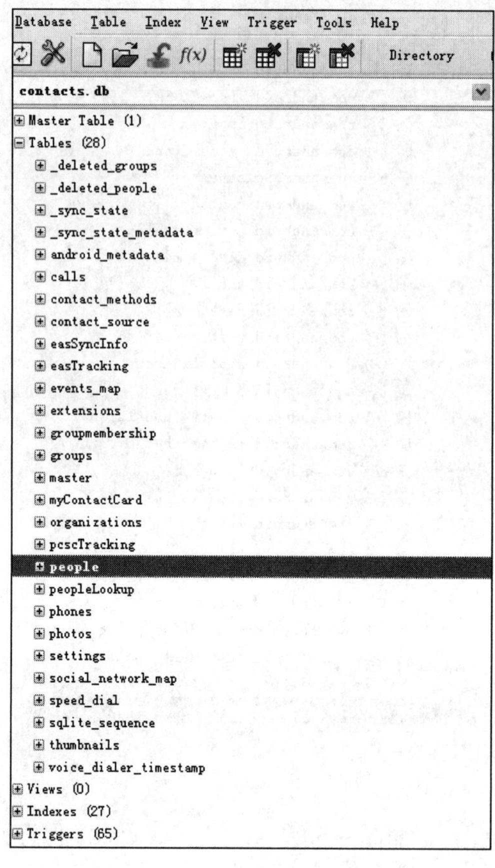

（a）

Structure | Browse & Search | Execute SQL | DB Settings

TABLE people　Search　Show All

_id	_sync_account	_sync_id	_sync_…	_sync_…	_sync_…	_sync_…	_sync_…	name	firs
1	non_syncable					1	1	weiming…	
2	william.mingwe…	1898554…	1279672…	1279672…		0	1	刘建辉	
3	william.mingwe…	2af6465…	1283070…	1283070…		0	1	王岩	
4	william.mingwe…	69b65aa…	1283723…	1283723…		0	1	张浩	
5	william.mingwe…					1		的	

（b）

图 9-8　people 表的结构

_id	person	type	number	number_key	pureNumber	label	isprimary
1	2	2	136[illegible]	99801001831	138[illegible]		1
2	3	2	134[illegible]	44838863431	134[illegible]		1
3	4	2	138[illegible]	01712711831	138[illegible]		1
4	5	7	2	2	2		1

图 9-9　phones 表结构

通过以上两张表，可以很清楚地了解到联系人的数据库是如何进行存储的，熟悉这些步骤会对操作数据库有很大的帮助。

在表中有几个重要的字段，如下：

- _id：每一个联系人唯一的号码。
- name：联系人姓名。
- number：联系人电话。
- type：电话类型，比如说手机、住宅、单位等分类。

清楚这些后就可以自己读取数据库并将数据显示到界面上了。

查询联系人列表的代码如下：

```
/**
*查询全部
*/
privatevoid queryContacts(String peopleName) {
    //查询联系人
    StringBuilder buffer = null;
    String[] keyword = null;
    //组合查询关键字
    if (peopleName != null) {
        buffer = new StringBuilder();
        buffer.append("UPPER(");
        buffer.append(contacts_projection[1]);
        buffer.append(") GLOB ?");
        keyword = new String[] { peopleName.toString().toUpperCase() + "*" };
    }
    //查询语句
    Cursor cursor = getContentResolver().query(phonesUri,
                contacts_projection,
                buffer == null ? null : buffer.toString()    //查询条件
                keyword                                      //查询条件
                People.DEFAULT_SORT_ORDER);                  //顺序
    contactslist = null;
    contactslist = new ArrayList<Map<String, Object>>();
    //取出查询结果
    if (cursor.moveToFirst()) {
        String id = null;
        String name = null;
        String phoneNumber = null;
        //取出查询结果放入到 List 列表中
        while(cursor.getPosition()!=cursor.getCount()){
            //联系人 id
            id = cursor.getString(cursor.getColumnIndex(contacts_projection[0]));
            //联系人名字
            name = cursor.getString(cursor.getColumnIndex(contacts_projection[1]));
            //联系人号码
            phoneNumber = cursor.getString(cursor.getColumnIndex(contacts_projection[2]));
            //先将联系人信息放入 Map 中
```

```
                    Map<String, Object> map = new HashMap<String, Object>();
                    map.put(contacts_projection[0], id);
                    map.put(contacts_projection[1], name);
                    map.put(contacts_projection[2], phoneNumber);
                    //将 Map 放入列表中
                    contactslist.add(map);
                    //移动到下一条数据
                    cursor.moveToNext();
                }
            }else{
                Toast.makeText(this, "无联系人信息！ ", Toast.LENGTH_LONG).show();
                insertContactsDialog();
            }
            //关闭 Cursor
            if (cursor != null) {
                cursor.close();    }
            ContactsAdapter contactsAdapter = new ContactsAdapter(this,contacts_projection,contactslist);
            listView.setAdapter(contactsAdapter);
            listView.setOnItemClickListener(this);
        }
```

关于代码中的查询语句，具体说明如下：

（1）getContentResolver()是一个能够让外界程序对其内部数据库进行操作的接口函数，可以实现数据共享。

（2）buffer 和 keyword 组成了查询条件。

（3）People.DEFAULT_SORT_ORDER 是查询的数据顺序。

（4）查询完成后将数据放入到自己写的一个列表适配器 ContactsAdapter 中，并将内容显示到 ListView 界面上，如图 9-10 所示。

图 9-10　联系人列表

9.3.3　增加联系人

下面将在 9.3.2 节代码的基础上继续增加联系人。

首先在系统菜单中添加“新增联系人”选项，点击此选项后打开 insertContactsDialog()方法，此方法会打开一个 Dialog（对话框），如图 9-11 所示。

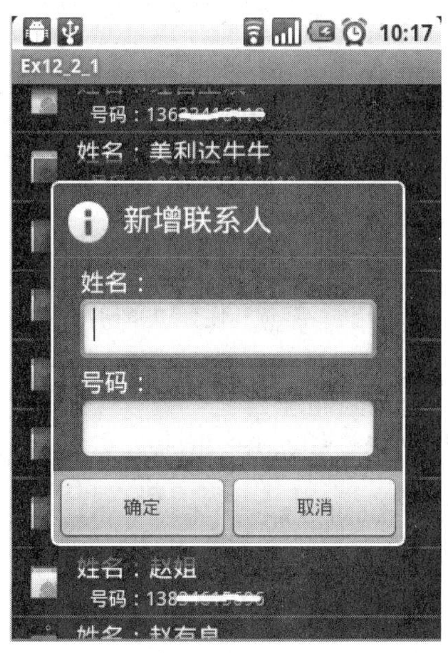

图 9-11　新增联系人

这里比较简单，只有联系人姓名和号码两个字段，输入相关内容后点击“确定”按钮，就可以看到数据已经插入到联系人列表中了。

增加联系人代码如下：

```
//信息储存容器
ContentValues contentValues = new ContentValues();
//将联系人名放入 ContentValues
contentValues.put(contacts_lable[1], peopleName);
//添加的位置 0 为联系人，1 为联系人+收藏夹
contentValues.put(People.STARRED, 0);
//将名字添加到联系人列表并得到添加的 Uri
Uri peopleUri = People.createPersonInMyContactsGroup(getContentResolver(), contentValues);
Log.e("peopleUri:",""+peopleUri.toString());
Uri phoneNumUri = Uri.withAppendedPath(peopleUri, People.Phones.CONTENT_DIRECTORY);
Log.e("phoneNumUri:",""+phoneNumUri.toString());
//清除信息容器中旧的信息
contentValues.clear();
//放入新的信息
contentValues.put(People.TYPE, People.TYPE_OTHER);
contentValues.put(contacts_lable[2], phoneNum);
//插入联系人电话信息
getContentResolver().insert(phoneNumUri, contentValues);
```

因为联系人姓名和号码在两张表中，所以会进行两次数据库操作：第一次将联系人姓名插入到 people 表中，即 Uri peopleUri=People.createPersonInMyContacts Group (getContentResolver(), contentValues);语句，并且返回此联系人的 Uri 地址；第二次将联系人号码插入到相应的 phone 位置，即 getContentResolver().insert(phoneNumUri, contentValues);语句。做完这些操作，调用 queryContacts("*");语句重新查询一遍联系人，并且刷新界面。

注意：在 Android Manifest.xml 文件中加入了允许程序写入但不读取用户联系人数据的权限，代码如下所示。

```
<uses-permission android:name="android.permission.WRITE_CONTACTS"/>
```

9.3.4 删除联系人

首先添加点击事件响应，即 onItemClick(AdapterView<?> arg0, View view, int position, long arg3)语句，然后在其中加入要删除的内容。

删除有两种方式：删除一项或删除全部。其实两种方式调用的 API 是一样的，代码如下：

```
//删除指定 id 的 Uri
//得到 Uri
Uri uri = ContentUris.withAppendedId(peopleUri, id);
//执行删除语句
getContentResolver().delete(uri, null, null);
//删除全部数据
getContentResolver().delete(peopleUri, null, null);
```

本章小结

本章主要介绍了 Android 平台 ContentProvider 相关技术，其中 ContentProvider 共享数据方法中最重要的是数据模型和 URI，还介绍了 ContentProvider 的原理解析，最后介绍了如何使用 ContentProvider 处理联系人信息，包括获取、查询联系人列表，以及增加和删除联系人的列表。

第 10 章　广播与服务

学习目标：

- 掌握 Android 平台广播的发送和接收
- 掌握 Android 平台服务的创建和使用
- 掌握远程服务调用

10.1　广播

10.1.1　广播概述

广播类似于发送一条消息通知，它是在应用程序之间广泛运用的传输信息的机制。下面以一个日常生活中的例子来进行说明。我们平时在逛商场的时候，常常会听到找人的广播，两个人在商场中走散了，一个人请求服务台发出一条广播来寻找另一个人。在发送广播的整个过程中，我们着重注意几个要点：首先是事件驱动，一个人要求广播寻找另一个人，由于这个事件的发生，服务台发出了广播信息，广播发出后，被寻找的人接收到广播信息，那么这个人会到约定的地点与朋友会面，这就是他接收到广播后作出的回应。我们生活中还有一些关于广播的例子，在这里就不一一列举了。

在 Android 手机操作系统中，广播分为两种类型：普通广播（Normal Broadcasts）和有序广播（Ordered Broadcasts）。

普通广播是完全异步的，可以在同一时刻（逻辑上）被所有接收者接收到，消息传递的效率比较高，但缺点是接收者不能将处理结果传递给下一个接收者，并且无法终止广播信息的传播。

有序广播是指接收者按照声明的优先级别依次接收广播。例如：A 的级别高于 B，B 的级别高于 C，那么，广播先传给 A，再传给 B，最后传给 C。A 得到广播后，可以往广播里存入数据，当此广播再传给 B 时，B 可以从广播中得到 A 存入的数据。

广播的发送有两个方法：一个是 Context.sendBroadcast()方法，另一个是 Context.sendOrderedBroadcast()方法。Context.sendBroadcast()方法发送的是普通广播，所有订阅者都有机会获得并对其进行处理。Context.sendOrderedBroadcast()发送的是有序广播，系统会根据接收者声明的优先级别按顺序发送，前面的接收者有权终止广播（BroadcastReceiver.abortBroadcast()），如果广播被前面的接收者终止，后面的接收者就再也无法获取到该广播了。对于有序广播，前面的接收者可以将处理结果通过 setResultExtras(Bundle)方法存入结果对象中，然后传给下一个接收者，下一个接收者可通过代码 Bundle bundle=getResultExtras(true))获取上一个接收者存在结果对象中的数据。

系统收到短信，所发出的广播属于有序广播。如果想阻止用户收到短信，可以通过设置优先级来让自定义的接收者先获取广播，然后终止广播，这样其他用户就接收不到短信了。

在 Android 系统中，广播是广泛用于应用程序之间通信的一种机制，它类似于事件处理机制，不同的地方就是广播的处理是系统级别的事件处理过程（一般事件处理是控制级别的）。而 BroadcastReceiver 是对发送出来的广播进行过滤接收并响应的一类组件，来自普通应用程序，如一个应用程序通知其他应用程序某些数据已经下载完毕。BroadcastReceiver 自身并不实现图形用户界面，但是当它收到某个通知后，BroadcastReceiver 可以启动 Activity 作为响应，或者通过 NotificationMananger 提醒用户，或者启动 Service 等。例如黑名单功能，当打进一个电话时，即产生了一个来电广播，接收这种来电广播的 BroadcastReceiver 就会将此来电号码与黑名单中的号码进行比较，若匹配，则对此来电号码进行相应的处理，如挂断电话或静音。

注意：有序广播的接收优先级别声明在 intent-filter 元素的 android:priority 属性中，数越大则优先级别越高，取值范围是-1000 到 1000，也可以调用 IntentFilter 对象的 setPriority() 进行设置。

10.1.2 发送广播

在 Android 中，如果我们想把应用程序中发生的某些动作或系统的某些动作通知给其他应用程序，或者想向其他应用程序传递数据，就可以考虑通过 sendBroadcast 方法发送广播。在发送广播的过程中，实际上通过 Intent 对象指定的是 Broadcast Action。例如，下面的代码是通过点击按钮发送一条广播。

```
fasong.setOnClickListener(newOnClickListener(){
    @Override
    publicvoidonClick(View v) {
        String content = neirong.getText().toString();
        Intent intent = new Intent(ACTION_INTENT_TEST);
        //创建 Intent 对象，并设置动作为 ACTION_INTENT_TEST
        intent.putExtra("content", content);
        sendBroadcast(intent); //发送广播
    }
});
```

10.1.3 接收广播

BroadcastReceiver 用于接收广播 Intent，广播 Intent 的发送是通过调用 Context.sendBroadcast() 和 Context.sendOrderedBroadcast()来实现的。通常一个广播 Intent 可以被订阅了此 Intent 的多个广播接收器接收，这个特性跟 JMS 中的 Topic 消息接收者类似。

接收广播一般需要两个步骤：

第一步，继承 BroadcastReceiver 类，并重写 BroadcastReceiver 类里的 onReceive()方法。

```
classSmsBroadcastReceiverextendsBroadcastReceiver {
    publicvoidonReceive(Context context, Intent intent) {
    }
}
```

第二步，在 AndroidManifest.xml 文件中使用<reciver>标签来订阅我们感兴趣的广播 Intent，代码如下：

```
<receiver android:name=".receiver.SmsBroadcastReceiver">
  <intent-filter>
    <actionandroid:name="android.provider.Telephony.SMS_RECEIVED"/>
  </intent-filter>
</receiver>
```

或是通过代码来订阅广播 Intent，代码如下：

```
/* 设置广播过滤器 */
IntentFilter filter = newIntentFilter("android.provider.Telephony.SMS_RECEIVED");
/* 注册广播 */
this.registerReceiver(this.smsReceiver, filter);
```

以下为接收系统广播的短信实例，代码如下：

```
/* 创建 BroadcastReceiver 类 */
classSmsBroadcastReceiverextendsBroadcastReceiver {
    publicvoidonReceive(Context context, Intent intent) {
        Log.d(tag, "接收到短信");
        if (intent.getAction().equals(
        "android.provider.Telephony.SMS_RECEIVED")) {
            Log.d(tag, "接收到短信");
            Bundle bundle = intent.getExtras();
            if (bundle != null) {
                /* 获得并解析短信 */
                Object[] SMSData = (Object[]) bundle.get("pdus");
                //构建短信对象数组，依据收到的对象长度来创建数组的容量
                SmsMessage[] smsMessage = newSmsMessage[SMSData.length];
                for (int i = 0; i <SMSData.length; i++) {
                    smsMessage[i] = SmsMessage.createFromPdu((byte[]) SMSData[i]);
                }
                /* 将短信息的发送号码和短信息正文显示在 Activity 的 TextView 控件上 */
                numText.setText(smsMessage[0].getDisplayOriginatingAddress());
                conText.setText(smsMessage[0].getDisplayMessageBody());
            }
        }
    }
}
```

其中 Broadcast Action 是指 IntentFilter 指定 android.provider.Telephony.SMS_RECEIVED，所以可在 onReceiver()方法里判断是否接收短信息的 Broadcast Action。接收到的短信息是通过 bundle.get("pdus")获得的，这个方法返回了一个表示短信内容的数组，每个数组元素表示一条短信息。通过此方法返回的数组一般不能直接使用，需要进行强制类型转换才能使用。获取发送短信息的电话号码的方法是 SmsMessage 类里的 getDisplayOriginatingAddress()方法；获取短信息内容的方法是 SmsMessage 类里的 getDisplayMessageBody()方法。

为了使应用程序能成功接收系统广播，还需要在 AndroidManifest.xml 文件中添加允许程

序监控短信息接收、记录或处理的权限，代码如下：

```
<uses-permissionandroid:name="android.permission.RECEIVE_SMS"/>
```

10.2 服务

10.2.1 服务概述

服务是一种长时间运行在后台、具有较长生命周期并且没有用户界面的程序。在 Android 中，服务对象是以分时进程方式运行的，这表示即便服务是通过 Activity 启动的，也会在不同的进程中运行。比如我们在播放音乐的时候不断切换用户界面，此时我们并不希望音乐停止播放，那么就需要把播放音乐的工作交给服务来完成。

服务（Service）的优先级比 Activity 高，不会轻易被 Android 系统终止，即使 Service 被系统终止，在系统资源恢复后 Service 也将自动恢复运行状态。Service 是用于进程间通信的，它可以解决两个不同应用程序之间的调用和通信问题。

服务一般分为两种：本地服务和远程服务。本地服务（Local Service）用于应用程序内部；远程服务（Rmote Service）用于系统内部的应用程序之间，可以定义接口并把接口暴露出来以便其他应用程序进行操作。

10.2.2 创建并启动服务（本地服务）

在 Android 中创建一个服务，必须要继承 Service 类，并且需要覆盖 onBind 方法，onBind 方法将返回一个 IBinder 对象，这个对象是其他组件调用该 Service 的通信渠道。一般情况下，我们只需要在 onBind 方法中返回一个 null 就可以了。下面是创建一个 Service 的简单形式，代码如下：

```
public class LocalService extends Service {
    public void onCreate(){
        super.onCreate();
    }
    publicIBinderonBind(Intent arg0) {
        return null;
    }
}
```

可以使用 context.startService(Intent intent)方法启动 Service，服务启动后，会一直在后台运行，除非主动关闭它。关闭 Service 使用 context.stopService(Intent intent)方法，在某些特定的情况下，也可以在 Service 中使用 stopSelf()方法关闭 Service 本身。虽然 Service 会一直运行在后台中，但是 Service 本身并不具备重复执行的能力，因此，要在 Service 中执行重复的处理操作，必须借助类似于 timer 的机制来完成。在接下来的代码示例中，创建一个 Activity 来完成 Service 的启动和停止动作，并在 Service 中创建一个 Runnable 对象来运行进程，通过 Handler 对象来控制 Runnable 对象重复运行的间隔时间，为了证明 Service 一直在后台运行，使用 Log 类来打印 Service 的运行信息。

除了使用 startService()方法来启动服务外，还可以用绑定服务的方式来启动 Service，方法如下：

```
Context.bindService(Intent intent, ServiceConnection connection, int flag)
```

其中，第一个参数是一个 Intent，它会告诉 bindService 方法我们将绑定哪个 Service，第二个参数 ServiceConnection 用于发送多个从 Service 返回的调用者，第三个参数通常传入 Context.BIND_AUTO_CREATE 中，表示只要绑定存在就自动建立 Service，同时也告诉系统此 Service 的重要程度与调用者相同，除非终止调用者，否则不要关闭该 Service。

相应地，可以使用 Context.unbindService(ServiceConnection connection)方法取消绑定。

绑定服务一般适用于两个进程间通信，但在一个应用程序内部也可以使用绑定服务，作用于进程间通信，详细内容将在 10.2.4 节“AIDL 及远程服务调用”中讲解。

下面为关于 Service 的一个示例，该示例是在服务里做了一计数器。通常 Service 要与 Activity 交互，那么可以定义一个内部类，返回该 Service。当然要考虑到如果是以绑定方式启动服务，那么内部类可以定义为继承 Binder，然后返回本地服务。

Activity 代码示例如下所示：

```
public class LocalActivity extends Activity{
    //声明变量
    private Button startButton;
    private Button startBindButton;
    private Button stopButton;
    private Button stopBindButton;
    privateLocalServicelocalService = null;
    privateServiceConnection conn = null;
    @Override
    protected void onCreate(Bundle savedInstanceState) {
        super.onCreate(savedInstanceState);
        conn =new ServiceConnection() {
            //调用 bindService 方法启动服务时候，如果服务需要与 Activity 交互，
            //则通过 onBind 方法返回 IBinder，并返回当前本地服务
            public void onServiceDisconnected(ComponentName name) {
                localService = null;
            }
            @Override
            public void onServiceConnected(ComponentName name, IBinder service){
                localService = ((LocalService.LocalBinder)service).getService();
            }
        };
        setContentView(R.layout.local);
        //获得控件
        startButton = (Button)findViewById(R.id.localbutton1);
        startBindButton = (Button)findViewById(R.id.localbutton2);
        stopButton = (Button)findViewById(R.id.localbutton3);
        stopBindButton = (Button)findViewById(R.id.localbutton4);
        //创建监听事件对象
        ButtonListener l = new ButtonListener();
```

```
            //注册监听事件
            startButton.setOnClickListener(l);
            stopButton.setOnClickListener(l);
            startBindButton.setOnClickListener(l);
            stopBindButton.setOnClickListener(l);
        }
        private void binderService(){
            Intent intent = new Intent(this,LocalService.class);
            bindService(intent,conn,Context.BIND_AUTO_CREATE);
        }
        classButtonListener implements OnClickListener{
            @Override
            public void onClick(View v) {
                int id = v.getId();
                switch(id){
                case R.id.localbutton1:
                //启动服务
                    Intent in = new Intent(LocalActivity.this,LocalService.class);
                    startService(in);
                    break;
                case R.id.localbutton2:
                    //绑定服务
                    binderService();
                    break;
                case R.id.localbutton3:
                    //停止服务
                    Intent intent = new Intent(LocalActivity.this,LocalService.class);
                    stopService(intent);
                    break;
                case R.id.localbutton4:
                    //解除绑定服务
                    unbindService(conn);
                    break;
                }
            }
        }
    }
```

在 Activity 中添加四个按钮，分别用来启动和停止 Service 以及启动绑定和解除绑定 Service。当启动 Service 时，开始打印信息；当停止 Service 时，停止打印信息。

Service 代码示例如下所示：

```
publicclassLocalServiceextends Service{
    private String tag ="localService";
    privateLocalBinderbinder = newLocalBinder();
    private Handler handler = new Handler();
```

```
privateintcount = 0;
/*创建 Runnable 对象*/
private Runnable task = new Runnable(){
    publicvoid run() {
        count ++;
        /*打印 Service 运行信息*/
        Log.d(tag, "service is runing " + count + " second");
        /*每隔一秒钟，执行一次 task*/
        handler.postDelayed(task, 1000);
    }
};
@Override
publicIBinderonBind(Intent arg0) {
    Log.d(tag, "onBind     ");
    returnbinder;
}
@Override
publicvoidonCreate() {
    Log.d(tag, "onCreate     ");
    /* 当启动服务时，同时启动 task 线程*/
    handler.postDelayed(task, 1000);
    super.onCreate();
}
@Override
publicintonStartCommand(Intent intent, int flags, intstartId) {
    Log.d(tag, "onStartCommand     ");
    returnsuper.onStartCommand(intent, flags, startId);
}
@Override
publicbooleanonUnbind(Intent intent) {
    Log.d(tag, "onUnbind     ");
    returnsuper.onUnbind(intent);
}
@Override
publicvoidonDestroy() {
    Log.d(tag, "onDestroy     ");
    super.onDestroy();
    /* 当停止服务时，释放 task 线程*/
    handler.removeCallbacks(task);
}
/**
 * 定义内容类继承 Binder
*/
```

```
        classLocalBinderextends Binder {
            /**返回本地服务*/
            LocalServicegetService(){
                returnLocalService.this;
            }
        }
    }
```

最后，还需要在 AndroidManifest.xml 文件中定义此服务才可以运行，可在<application>标签下加入如下代码：

```
<service android:name=".local.LocalService" ></service>
```

在本示例中，多次点击启动服务的按钮并不会产生多个服务的实例，虽然会多次调用 Service 的 onStartCommand 方法，但仍然只有一个 Service 在运行，因此，在停止服务的时候，只需要调用一次 onDestroy 方法。

10.2.3 服务和绑定服务的生命周期

以下是与服务和绑定服务的生命周期相关的方法：

- onCreate()
- onStartCommand(Intent intent,intstartId)
- onBind(Intent intent)
- onUnbind(Intent intent)
- onDestroy()

如图 10-1 所示，要启动一个 Service 可依次选择 context.startService()→onCreate()→onStartCommand()。要停止一个 Service 则依次选择 context.stopService()→onDestroy()，如果调用者直接退出而没有调用 stopService()，应用程序则会一直在后台运行。绑定服务后，Service 就和调用 bindService()的进程“同生共死”了，也就是说，如果调用 bindService()的进程死了，那么它绑定的 Service 也要跟着被结束。

此期间也可以调用 unBindService()来结束 Service。调用 startService()和 bindService()的具体步骤如下：

调用 startService()：onCreate()→onStartCommand()（可多次调用）→onDestroy()。

调用 bindService()：onCreate()→onBind()（一次，不可多次绑定）→onUnbind()→onDestory()。

在服务和绑定服务的一个生命周期中可以看到，只有 onStartCommand()方法可以被多次调用，onCreate()、onBind()、onUnbind()、onDestory()在整个生命周期中只能被调用一次。

当调用 startService()方法启动 Service 时，Service 的生命周期将从 onCreate()开始。回调 onStartCommand()方法时，如果继续执行 startService()，会看到 onCreate()并没有被回调，而 onStartCommand()则被回调了，这说明重复执行 startService()并不会产生多个 Service，Service 只保持一个实例在后台运行，因此，无论我们执行多少次 startService()，在停止服务的时候，仍然只需要调用一次 stopService()方法，Service 就会执行 onDestroy()停止运行。

如果调用 bindService()时，Service 已经启动，则执行 onBind()；如果 Service 没有启动，则依次执行 onCreate()、onBind()方法，在调用 unbindService()时，Service 执行 onUnbind()解除绑定。

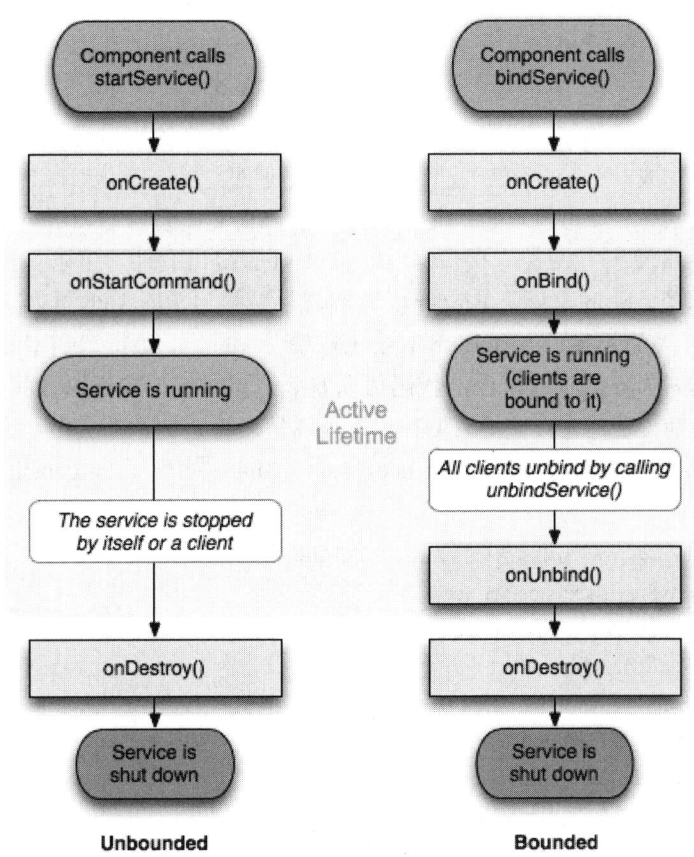

图 10-1　Service 生命周期（左是服务生命周期，右是绑定服务生命周期）

一旦 Activity 绑定了 Service，那么这个 Service 的生命周期将和 Activity 联系在一起，在没有手动取消绑定 Service 的情况下，如果 Activity 被销毁了，Service 也会同时被停止，这一点和使用 startService()方法来启动 Service 有明显的不同。

提示：请读者参考创建服务的例子，查看 logcat 并熟悉 Service 生命周期的执行过程。

10.2.4　AIDL 及远程服务调用

绑定服务通常用于实现 Android 进程间的通信，在 Android 系统中，每个应用程序在各自的进程中运行，并且出于安全的考虑，这些进程间是相互独立、彼此隔离的。为了实现进程间相互传递数据，Android 提供了 IPC（Inter-Process Communication）机制，这也是 Service 的另一种用途，10.2.2 节中讲述了使用 Service 运行后台任务，本节将继续介绍使用 Service 来公开一个远程对象以实现进程间通信，或者叫做实现远程服务。

以下为实现进程间通信的示例，在此例中将通过 Activity 来控制 Service 中音乐的播放、暂停和停止。

（1）创建一个.aidl 远程接口定义语言文件。

```
package com.ldci.android.Ex11_9.Exa_92;
interface Exa11_2_3ipc {
void start();
```

```
void pause();
void stop();
}
```

Android 提供了自己的接口定义语言 AIDL，在上面定义的接口文件中可以通过 Android 提供的 AIDL 工具生成一个.java 接口文件，我们就是通过这个.java 接口和它内部的 Stub 类来创建可远程访问的对象的。在 Eclipse 中，定义一个.aidl 文件会自动调用 AIDL 工具并在 gen 目录中相应的文件路径下生成.java 接口文件。打开.java 接口文件，可以看到里面包含了一个 Stub 内部静态抽象类，Stub 扩展了 Binder 类并实现外部接口，该 Stub 类表示远程接口的本地端，可以通过 Stub 类的 asInterface(IBinder binder)方法返回一个该接口类型的远程对象，并通过这个对象调用远程方法。通过上面的代码可以看到，这种接口定义语言和 Java 定义接口的语法类似。需要特别说明的是，使用 AIDL 时只可以使用特定的数据类型，这些类型包括所有的 Java 基本数据类型、String、CharSequence、List、Map、实现了 Parcelable 接口的对象，以及其他 AIDL 接口。

（2）创建 Service，实现远程接口方法，代码如下：

```
publicclassMyServiceextends Service {
staticfinal String TAG = "MyService";
/*创建媒体播放对象*/
MediaPlayermp = newMediaPlayer();
//定义内部类 MyServiceImpl 继承 AIDL 文件自动生成的内部类
//并且实现 AIDL 文件定义的接口方法
privateclassMyServiceImplextendsIStockQuteService.Stub {
    publicvoid start() throwsRemoteException {
        try{
        if (mp.isPlaying()) {
            mp.reset();
        }
        /*读取 SD 卡上的音乐文件*/
        mp.setDataSource("/sdcard/test.mp3");
        mp.prepare();
        mp.start();
        } catch(Exception e){
            e.printStackTrace();
        }
    }
    publicvoid pause() throwsRemoteException {
        mp.pause();
    }
    publicvoid stop() throwsRemoteException {
        mp.reset();
    }
}
publicIBinder onBind(Intent intent) {
```

```
            //返回 AIDL 实现
            returnnewMyServiceImpl();
        }
        publicvoidonDestroy() {
            Log.d(TAG, "Release MyService");
            super.onDestroy();
        }
    }
```

在 Service 中我们创建了一个 Binder 对象，实现了远程接口的方法，再通过 onBind()方法将 Binder 对象返回给了调用方，调用方通过 Service 返回的 Binder 对象就可以调用远程接口方法，实现对 Service 的控制。Service 读取了 SD 卡上的资源文件，我们必须提前将音乐文件放到 SD 卡中，在模拟器中也可以模拟 SD 卡环境。在 Eclipse 中，创建模拟器时就会为模拟器创建 SD 卡文件（扩展名为 img 的文件），在相应的模拟器路径下可以看到这个文件。启动模拟器，打开 File Explorer 窗口，如果没有显示该窗口，依次选择 Window→Show View→Other，在弹出的窗口中选择 Android 下的 File Explorer，如图 10-2 所示。

打开 File Explorer 窗口后，选中文件列表中的 sdcard 文件夹，点击窗口右上角的按钮，如图 10-3 所示。

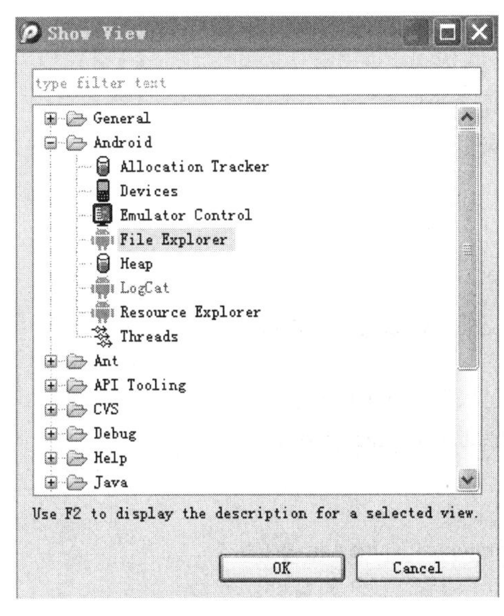

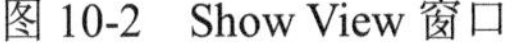
图 10-2 Show View 窗口

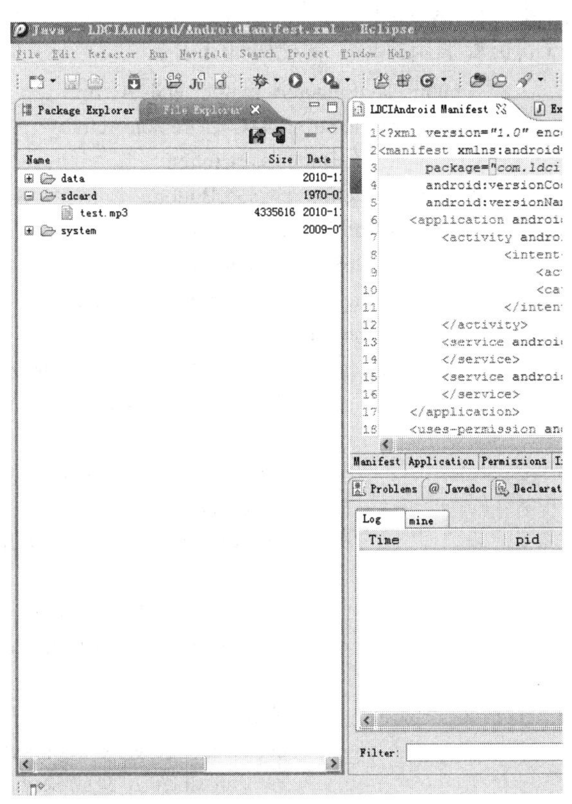

图 10-3 File Explorer 窗口

点击按钮后弹出文件浏览窗口，如图 10-4 所示。

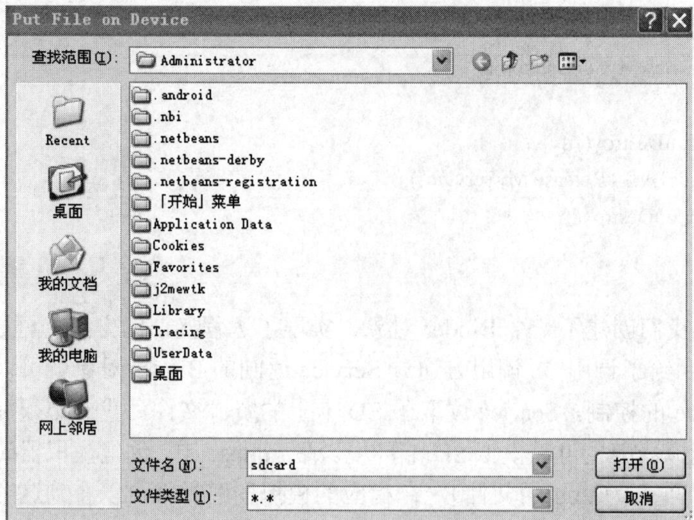

图 10-4 文件浏览窗口

选择要放入 SD 卡的音乐文件，这样，程序运行时就可以找到需要的音乐文件了。

（3）创建 Activity 并绑定 Service。在 Activity 中，创建了三个按钮，分别用于播放、暂停和停止 Service 中的音乐，onServiceConnected()为绑定成功时的回调方法，当绑定成功时，返回远程调用对象。其代码如下：

```
publicclassRemoteActivityextends Activity {
    private String TAG = "RemoteActivity";
    private Button startButton;
    private Button pauseButton;
    private Button stopButton;
    privateServiceConnectionconn;
    privateIStockQuteServiceisService;
    @Override
    protectedvoidonCreate(Bundle savedInstanceState) {
        super.onCreate(savedInstanceState);
        setContentView(R.layout.remote);
        conn = newServiceConnection() {
            @Override
            publicvoidonServiceConnected(ComponentName name, IBinder service)
            {
                //返回 AIDL 接口对象，然后可以调用 AIDL 方法
                isService = IStockQuteService.Stub.asInterface(service);
            }
            @Override
            publicvoidonServiceDisconnected(ComponentName name) {
                Log.d(TAG, "释放 Service");
            }
        };
        startButton = (Button)findViewById(R.id.remoteButton1);
        startButton.setOnClickListener(newOnClickListener(){
```

```
                @Override
                publicvoidonClick(View v) {
                try {
                        isService.start();
                } catch (RemoteException e) {
                        e.printStackTrace();
                }
                }
        });
        pauseButton = (Button)findViewById(R.id.remoteButton1);
        pauseButton.setOnClickListener(newOnClickListener(){
                @Override
                publicvoidonClick(View v) {
                try {
                        isService.start();
                } catch (RemoteException e) {
                        e.printStackTrace();
                }
                }
        });
        stopButton = (Button)findViewById(R.id.remoteButton1);
        stopButton.setOnClickListener(newOnClickListener(){
                @Override
                publicvoidonClick(View v) {
                try {
                        isService.start();
                } catch (RemoteException e) {
                        e.printStackTrace();
                }
                }
        });
    }
    @Override
    protectedvoidonStart() {
        Intent intent=newIntent("com.ldci.service.remote.IStockQuteService");
        bindService(intent, conn, Context.BIND_AUTO_CREATE);
        super.onStart();
    }
    @Override
    protectedvoidonDestroy() {
        /*取消绑定*/
        this.unbindService(conn);
        super.onDestroy();
    }
}
```

（4）最后，不要忘记在 AndroidManifest.xml 文件中定义服务，代码如下：

```
<serviceandroid:name=".remote.MyService"android:process=":remote">
<intent-filter>
<action android:name="com.ldci.service.remote.IStockQuteService"/>
</intent-filter>
</service>
```

本章小结

本章主要介绍了 Android 平台广播的发送和接收，以及服务（Service）的创建、启动，停止本地服务，启动绑定和解除绑定 Service，还介绍了服务和绑定服务的生命周期，最后介绍了 AIDL 及远程服务调用。

第 11 章　网络编程

学习目标：

- 学习使用标准的 Java 接口进行网络编程
- 学习使用 Apache 接口进行网络编程
- 学习 XML 和 JSON 解析方法

11.1　HTTP 协议的介绍

11.1.1　什么是 HTTP 协议

超文本传输协议（HyperText Transfer Protocol，HTTP）是互联网上应用最广泛的一种网络协议。所有的 WWW 文件都必须遵守这个标准。通过这个协议，可以浏览网络上的各种信息，比如丰富多彩的网页。设计 HTTP 最初的目的是为了提供一种发布和接收 HTML 页面的方法。但发展到今天，HTTP 不仅仅是用于网页的浏览了，只要通信的双方都遵守这个协议，HTTP 就能发挥作用，比说 QQ、迅雷等都使用 HTTP 协议。

11.1.2　HTTP 协议格式

HTTP 协议是基于请求/响应范式的。一个客户机与服务器建立连接后，发送一个请求给服务器，请求的格式为：统一资源标识符、协议版本号，后面是 MIME 信息（包括请求修饰符、客户机信息和请求内容）。服务器接到请求后进行响应，并将相应的响应信息返回，其格式为一个状态行（包括信息的协议版本号、成功或错误的代码），后面是 MIME 信息（包括服务器的信息、实体信息和返回内容）。

在 Internet 上，HTTP 通信通常发生在 TCP/IP 连接之上。默认端口为 80，不过其他端口也是可用的。

HTTP 的请求格式如下：

- 一个起始行，内容包括请求方法、URI、HTTP 协议的版本。
- 一个或多个头域。
- 一个指示头域结束的空行。
- 可选的消息体。

HTTP 的响应格式如下：

- HTTP 协议的版本、状态代码、描述。
- 响应头。
- 响应正文。

例如：

```
HTTP/1.1 200 OK
  Server:nio/1.1
  Content-type:text/html;charset=GBK
  Content-length:102
<html>
<head><title>helloapp</title></head>
<body>
<h1>hello</h1>
</body>
</html>
```

在请求格式中，头域是最重要的。HTTP 的头域包括通用头、请求头、响应头和实体头四个部分。每个头域都由一个头域名、冒号和域值三部分组成。域名是大小写无关的，域值前可以添加任意数量的空格符。头域可以扩展为多行，在每行的开始处，至少使用一个空格或制表符。

11.1.3 HTTP 请求的详解

HTTP 请求由三部分组成，分别是请求行、消息报头、请求正文。

请求行以一个方法符号开头，并以空格分开，后面跟着请求的 URI 和协议版本，格式如下：

```
Method Request-URL HTTP-Version CRLF
```

其中：

- Method：表示请求方法。
- Requet-URI：是一个统一资源标识符。
- HTTP-Version：表示请求的 HTTP 协议版本。
- CRLF：表示回车和换行。

请求方法有多种，常用的方法如下：

- GET：请求获取 Request-URI 所标识的资源。
- POST：在 Request-URI 所标识的资源后附加新的数据。

还有一些不常用的方法，比如 PUT、DELETE、TRACE、CONNECT、OPTIONS、HEAD。

下面针对 HTTP 请求常用的方法应用进行举例说明。

在浏览器的地址栏中输入网址以访问网页时，浏览器采用 GET 方法向服务器获取资源。比如：

```
Eg:GET/form.html HTTP/1.1 (CRLF)
```

在要求服务器接收附在请求后面的数据时使用 POST 方法，常用于提交表单。比如：

```
Eg:POST/reg.jsp HTTP/(CRLF)
Accept:image/gif,image/x-xbit…(CRLF)
……
HOST:www.guet.edu.cn(CRLF)
Content-Length:22(CRLF)
Connection:Keep-Alive(CRLF)
(CRLF)                          //该 CRLF 表示消息报头已经结束，在此之前为消息报头
User=spring&password=123456     //此行以下为要提交的数据
```

HTTP 消息报头包括普通报头、请求报头、响应报头、实体报头。

每一个报头域都是由名字+“:”+空格+值组成，消息报头域的名字是与大小写无关的。

（1）普通报头。

在普通报头中，有少数报头域应用于所有的请求和响应消息，但并不用于被传输的实体，这些报头域只用于传输的消息。

常用的普通报头域：Cache-Control、Date、Connection、Pragma。

（2）请求报头。

请求报头允许客户端向服务器端传递该请求的附加信息以及客户端自身的信息。

常用的请求报头域如下：

1）Accept 请求报头域用于指定客户端接受哪些类型的信息。例如：Accept: image/gif 表明客户端希望接受 GIF 图像格式的资源；Accept: text/html 表明客户端希望接受 HTML 文本。

2）Accept-Charset 请求报头域用于指定客户端接受的字符集。例如：Accept-Charset: ios-8859-1, gb2312。如果在请求消息中没有设置这个域，缺省是指任何字符集都可以接受。

3）User-Agent 允许客户端将它的操作系统浏览器和其他属性告诉服务器。我们登录论坛的时候，往往会看到一些欢迎信息，其中列出了所用操作系统的名称和版本等信息。原因是服务器从 User-Agent 请求报头域中获取了这些信息，但自己编写浏览器时可以不用这个请求报头域。

（3）响应报头。

响应报头允许服务器传递不能放在状态行中的附加响应信息，以及关于服务器的信息和对 Request-URI 所标识的资源进行下一步访问的信息。

常用的响应报头域如下：

1）Location 响应报头域用于重定向接收者到一个新的位置。例如：客户端所请求的页面已不在原先的位置，为了让客户端重定向到这个页面新的位置，服务器端可以发回 Location 响应报头后使用重定向语句，让客户端去访问新的域名所对应的服务器上的资源。当我们在 JSP 中使用重定向语句的时候，服务器端向客户端发回的响应报头中就会有 Location 响应报头域。

2）Server 响应报头域包含了服务器用来处理请求的软件信息。它和 User-Agent 请求报头域是相对应的，前者发送服务器端软件的信息，后者发送客户端软件（浏览器）和操作系统的信息。Server 响应报头域的一个示例：Server: Apache-Coyote/1.1。

（4）实体报头。

请求和响应消息都可以传送一个实体。一个实体由实体报头域和实体正文组成，大多数情况下，实体正文就是请求消息中的请求正文或者响应消息中的响应正文。但是在发送时，并不是说实体报头域和实体正文要在一起发送，例如：有些响应可以只包含实体报头域。实体就好像我们写的书信，在信中我们可以写上标题、加上页号等，这部分就相当于是实体报头域，而书信的内容就相当于实体正文。普通报头、请求报头、响应报头都可以看成是写在信封上的邮编、接收者、发送者等内容。

请求正文中包含我们提交给服务器的信息，如我们在网站登录时输入的用户名和密码，提交的信息是 username=***&password=****。

11.1.4 HTTP 响应的详解

服务端接收到请求消息后，会返回客户端一个 HTTP 响应消息。

HTTP 响应也是由三个部分组成的，分别是状态行、消息报头、响应正文。

状态行的格式如下：

```
HTTP-Version Status -Code Reason -Phrase CRLF
```

其中：

- HTTP-Version：表示服务器 HTTP 协议的版本。
- Status-Code：表示服务器的响应状态代码。
- Reason-Phrase：表示状态代码的文本描述。

状态代码由三位数字组成，第一位数字定义了响应的类别，如下：

- 1××：指示信息，表示请求已接收，继续处理。
- 2××：成功，表示请求已经成功接收、理解和接受。
- 3××：重定向，要完成请求必须进行更进一步的操作。
- 4××：客户端错误，请求有语法错误或请求无法实现。
- 5××：服务端错误，服务器未能实现合法的请求。

下面针对响应进行举例说明，如下：

```
HTTP/1.1 200 OK
Date:Fri,22,May 2010 06:07:21 GMT
Content-Type :text /html;charset=UTF-8
<html>
<head></head>
<body>
<!—body goes here-->
</body>
</html>
```

说明：

- HTTP 状态代码为 200，表示找到资源，并且一切正常。
- Date：生成响应的日期和时间。
- Content-Type 指定了 MIME 类型的 HTML（text/html），编码类型是 UTF-8。
- html 标签中的内容是服务器返回的数据。

11.2 在 Android 中使用 HTTP

首先了解一下 Android SDK 中一些与网络相关的包，如下：

- java.net：提供与联网有关的包，包括流和 Socket 数据包、Internet 协议和常见的 HTTP 处理等。
- java.io：虽然没有提供显式的联网功能，但是仍然非常重要，不仅可用于文件的读取、流的操作，还可用于与本地文件（在与网络进行交互时会经常出现）的交互。

- java.nio：包含表示特定数据类型的缓冲区的类，适用于基于 Java 语言的两个端点之间的通信。
- org.apache.*：表示许多为 HTTP 通信提供精确控制和功能的包。
- android.net：除了核心 java.net.*类以外，还包含额外的网络访问数据包 Socket。该包包括 URI 类，后者频繁地用于 Android 应用程序开发，而不仅仅是传统的联网。
- android.net.wifi：包含在 Android 平台上管理有关 WiFi 所有方面的类。

一般联网最常用的是 org.apache.* 包下面的类，因为 Apache 为联网时用到的主要功能进行了很好的封装，包括最常用的联网方式 GET 和 POST，这种联网方式使用 HttpClient 类来完成对 GET 和 POST 的联网请求。同时可通过 HttpParams 来设置请求联网的参数，包括超时等属性。

11.2.1 HTTP 用 GET 方式联网

本节将使用 Apache 提供的开源的联网方式来进行联网。

org.apache.http.client.methods 包中的类主要对联网的方法进行封装。联网的类如下：

- HttpDelete：通过 HTTP 请求删除指定的 URI 上的资源。
- HttpGet：向服务端发起请求，获取资源，是 HTTP 联网最常用的方式之一。
- HttpPost：向服务端发送一些封闭好的数据包来获取资源，也是 HTTP 联网最常用的方式之一。
- HttpHead：获取 Http 的头信息。
- HttpPut：向服务器上传资源。

首先，来看 HttpGet 的构造函数：

- HttpGet(URI uri)
- HttpGet(String uri)

两个构造函数的参数基本上是一样的，都是一个连接地址（uri），因此进行如下定义：

```
HttpGet get=HttpGet("http://www.baidu.com"); //初始化一个连接地址
```

其次，要了解设置联网需要哪些参数，还要用到 org.apache.http.params.*包中的类。

参数对象的定义如下：

```
HttpParams httpParams=new BasicHttpParams();
```

然后，通过 HttpConnectionParams 中的静态方法设置参数的值，如下：

```
HttpConnectionParams.setConnectionTimeout(httpParams,5000); //设置超时属性
HttpConnectionParams.setSoTimeout(httpParams,5000);
```

设置好这些参数后，再定义 HttpClient 的值来执行 GET 方法，并且接受服务器返回的响应，如下：

```
HttpClient httpClient =new DefaultHttpClient(httpParams);
HttpPost response=httpClient.execute(get); /* 根据客户端指定的参数向服务端发送数据，并接受服务
端返回的数据，这里又用到了一个方法 HttpPost，可以通过判断服务端返回的状态来决定是否已经
发送成功！ */
```

以上就是 GET 连接方法，它直接写一个访问地址，就可以等待服务端返回的数据。

GET 连接方法的特点如下：

- GET 方式的数据最多只能有 2048 个字节（URI+参数）。

- 通过 GET 方式请求时，参数会显示在地址栏上。因此 GET 方式是不安全的，在请求登录时，如果是带密码的方式，是不应该采用 GET 方式请求的。
- 由于 GET 不进行编码而直接传递，所以别人会看见用户传递的内容。

相关详细代码如下所示。

```
HttpGet get = null;                  //用 GET 方式联网
HttpResponse reponse = null;         //等待应答
try {
    if (inputEdit != null && inputEdit.getText().toString().length() > 0) {
        String QQ = inputEdit.getText().toString();
        HttpParams httpParams = new BasicHttpParams();
        HttpConnectionParams.setConnectionTimeout(httpParams, 5000);
        HttpConnectionParams.setSoTimeout(httpParams, 5000);
        HttpClient httpClient = new DefaultHttpClient(httpParams);
        get = new HttpGet(GET_URL + QQ);
        reponse = httpClient.execute(get);
        if (reponse.getStatusLine().getStatusCode() == REPONSE_OK) {
            byte[] b = EntityUtils.toByteArray(reponse.getEntity());
            String isLogin = new String(b, "utf-8");
            String t_isLogin = splitStr(isLogin, ">", 2, 1);
            tv.setText("GET：" + t_isLogin);
            tv.invalidate();
        }
        isPressed = false;
    }
} catch (Exception e) {
    isPressed = false;
    e.printStackTrace();
} finally {
    if (get != null) {
        get.abort();
    }
}
```

11.2.2 HTTP 用 POST 方式联网

首先看 org.apache.http.client.methods 包中 HttpPost 类的构造函数：

- HttpPost()
- HttpPost(URI uri)
- HttpPost(String uri)

可以看出，HttpPost 与 HttpGet 的方法是一致的，都是想初始化一个地址，这里定义 HttpPost 对象如下：

```
HttpPost httpPost = new HttpPost("www.baidu.com");
```

由于 POST 的传递方法中实体的内容并不是写在 URI 后面，而是写在消息体的中间，所以如此定义存放参数：

```
List<NameValuePair) params = new ArrayList<NameValuePair>();
```

然后添加参数，如下：

```
params.add(new BasicNameValuePair("content-type","application/x-www-form-urlencoded"));
params.add(new BasicNameValuePair("qqcode",QQ));
```

这两句代码添加了 POST 方法交互所需要的参数。

把参数格式经过编码统一成 Http_UTF8，如下：

```
Post.setEntity(new UrlEncodedForEntity(params,Http.UTF_8));
```

最后添加一个执行启动类的代码，向服务端发送数据，并等待服务端回应，如下：

```
httpResponse=new (DefaultHttpClient).execute(post);
```

以下是通过 POST 方式联网时的核心代码：

```
Private void doPost() {
    HttpResponse httpResponse=null;
    HttpPost post=null;
    Try {
        String QQ=inputEdit.getText().toString();    //得到要发送的内容
        Post=new HttpPost(POST_URL);                  //定义一个 Activity,
        List<NameValuePair> params=new ArrayList<NameValuepair>();
        params.add(new BasicNameValuePair("content-type","application/x-www-form-urlencoded"));
        params.add(new BasicNameValuePair("qqcode",QQ));  //添加属性
        post.setEntity(new UrlEncodedFormEntity(params,HTTP.UTF-8));
        httpResponse=new DefaultHttpClient().execute(post);   //执行 POST 方式联网
        if(httpResponse.getStatusLine().getStatusCode()====REPONSE_OK) {   //判断服务端状态
            String result=EntityUtils.toString(httpResponse.getEntity());
            tv.setText(result);
            }
    }catch(Exception e) {
    }
}
```

根据以上程序分析可知，首先要得到发送的内容，然后通过 BasicNameValuePair 来设置各个属性的值，比如程序中的 params.add(new BasicNameValuePair("content-type","application/x-www-form-urlencoded"));，依此类推，可以设置其他属性的值，然后通过 DefaultHttpClient 来执行 POST 方法，并且等待服务端返回数据，在等待的同时通过 HttpResponse 来判断服务器的状态。

11.3　Android 平台的网络应用开发接口

Android 平台的网络应用绝大部分都是基于 Java 的编程接口的，我们可以用两种方式来联网，下面将详细介绍。

11.3.1 标准的 Java 接口

java.net.*提供了访问 HTTP 服务的基本功能，使用其接口的基本操作主要包括：

- 创建 URL 及 URLConnection/HttpURLConnection 对象。
- 设置连接参数。
- 连接到服务器。
- 向服务器写数据。
- 从服务器中读取数据。

下面是使用 java.net 包实现联网功能的详细代码。

```
//发送的字符串
String content = "StartStation=北京&ArriveStation=上海&UserID=";
//将发送的字符串转成 byte[]
byte[] sendData = content.getBytes("UTF-8");
//服务器地址
String serverPath = "http://webservice.webxml.com.cn/WebServices/TrainTimeWebService.asmx/
getStationAndTimeByStationName";
URL url = new URL(serverPath);
HttpURLConnection con = (HttpURLConnection) url.openConnection();
//设置属性
con.setRequestMethod("POST");
con.setDoInput(true);
con.setDoOutput(true);
con.setRequestProperty("Content-Type","application/x-www-form-urlencoded");
con.setRequestProperty("Content-Length", String.valueOf(sendData.length));
//发送数据
OutputStream os = con.getOutputStream();
os.write(sendData);
InputStream is = con.getInputStream();
//把收到的数据转成字符串
InputStreamReader isr = new InputStreamReader(is, "UTF-8");
BufferedReader br = new BufferedReader(isr);
String str = "";
String lineContent;
while ((lineContent = br.readLine()) != null) {
    str = str + lineContent + "\n";
}
//把收到的数据显示到控件上
textView.setText(str);
os.close();
is.close();
```

11.3.2 Apache 接口

Apache HttpClient 是一个开源项目，弥补了 java.net.* 灵活性不足的缺点，为客户端的 HTTP 编程提供了高效、最新、功能丰富的工具包支持。Android 平台在引入 Apache HttpClient 的同时还提供了对它的一些封装和扩展，例如设置默认的 HTTP 超时属性和缓存大小等。

使用 Apache 接口的基本操作与 java.net.*类似，主要包括：

- 创建 HttpClient 及 GetMethod/PostMethod、HttpRequest 等对象。
- 设置连接参数。
- 执行 HTTP 操作。
- 处理服务器返回结果。

下面是使用 Apache HttpClient 实现联网功能的详细代码。

```
final String SERVER_URL = "http://webservice.webxml.com.cn/WebServices/
WeatherWS.asmx/getWeather";                    //定义需要获取的内容来源地址
HttpPost request = new HttpPost(SERVER_URL);  //根据内容来源地址创建一个 HTTP 请求
List params = new ArrayList();
params.add(new BasicNameValuePair("theCityCode", "长沙"));          //添加必须的参数
params.add(new BasicNameValuePair("theUserID", ""));                //添加必须的参数
request.setEntity(new UrlEncodedFormEntity(params, HTTP.UTF_8));    //设置参数的编码
HttpClient httpClient = new DefaultHttpClient();
//发送请求并获取反馈
HttpResponse httpResponse = httpClient.execute(request);
//解析返回的内容
if (httpResponse.getStatusLine().getStatusCode() != 404) {
    String result = EntityUtils.toString(httpResponse.getEntity());
    System.out.println(result);
    //把接收到的数据显示到控件上
    textView.setText(result);
}
```

11.4 Android 中的 XML 解析

11.4.1 解析 XML 的方法

（1）DOM（JAXP Crimson 解析器）。

DOM 是用与平台和语言无关的方式表示 XML 文档的官方 W3C 标准。它以层次结构组织节点信息片断。这个层次结构允许开发人员在树中寻找特定的信息。分析该结构通常需要先加载整个文档和构造层次结构，然后才能工作。由于 DOM 是基于信息层次的，因而 DOM 被认为是基于树或对象的。DOM 及广义的基于树的处理具有一些优点，比如，由于树在内存中是持久的，因此可以修改它以便应用程序能对数据和结构进行更改。另外，它还可以在任何时间在树中上下导航。DOM 使用起来也简单得多。

（2）SAX。

SAX 解析方式的优点类似于流媒体，比如分析能够立即开始，而不必等待所有的数据处

理完，而且，由于应用程序只是在读取数据时检查数据，因此不需要将数据存储在内存中，这对于大型文档来说是个巨大的优点。事实上，程序甚至不必解析整个文档，可以在某个条件得到满足时停止解析。一般来说，SAX 比它的替代者 DOM 快许多，而且所占内存也小，适合大型文档，是典型的事件模型解析机制。

（3）Pull。

Pull 解析和 SAX 解析很相似，都是轻量级的解析，在 Android 的内核中已经嵌入了 Pull，所以我们不需要再添加第三方 jar 包来支持 Pull。Pull 解析和 SAX 解析不一样的地方为：Pull 读取 XML 文件后触发相应的事件调用方法，方法返回的是数字。下面是事件调用方法返回的数字。

- 读取到 XML 文件的声明返回数字 0(START_DOCUMENT)。
- 读取到 XML 文件的结束返回数字 1(END_DOCUMENT)。
- 读取到 XML 文件的开始标签返回数字 2(START_TAG)。
- 读取到 XML 文件的结束标签返回数字 3(END_TAG)。
- 读取到 XML 文件的文本返回数字 4(TEXT)。

11.4.2 三种解析方式的比较

11.4.1 节讲解了三种解析方式，下面对这三种解析方式进行比较：

（1）DOM 适合在小文档的情况下使用，DOM 实现广泛应用于多种编程语言。它还是许多其他与 XML 相关的标准的基础，因此 DOM 正式获得了 W3C 推荐，而且它比较简单、易用。

（2）SAX 由于采用了事件驱动方式，所以不会把整个文档读取过来后再开始解析，而是读取了一定程序后就开始解析，所以它比较适合大型文档。

（3）Pull 方式允许解析一部分内容后就返回。它的代码简单、易学。

开发移动设备的网络连接应用非常重要，在开发过程中，必须要深刻理解 HTTP 协议，并能熟练地将其应用在程序开发中，迅速地为联网应用选择最好的联网框架，设置正确的 HTTP 头信息，让程序可以更加稳固地运行。而 XML 作为一种与语言和平台无关的文本格式，得到了广泛的应用，是服务器与客户端传递数据的一种最常用的方式。因此掌握好的解析方法，根据不同的情况给出不同的解析方案，是很有必要的。

11.4.3 Android 中的 DOM 解析

DOM 解析方式是 W3C 推荐的，也就是说在 Android 中已经集成了 W3C 的标准包。

在 Android 中要使用 DOM 解析 XML，主要用到两个包中的类，分别是 Javax.xml.parsers 包中的 DocumentBuilder、DocumentBuilderFactory、ParseConfigurationException，以及 Org.w3c.dom 包中的 Document、Element、Node、NodeList。

下面就以保存用户的 XML 为例来解析 XML。

```
<?xml version='1.0' encoding='UTF-8'?>
<persons>
<person id='23'>
<name>zhangjiujun</name>
```

```
<age>30</age>
</person>
<person id='20'>
<name>yanghaoyun</name>
<age>25</age>
</person>
<person id='20'>
<name>wangweili</name>
<age>25</age>
</person>
</persons>
```

文档的第一行是 XML 的开始行，这个不用理会，直接写上就可以，接下来有一个 persons 标签，这个标签是整个文档的根标签，需要应用程序去解析。

下面是解析的主要代码：

```
public static List domParser(InputStream inStream) {
    List list = new ArrayList();
    DocumentBuilderFactory factory = DocumentBuilderFactory.newInstance();
    try {
        DocumentBuilder builder = factory.newDocumentBuilder();
        Document dom = builder.parse(inStream);
        Element root = dom.getDocumentElement();
        NodeList items = root.getElementsByTagName("person");//查找所有 person 节点
        for (int i = 0; i < items.getLength(); i++) {
            Map map = new HashMap();
            //得到第一个 person 节点
            Element personNode = (Element) items.item(i);
            //获取 person 节点的 ID 属性值
            map.put("id", personNode.getAttribute("id"));
            //获取 person 节点下的所有子节点（标签之间的空白节点和 name/age 元素）
            NodeList childsNodes = personNode.getChildNodes();
            for (int j = 0; j < childsNodes.getLength(); j++) {
                Node node = (Node) childsNodes.item(j); //判断是否为元素类型
                if (node.getNodeType() == Node.ELEMENT_NODE) {
                    Element childNode = (Element) node;
                    //判断是否为 name 元素
                    if ("name".equals(childNode.getNodeName())) {
                        //获取 name 元素下的 Text 节点，然后从 Text 节点获取数据
                        map.put("name", childNode.getFirstChild().getNodeValue());
                    } else if ("age".equals(childNode.getNodeName())) {
                        map.put("age", childNode.getFirstChild().getNodeValue());
                    }
                }
            }
            list.add(map);
        }
```

```
            inStream.close();
        } catch (Exception e) {
            e.printStackTrace();
        }
        return list;
    }
```

在程序中，首先通过 DocumentBuilderFactory 的 newInstance()方法实例化一个对象，再通过这个对象去创建一个 DocumentBuilder 实例，以便于最终能利用 DocumentBuilder 实例中的 parse()方法创建一个 Document 对象 dom。通过 dom 对象中的 getDocumentElement()可以得到整个文档的根目录，通过 getElementByTagName("persons")方法可返回一个 NodeList 的对象，然后再遍历 NodeList，就会依次得到 Node 对象，通过 Node 对象中的 getChildNodes()方法可得到 Node 的子结点，通过 getNodeName()方法可得到结点名称，通过 getNodeValue()方法可得到结点值。

11.5 Android 中的 JSON 解析

11.5.1 JSON 介绍

JSON 是一种轻量级的数据交换格式，具有良好的可读性和便于快速编写的特性。业内主流技术为其提供了完整的解决方案（有点类似于正则表达式，获得了当今大部分语言的支持），从而可以在不同平台间进行数据交换。JSON 采用兼容性很高的文本格式，同时也具备类似于 C 语言体系的行为。

Android 的 JSON 解析部分都在 org.json 包下，主要有以下几个类：

- JSONObject：可以看作是一个 JSON 对象，这是系统中有关 JSON 定义的基本单元，包含一对（Key/Value）数值。它对外部（External：应用 toString ()方法输出的数值）调用的响应体现为一个标准的字符串，例如{"JSON": "Hello, World"}，最外面被大括号包裹，其中的 Key 和 Value 被冒号“:”分隔。其对于内部（Internal）行为的操作格式略微不同，例如，初始化一个 JSONObject 实例，引用内部的 put()方法添加数值：new JSONObject().put("JSON","Hello,World!")，在 Key 和 Value 之间是以逗号“,”分隔的。Value 的类型包括 Boolean、JSONArray、JSONObject、Number、String 或者默认值 JSONObject.NULL object。
- JSONStringer：JSON 文本构建类，根据官方的解释，这个类可以快速和便捷地创建 JSON text。其最大的优点在于可以减少由于格式错误导致的程序异常，引用这个类可以自动严格按照 JSON 语法规则（syntax rules）创建 JSON text。每个 JSONStringer 实体只能对应创建一个 JSON text。
- JSONArray：代表一组有序的数值。将其转换为 String 输出（toString）所表现的形式是用方括号包裹，数值以逗号“,”分隔，例如[value1,value2,value3]。这个类的内部同样具有查询行为，get()和 opt()两种方法都可以通过 index 索引返回指定的数值，put()方法用来添加或者替换数值。同样这个类的 Value 类型可以包括 Boolean、JSONArray、JSONObject、Number、String 或者默认值 JSONObject.NULL object。

- JSONTokener：JSON 解析类。
- JSONException：JSON 中用到的异常。

11.5.2 JSON 解析数据

以下为 JSON 解析数据的示例，主要对两个 JSON 格式的字符串进行解析，一个是普通 JSON 数据，另一个是多个信息 JSON 数据。

Mainactivity.Java 代码中 JSON 解析数据片段代码如下：

```
//简单 JSON 数据解析
private void parseJson(String s){
    try{
        JSONObject jsonObject = new JSONObject(s).getJSONObject("singer");
        int id = jsonObject.getInt("id");
        String name = jsonObject.getString("name");
        String gender = jsonObject.getString("gender");
        textView1.setText("ID 号："+id+"    姓名："+name+"    性别："+gender);
    }catch(Exception e){
    }
}
//JSON 解析多个数据
public void parseJsonMulti(String s)
{
    try{
        JSONArray jsonArray = new JSONObject(s).getJSONArray("singers");
        String ss = "";
        for(int i = 0; i < jsonArray.length();i++)
        {
            JSONObject jsonobj = jsonArray.optJSONObject(i);
            int id = jsonobj.getInt("id");
            String name = jsonobj.getString("name");
            String gender = jsonobj.getString("gender");
            ss =ss+ "ID 号："+id+"   姓名："+name+"   性别："+gender +"\n";
        }
        textView1.setText(ss);
    }catch(Exception e)
    {
        e.printStackTrace();
    }
}
```

下面为 JSON 数据代码。

```
public static String str1 ="{\"singer\":{'id':01,'name':'tom','gender':'男'}}";
public static String str2 = "{\"singers\":[" +
        "{'id':02,'name':'tom','gender':'男'}," +
        "{'id':03,'name':'jerry','gender':'男'}," +
        "{'id':04,'name':'jim','gender':'男'}," +
        "{'id':05,'name':'lily','gender':'女'}]}";
```

11.6 网络连接类型

11.6.1 WiFi

WiFi 的英文全称为 wireless fidelity，是一种可以将个人电脑、手持设备（如 PDA、手机）等终端设备以无线方式互相连接的技术。Android 手机一般都有 WiFi 无线网卡，通过手机的 WiFi 上网既经济又便捷。

在 Android 系统里，所有的 WiFi 操作都在 android.net.wifi 包里，下面是使用 WiFi 的代码：

```
package cn.mm.Ex11_02_wifi;
import java.util.List;
import android.content.Context;
import android.net.wifi.ScanResult;
import android.net.wifi.WifiConfiguration;
import android.net.wifi.WifiInfo;
import android.net.wifi.WifiManager;
import android.net.wifi.WifiManager.WifiLock;
public class WifiAdmin
{
    //定义 WifiManager 对象
    private WifiManager mWifiManager;
    //定义 WifiInfo 对象
    private WifiInfo mWifiInfo;
    //扫描出的网络连接列表
    private List<ScanResult> mWifiList;
    //网络连接列表
    private List<WifiConfiguration> mWifiConfiguration;
    //定义一个 WifiLock
    WifiLock mWifiLock;
    //构造器
    public WifiAdmin(Context context)
    {
        //取得 WifiManager 对象
        mWifiManager = (WifiManager) context.getSystemService(Context.WIFI_SERVICE);
        //取得 WifiInfo 对象
        mWifiInfo = mWifiManager.getConnectionInfo();
    }
    //打开 WiFi
    public void OpenWifi()
    {
        if (!mWifiManager.isWifiEnabled())
        {
            mWifiManager.setWifiEnabled(true);

        }
```

```
}
//关闭 WiFi
public void CloseWifi()
{
    if (!mWifiManager.isWifiEnabled())
    {
        mWifiManager.setWifiEnabled(false);
    }
}
//锁定 WifiLock
public void AcquireWifiLock()
{
    mWifiLock.acquire();
}
//解锁 WifiLock
public void ReleaseWifiLock()
{
    //判断是否锁定
    if (mWifiLock.isHeld())
    {
        mWifiLock.acquire();
    }
}
//创建一个 WifiLock
public void CreatWifiLock()
{
    mWifiLock = mWifiManager.createWifiLock("Test");
}
//得到配置好的网络
public List<WifiConfiguration> GetConfiguration()
{
    return mWifiConfiguration;
}
//指定配置好的网络进行连接
public void ConnectConfiguration(int index)
{
    //索引大于配置好的网络索引则返回
    if(index > mWifiConfiguration.size())
    {
        return;
    }
    //连接配置好的指定 ID 的网络
    mWifiManager.enableNetwork(mWifiConfiguration.get(index).networkId, true);
}
public void StartScan()
{
```

```
        mWifiManager.startScan();
        //得到扫描结果
        mWifiList = mWifiManager.getScanResults();
        //得到配置好的网络连接
        mWifiConfiguration = mWifiManager.getConfiguredNetworks();
    }
    //得到网络列表
    public List<ScanResult> GetWifiList()
    {
        return mWifiList;
    }
    //查看扫描结果
    public StringBuilder LookUpScan()
    {
        StringBuilder stringBuilder = new StringBuilder();
        for (int i = 0; i < mWifiList.size(); i++)
        {
            stringBuilder.append("Index_"+new Integer(i + 1).toString() + ":");
            //将 ScanResult 信息转换成一个字符串包
            //其中包括：BSSID、SSID、capabilities、frequency、level
            stringBuilder.append((mWifiList.get(i)).toString());
            stringBuilder.append("\n");
        }
        return stringBuilder;
    }
    //得到 MAC 地址
    public String GetMacAddress()
    {
        return (mWifiInfo == null) ? "NULL" : mWifiInfo.getMacAddress();
    }
    //得到接入点的 BSSID
    public String GetBSSID()
    {
        return (mWifiInfo == null) ? "NULL" : mWifiInfo.getBSSID();
    }
    //得到 IP 地址
    public int GetIPAddress()
    {
        return (mWifiInfo == null) ? 0 : mWifiInfo.getIpAddress();
    }
    //得到连接的 ID
    public int GetNetworkId()
    {
        return (mWifiInfo == null) ? 0 : mWifiInfo.getNetworkId();
    }
    //得到 WifiInfo 的所有信息包
```

```
    public String GetWifiInfo()
    {
        return (mWifiInfo == null) ? "NULL" : mWifiInfo.toString();
    }
    //添加一个网络并连接
    public void AddNetwork(WifiConfiguration wcg)
    {
        int wcgID = mWifiManager.addNetwork(wcg);
        mWifiManager.enableNetwork(wcgID, true);
    }
    //断开指定 ID 的网络
    public void DisconnectWifi(int netId)
    {
        mWifiManager.disableNetwork(netId);
        mWifiManager.disconnect();
    }
}
```

11.6.2 手机搜索网络

Android 可以检测网络接入状态，判断手机使用的是哪种网络，代码如下：

```
public boolean checkNet() {
    ConnectivityManager manager = (ConnectivityManager) getSystemService
        (CONNECTIVITY_SERVICE);
    NetworkInfo networkinfo = manager.getActiveNetworkInfo();
    if (networkinfo == null || !networkinfo.isAvailable()) {
        new AlertDialog.Builder(this).setMessage("没有可以使用的网络")
                .setPositiveButton("Ok", null).show();
        return false;
    }
    new AlertDialog.Builder(this).setMessage("网络可以正常使用").setPositiveButton(
            "Ok", null).show();
    return true;
}
private void checkNetworkInfo() {
    ConnectivityManager conMan = (ConnectivityManager) getSystemService
        (Context.CONNECTIVITY_SERVICE);
    State mobile = conMan.getNetworkInfo(ConnectivityManager.TYPE_MOBILE).getState();
    new AlertDialog.Builder(this).setMessage(mobile.toString())
            .setPositiveButton("3G", null).show();//显示 3G 网络连接状态
    State wifi = conMan.getNetworkInfo(ConnectivityManager.TYPE_WIFI).getState();
    new AlertDialog.Builder(this).setMessage(wifi.toString())
        .setPositiveButton("WIFI", null).show();//显示 WiFi 网络连接状态
}
```

根据Android的安全机制可知，在使用ConnectivityManager时，必须在AndroidManifest.xml中添加<uses-permission android:name="android.permission. ACCESS_NETWORK_STATE"/>，否则无法获得系统的许可。

本章小结

本章主要介绍了使用标准的Java接口进行网络编程的相关技术，通过熟悉HTTP协议的格式、请求和响应，使其应用在Android平台中，还介绍了Android平台的网络应用开发接口，其中介绍了两种接口方式，即标准的Java接口和Apache接口，此外又介绍了Android中的XML解析（三种主要解析XML的方法为DOM、SAX和Pull），以及Android中的JSON解析方案，最后介绍了不同网络连接类型，即WiFi和手机搜索网络接入方式。

第 12 章　手机功能开发

学习目标：

- 掌握手机短息处理
- 掌握手机电话处理
- 掌握常用传感器

12.1　手机特性概述

Android 系统功能有如下一些特性：

- Android 会内置一些核心应用程序包一起发布，包括 Email 客户端、SMS 短消息程序、日历、地图、浏览器、联系人管理程序等。
- 内置小型数据库 SQLite，可以非常方便地对数据进行增删和查改。
- 有 GSM 电话（依赖于硬件）。
- 支持蓝牙、Edge、3G、WiFi（依赖于硬件）。
- 有照相机、GPS、指南针、光线感应器和加速度计等（依赖于硬件）。
- 支持多媒体，包括常见的音频、视频和图片。视频支持 MPEG4、H.264 等格式，音频支持 MP3、AAC、AMR 等格式，图片支持 JPG、PNG、GIF 等格式。
- 有内部集成浏览器，该浏览器基于开源的 WebKit 引擎。
- 有优化的图形库，包括 2D 和 3D 图形库。3D 图形库基于 OpenGL ES 1.0（硬件加速可选）。
- 有丰富的控件，包括 ListView、WebView、MediaView 等。

从以上特性可以看出，Android 手机同以往的非智能手机相比，提供给软件开发者的控件和可操作性比以往任何平台都要丰富、灵活，这对于开发者来说是一个好消息，因为其可以很容易地写出一款自己的软件。不过这也是有一定难度的，难度是如何灵活地运用这些控件和接口，写出更好更灵活的软件。

本章将着重对短信处理、电话处理和 GPS 定位系统等基本功能进行讲解，同时还给出了一些简单的例子供读者参考，希望读者利用这几个例子并加以优化，可以将一个完整的软件放到应用市场上。

12.2　短信处理

12.2.1　获取短信列表

本节讲述如何获取短信列表，适配器沿用第 9 章获取联系人时所用的适配器，未作修改。

数据库字段的定义如下：

```
_id        //短消息序号
address    //发件人地址、手机号
date       //日期，long 型
read       //是否阅读
status     //状态
type       //类型：1 是接收到的，2 是发出的
body       //内容
```

有了以上数据库的字段定义，我们就可以方便地查询数据信息了，以下是查询的具体方法：

```
//短信 Uri 地址
Uri uriSms = Uri.parse("content://sms");
//查询短信列表
Cursor cursor = getContentResolver().query(uriSms, null, null, null, "date desc");
//显示到总共的条数
setTitle("共"+cursor.getCount()+"条");
//初始化 list
list = new ArrayList<Map<String, Object>>();
//短信的 id 号
int _id = 0;
//发送短信的地址
String address = null;
//发送短信的时间
long date;
//发送短信的内容
String content = null;
//将查询出的短信添加到列表中
if (cursor.moveToFirst()) {
        while(cursor.getPosition()!=cursor.getCount()){
            _id = cursor.getInt(cursor.getColumnIndex("_id"));
            address = cursor.getString(cursor.getColumnIndex("address"));
            date = cursor.getLong(cursor.getColumnIndex("date"));
            content = cursor.getString(cursor.getColumnIndex("body"));
            Map<String, Object> map = new HashMap<String, Object>();
            map.put(keyLable[0], _id);
            map.put(keyLable[1], address+"    "+date);
            map.put(keyLable[2], content);
            list.add(map);
            cursor.moveToNext();
        }
}
    //关闭 cursor
    if (cursor != null) {
        cursor.close();
    }
    //将列表放入适配器
    ListAdapter contactsAdapter = new ListAdapter(this,keyLable,list);
```

```
        //将内容显示到界面上
        listView.setAdapter(contactsAdapter);
```

12.2.2　发送短信

本节主要介绍了 Android 上的短信发送功能。

（1）系统短信发送。

在 Android 系统中可以直接调用系统的短信发送功能，不需要任何权限，比较方便。比如可以用此功能来实现诸如“推荐好友”“反馈信息”等短信发送需求。

```
/**
 * 调用系统的短信发送功能
 * @param address   地址
 * @param body  信息内容
*/
privatevoid sendSms(String address,String body) {
        try {
                Intent intent = new Intent(Intent.ACTION_VIEW);
                intent.putExtra("address", address);
                intent.putExtra("sms_body",body);
                intent.setType("vnd.android-dir/mms-sms");
                startActivity(intent);
        } catch (Exception e) {
                        e.printStackTrace();
        }
}
```

（2）自定义短信发送。

系统短信有时候不能满足需求，必须要自己实现一个短信发送功能，那就需要用到以下几个类了，即 SmsManager（短信管理类）、BroadcastReceiver（广播类，监听短信是否发送成功）。有了这两个类，就可以实现自制短信发送了，如图 12-1 所示。

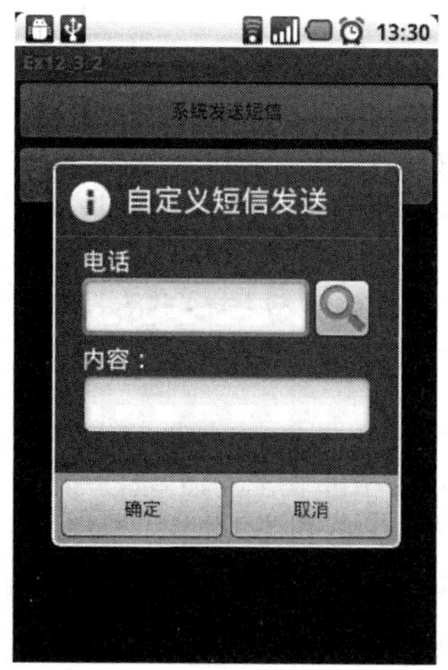

图 12-1　自定义短信发送

在这里会用到第 9 章的一个功能——获取联系人列表，调出系统联系人界面，然后选择任意联系人进行短信发送。

发送短信的代码如下：

```
//自定义 IntentFilter 为 SENT_SMS_ACTIOIN Receiver
IntentFilter mFilter1 = new IntentFilter(SMS_SEND_ACTIOIN);
myBroadcastReceiver1 = new MyBroadcastReceiver();
//开启广播
registerReceiver(myBroadcastReceiver1, mFilter1);
//自定义 IntentFilter 为 DELIVERED_SMS_ACTION Receiver
IntentFilter mFilter2 = new IntentFilter(SMS_DELIVERED_ACTION);
myBroadcastReceiver2 = new MyBroadcastReceiver();
//开启广播
registerReceiver(myBroadcastReceiver2, mFilter2);
try {
    //创建 SmsManager 对象
    SmsManager smsManager = SmsManager.getDefault();
    //创建自定义 Action 常数的 Intent（给 PendingIntent 参数之用）
    Intent itSend = new Intent(SMS_SEND_ACTIOIN);
    Intent itDeliver = new Intent(SMS_DELIVERED_ACTION);
    //sentIntent 参数为传送后接收的广播信息 PendingIntent
    PendingIntent sendPI = PendingIntent.getBroadcast(getApplicationContext(),0, itSend, 0);
    //deliveryIntent 参数为送达后接收的广播信息 PendingIntent
    PendingIntent deliverPI = PendingIntent.getBroadcast(getApplicationContext(),0, itDeliver, 0);
    //发送 SMS 短信，注意倒数的两个 PendingIntent 参数
    smsManager.sendTextMessage(number,null,content,sendPI, deliverPI);
} catch (Exception e) {
    e.printStackTrace();
}
/**
* 监听短信状态
*/
publicclass MyBroadcastReceiver extends BroadcastReceiver {
    @Override
    publicvoid onReceive(Context context, Intent intent) {
        try {
            if (getResultCode() == Activity.RESULT_OK) {
                Toast.makeText(Ex12_3_2.this, "发送成功！", Toast.LENGTH_LONG).show();
            } else {
                Toast.makeText(Ex12_3_2.this, "发送失败！", Toast.LENGTH_LONG).show();
            }
            //注销广播
            unregisterReceiver(myBroadcastReceiver1);
            unregisterReceiver(myBroadcastReceiver2);
            } catch (Exception e) {
                e.getStackTrace();
        }
    }
}
```

注意： 需要加入两条权限，如下所示。

```
<uses-permission android:name="android.permission.SEND_SMS" /><!-- 发送短信 -->
<uses-permission android:name="android.permission.READ_CONTACTS"/><!-- 读取联系人 -->
```

12.2.3　接收短信

本节将讲解如何捕获到系统接收短信的事件。这里用到了广播，在 12.2.2 节中也是用广播来捕捉短信发送事件的。短信监听界面如图 12-2 所示。

图 12-2　短信监听界面

图 12-2 中的界面比较简单，需要重点讲解的是广播的使用。具体步骤如下：

（1）首先需要写一个广播接收类继承自 BroadcastReceiver，以接受系统广播事件。

（2）如果监听到的是短信息广播，执行以下代码：

```
//判断传来的 Intent 是否为短信
//建构字符串
StringBuilder stringBuilder = new StringBuilder();
//接收由 Intent 传来的数据
Bundle bundle = intent.getExtras();
//判断 Intent 是否有数据
if (bundle != null) {
    //pdus 为 Android 内置短信参数 identifier，通过 bundle.get("")可返回一包含 pdus 的对象
    Object[] smsObject = (Object[]) bundle.get("pdus");
    //构造短信对象
    SmsMessage[] messages = new SmsMessage[smsObject.length];
    for (int i = 0; i<smsObject.length; i++) {
        messages[i] = SmsMessage.createFromPdu((byte[]) smsObject[i]);
    }
    for (SmsMessage currentMessage: messages) {
    stringBuilder.append(context.getString(R.string.send_phoneNumber));
    //发送人的电话号码
    stringBuilder.append(currentMessage.getDisplayOriginatingAddress()+"\n");
    stringBuilder.append(context.getString(R.string.send_body));
    //信息内容
    stringBuilder.append(currentMessage.getDisplayMessageBody());
    }
}
//返回主 Activity
Intent myIntent = new Intent(context, Ex12_3_3.class);
//定义一个 Bundle 对象
```

```
Bundle mbundle = new Bundle();
//将短信信息存入自定义的 mbundle 内
mbundle.putString("sms_body", stringBuilder.toString());
//将自定义 mbundle 写入 myIntent 中
myIntent.putExtras(mbundle);
//设置 myIntent 的 Flag 以一个全新的 task 来运行
myIntent.addFlags(Intent.FLAG_ACTIVITY_NEW_TASK);
//跳转到主界面
context.startActivity(myIntent);
```

显示界面的程序就比较简单了，在主程序中用了一个 receiveMessage()的方法接受广播传来的消息，并将信息显示到界面上。注意 Manifest 中需要加入的广播声明，如下：

```
<!-- 建立接收广播 BroadcastReceiver -->
<receiver android:name="MyBroadcastReceiver">
<!-- 设定要捕捉的信息名为 provider 中的 Telephony.SMS_RECEIVED -->
<intent-filter>
<action android:name="android.provider.Telephony.SMS_RECEIVED" />
</intent-filter>
</receiver>
```

注意：需要添加以下权限。

```
<uses-permission android:name="android.permission.RECEIVE_SMS"/><!-- 接收短信权限 -->
```

程序运行在真机上，向手机发送一个短信息，然后就能看到如图 12-3 所示的界面。

图 12-3 短信监听

12.3 电话处理

12.3.1 电话呼叫

Android 系统提供了一个简单的接口函数来实现“打电话程序”，代码如下：

```
/**
 * 拨打电话
 * @param phoneNumber
 */
privatevoid callPhone(String phoneNumber){
    try{
            Intent myIntentDial = new Intent("android.intent.action.DIAL",
                Uri.parse("tel:"+phoneNumber));
```

```
            startActivity(myIntentDial);
        } catch (Exception e){
            e.printStackTrace();
        }
    }
```

注意：需要添加以下权限。

```
<uses-permission android:name="android.permission.CALL_PHONE"/><!-- 打电话权限 -->
```

12.3.2 监听电话的状态

如果想做一个与拨打电话相关的软件，那么对电话状态的监听就是必不可少的。本节将讲述如何监听电话的状态。

在监听电话的状态时会用到两个类：

- PhoneStateListener：电话状态监听者。
- TelephonyManager：电话管理者。

（1）首先需要继承 PhoneStateListener，然后实现 onCallStateChanged()方法，这样电话状态有什么变化就都可以监听到了，代码如下：

```
/**
 * 电话状态监听者
*/
publicclass MyPhoneStateListener extends PhoneStateListener {
    @Override
    publicvoidonCallStateChanged(int state, String incomingNumber) {
        switch(state){
            case TelephonyManager.CALL_STATE_IDLE:
                Toast.makeText(Ex12_4_3.this, Ex12_4_3.this.getString(R.string.idle),
                    Toast.LENGTH_LONG).show();
                break;
            case TelephonyManager.CALL_STATE_OFFHOOK:
                Toast.makeText(Ex12_4_3.this, Ex12_4_3.this.getString(R.string.offhook),
                    Toast.LENGTH_LONG).show();
                break;
            case TelephonyManager.CALL_STATE_RINGING:
                Toast.makeText(Ex12_4_3.this, Ex12_4_3.this.getString(R.string.ringing),
                    Toast.LENGTH_LONG).show();
                break;
            default:
                break;
        }
    super.onCallStateChanged(state, incomingNumber);
    }
}
```

（2）将电话状态监听者 MyPhoneStateListener 注册到电话管理者 TelephonyManager 中，以实现监听，代码如下：

```
/* 添加自己实现的 PhoneStateListener */
MyPhoneStateListener phoneListener=new MyPhoneStateListener();
/* 取得电话服务 */
TelephonyManager telephonyManager =
(TelephonyManager)getSystemService(TELEPHONY_SERVICE);
/* 注册电话通信 Listener */
telephonyManager.listen(phoneListener, MyPhoneStateListener. LISTEN_CALL_STATE);
```

注意：需要添加以下权限。

```
<uses-permission android:name="android.permission.READ_PHONE_STATE"/>
```

12.3.3 获取电话记录

本节将对如何获取电话记录进行一个简单的讲述，获取电话信息也是对数据库进行查询并将结果显示到列表的过程。与查询联系人、查询短信的过程一样，首先看一下电话记录数据库表的结构，如图 12-4 所示。

_id	number	date	duration	type	new	name	numbertype	numberla···	person	recordNu···	pureNumb
1	10086	315988760···	9	2	1						10086
2	159[illegible]	127894331···	0	2	1	萱萱					159[illegible]
3	139[illegible]	127899641···	0	2	1	王嘉					139[illegible]
4	10086	127911858···	62	2	1						10086
5	10086	127920046···	27	2	1						10086
6	10086	127928036···	52	2	1						10086
7	130[illegible]	127929908···	0	2	1						130[illegible]

图 12-4 电话记录数据库表

其中，字段的定义如下：

- _id：唯一 ID 标识。
- number：电话号码。
- name：联系人姓名。
- data：时间。
- type：类型。

其代码实现如下：

```
list = new ArrayList<Map<String, Object>>();
Cursor cursor = getContentResolver().query(CallLog.Calls.CONTENT_URI,null,null,null,"date desc");
setTitle("共"+cursor.getCount()+"条");
    //ID 号
    int _id;
    //电话号码
    String number;
    //联系人姓名
    String name;
    //时间
    long date;
    //类型
    int type;
    if (cursor.moveToFirst()) {
```

```
        while(cursor.getPosition()!=cursor.getCount()){
            _id = cursor.getInt(cursor.getColumnIndex("_id"));
            number = cursor.getString(cursor.getColumnIndex("number"));
            name = cursor.getString(cursor.getColumnIndex("name"));
            if(name==null){
                name = "无此联系人";
            }
            date = cursor.getLong(cursor.getColumnIndex("date"));
            type = cursor.getInt(cursor.getColumnIndex("type"));
            String typeName = "";

            switch(type){
                case 1:
                    typeName = "呼入";
                    break;
                case 2:
                    typeName = "呼出";
                    break;
                case 3:
                    typeName = "未接";
                    break;
            }

            //将时间变为 String 形式
            Date date2 = new Date(date);
            DateFormat df = DateFormat.getDateTimeInstance(DateFormat.MEDIUM,
                DateFormat.MEDIUM, Locale.CHINA);
            String dt = df.format(date2);
            Map<String, Object> map = new HashMap<String, Object>();
            map.put(keyLable[0], _id);
            map.put(keyLable[1], name+"    "+number);
            map.put(keyLable[2], dt+"    "+typeName);
            list.add(map);
            cursor.moveToNext();
        }
    }
    //关闭 cursor
    if (cursor != null) {
        cursor.close();
    }
    //将列表添加到适配器中
    ListAdapter contactsAdapter = new ListAdapter(this,keyLable,list);
    listView.setAdapter(contactsAdapter);
```

注意：需要添加以下权限。

```
<uses-permission android:name="android.permission. READ_CONTACTS" />
```

12.4 重力感应

重力感应装置包括感应器、处理器和控制器三部分。感应器负责侦测存储器的状态，计算存储器的重力加速度值；处理器则对加速度的值是否超出安全范围进行判断；而控制器负责将磁头锁定或释放出安全停泊区。一旦感应器侦测并经处理器判断得知当前的重力加速度超过安全值之后，控制器就会通过硬件控制磁头停止读写工作，并快速归位，锁定在专有的磁头停泊区内。这一系列动作会在 200 毫秒内完成。直到感应装置探测到加速度的值恢复到正常值范围之内，产品才会恢复工作。

重力感应实现原理如下：

- 方向感应器的实现靠的是内置加速计。一般采用的是三轴加速计，分为 X 轴、Y 轴和 Z 轴。这三个轴所构成的立体空间足以侦测到手机上的各种动作。在实际应用时通常是以这三个轴（或任意两个轴）所构成的角度来计算倾斜的角度的，从而可计算出重力加速度的值。
- 通过感知特定方向的惯性，加速计可以测量出加速度和重力。三轴加速计意味着它能够检测到三维空间中的运动或重力引力。因此，加速计不但可以指示握持手机的方式（或自动旋转功能），如果手机放在桌子上的话，还可以指示手机的正面朝上还是朝下。
- 加速计可以测量重力引力（g），因此当加速计返回值为 1.0 时，表示在特定方向上感知到 1g。如果是静止握持而没有任何动作，那么地球引力对其施加的力大约为 1g；如果是纵向竖直地握持，那么会检测并报告在其 Y 轴上施加的力大约为 1g。如果是以一定角度握，那么这 1g 的力会分布到不同的轴上，这取决于握持的方式。当以 45 度角握持时，1g 的力会均匀地分解到两个轴上。
- 正常使用时，加速计在任一轴上都不会检测到远大于 1g 的值。如果检测到的加速计值远大于 1g，那么即可判断这是突然动作。如果摇动、坠落或是投掷，那么加速计便会在一个或多个轴上检测到很大的力。

方向感应器的实现靠的是手机内置的加速计。手机所采用的加速计是三轴加速计，分为 X 轴、Y 轴和 Z 轴。这三个轴所构成的立体空间足以侦测到在手机上的各种动作。在实际应用时通常是以这三个轴（或任意两个轴）所构成的角度来计算手机倾斜的角度，从而可计算出重力加速度的值。总结如下：

当 X=Y=0 时，手机处于水平放置状态。

当 X=0 并且 Y>0 时，手机顶部的水平位置要大于底部，也就是指一般接听电话时手机所处的状态。

当 X=0 并且 Y<0 时，手机顶部的水平位置要小于底部，手机一般很少处于这种状态。

当 Y=0 并且 X>0 时，手机右侧的水平位置要大于左侧，也就是指右侧被抬起。

当 Y=0 并且 X<0 时，手机右侧的水平位置要小于左侧，也就是指左侧被抬起。

当 Z=0 时，手机平面与水平面垂直。

当 Z>0 时，手机屏幕朝上。

当 Z<0 时，手机屏幕朝下。

“晃动静音”顾名思义，就是晃动一下手机，就可以将手机调为静音。此功能用到了 Android

手机的重力感应器和响铃管理者（AudioManager）。

晃动静音界面如图 12-5 所示。

图 12-5　晃动静音界面

要实现重力感应监听，首先要实现 SensorListener 接口，实现 onSensorChanged(int sensor, float[] values)方法。如果重力感应有变化，会调用此类。代码如下：

```
if (sensor == SensorManager.SENSOR_ACCELEROMETER) {
    //本次时间
    long curTime = System.currentTimeMillis();
    if ((curTime - lastUpdate) > 100) {
    //两次的时间差
    long diffTime = (curTime - lastUpdate);
    lastUpdate = curTime;
    //在方法 onSensorChanged()中可以获得坐标数据
    x = values[SensorManager.DATA_X];
    y = values[SensorManager.DATA_Y];
    z = values[SensorManager.DATA_Z];
    //计算甩动速度
    float speed = Math.abs(x + y + z - last_x - last_y - last_z)/ diffTime * 10000;
    if (speed >SHAKE_THRESHOLD) {
        if (x > 0) {//向右甩动
            if (strRingerMode == AudioManager.RINGER_MODE_VIBRATE) {
                ChangeToSilentMode();
            } else {
                ChangeToVibrateMode();
            }
        } elseif (x < 0) {//向左甩动
            ChangeToNormalMode();
        }
    }
    last_x = x;
    last_y = y;
    last_z = z;
    }
}
```

对于更改响铃方式，下面以更改静音为例进行说明，代码如下：

```
/**
* 更改为静音模式
*/
privatevoid ChangeToSilentMode() {
    try {
```

```
                //取得响铃管理者
                AudioManager audioManager = (AudioManager)
                        getSystemService(Context.AUDIO_SERVICE);
                if (audioManager != null) {
                        //设置响铃模式
                        audioManager.setRingerMode(AudioManager.RINGER_MODE_SILENT);
                        //得到响铃类型
                        strRingerMode = audioManager.getRingerMode();
                        showToast(this, "静音模式",true);
                        textview.setText("静音模式");
                }
        } catch (Exception e) {
                        e.printStackTrace();
        }
}
```

设置振动模式代码与设置静音模式代码基本一样，此处不再赘述。

12.5 NFC 手机支付

NFC 是 Near Field Communication 的缩写，即近距离无线通信技术，由非接触式射频识别（RFID）及互联互通技术整合演变而来。此技术在单一芯片上结合了感应式读卡器、感应式卡片和点对点的功能，能在短距离内与兼容设备进行识别和数据交换。这项技术最初只是 RFID 技术和网络技术的简单合并，现在已经演变成一种短距离无线通信技术了，发展态势相当迅速。

NFC 手机内置了 NFC 芯片，组成 RFID 模块的一部分，可以当作 RFID 无源标签使用——用来支付费用，也可以当作 RFID 读写器使用——用于数据交换与采集。NFC 技术支持多种应用，包括移动支付与交易、对等式通信及移动中的信息访问等。通过 NFC 手机，人们可以在任何地点、任何时间，通过任何设备，与他们希望得到的娱乐服务及交易联系在一起，从而完成付款，并获取海报信息等。NFC设备可以用作非接触式智能卡、智能卡的读写器终端，也可以用作设备对设备的数据传输介质。NFC 手机应用主要分为以下四个基本类型：用于付款和购票、电子票证、智能媒体，以及交换和传输数据。

Google 于 2010 年 12 月底正式推出了 Android 2.3 姜饼系统，支持 NFC 近场通信功能成为该系统最大的亮点之一。之后，Google 正式发布了 Android 2.3.3 SDK，实现了对 NFC 技术的全面支持。Android 2.3.3 版本向开发人员全面开放了 NFC 读/写功能的 API。

12.6 网页浏览器

Android 最大的特色功能就是拥有互联网特性，它与互联网对接时浏览器是必不可少的。本节主要讲述如何在 5 分钟内做好一个属于自己的浏览器。图 12-6 所示为 Google 浏览器界面。

图 12-6　Google 浏览器界面

做浏览器最主要的就是解析与显示工作，这确实是件让人头疼的事情。为了解决此问题，Android 手机内置了一个浏览器控件 WebView，它是以 WebKit 为内核的，其功能强大到让人惊叹，包括了过去很多手机都无法实现的功能，支持缩放、JavaScript、Flash（2.2 以上）。Android 系统早已帮助程序员做了解析和页面显示的工作，现在把地址告诉系统即可，剩余的工作由系统来做，下面我们看一下代码。

布局文件的代码如下：

```
<WebView
    android:id="@+id/browser_layout_webview"
    android:layout_width="fill_parent"
    android:layout_height="wrap_content"
    android:layout_weight="1"/>
```

这就是我们用到的浏览器控件。

（1）代码中浏览器控件的使用。

在 WebViewApp 类中，initWebView()方法便是初始化 WebView 控件的，其代码如下：

```
/**
 * 初始化 WebView
*/
privatevoid initWebView(){
    //得到 webView 的引用
    webView=(WebView)findViewById(R.id.browser_layout_webview);
    //支持 JavaScript
    webView.getSettings().setJavaScriptEnabled(true);
    //支持缩放
    webView.getSettings().setBuiltInZoomControls(true);
    //支持保存数据
    webView.getSettings().setSaveFormData(false);
    //清除缓存
    webView.clearCache(true);
```

```
//清除历史记录
webView.clearHistory();
//联网载入
webView.loadUrl(browserUrl);
//设置
webView.setWebViewClient(new WebViewClient(){
    /**开始载入页面*/
    @Override
    publicvoid onPageStarted(WebView view, String url, Bitmap favicon) {
        setProgressBarIndeterminateVisibility(true);//设置标题栏的滚动条开始
        browserUrl = url;
        super.onPageStarted(view, url, favicon);
    }
    /**捕获点击事件*/
    publicboolean shouldOverrideUrlLoading(WebView view, String url) {
        webView.loadUrl(url);
        return true;
    }
    /**错误返回*/
    @Override
    publicvoid onReceivedError(WebView view, int errorCode,String description, String failingUrl) {
        super.onReceivedError(view, errorCode, description, failingUrl);
    }
    /**页面载入完毕*/
    @Override
    publicvoid onPageFinished(WebView view, String url) {
        setProgressBarIndeterminateVisibility(false);//设置标题栏的滚动条停止
        super.onPageFinished(view, url);
    }
});


webView.setWebChromeClient(new WebChromeClient(){
    /**设置进度条*/
    publicvoid onProgressChanged(WebView view, int newProgress) {
        //设置标题栏的进度条的百分比
        Ex12_5_5.this.getWindow().setFeatureInt(Window.FEATURE_PROGRESS, newProgress * 100);
        super.onProgressChanged(view, newProgress);
    }
    /**设置标题*/
    publicvoid onReceivedTitle(WebView view, String title) {
        Ex12_5_5.this.setTitle(title);
        super.onReceivedTitle(view, title);
    }
});}
```

（2）对页面的一些操作。

底边菜单是使用 ImageView 和 TextView 混合实现的，其实现方法很简单，如下：

- 刷新：webView.reload()。
- 停止：webView.stopLoading()。
- 后退：webView.goBack()。
- 输入网址：通过获取输入的字符串，调用 webView.loadUrl(url)来联网载入页面数据，如图 12-7 所示。

图 12-7　输入网址界面

```
/**
 * 输入网址
 */
privatevoid menuEnterUrl() {
    View view = View.inflate(this, R.layout.enter_url_layout,null);
    final EditText username_handle = (EditText)
    view.findViewById(R.id.enter_url_layout_edittext);
    final AlertDialog.Builder myBuilder = new AlertDialog.Builder(this);
    myBuilder.setIcon(android.R.drawable.ic_dialog_info);
    myBuilder.setTitle("请输入网址");
    myBuilder.setView(view);
    myBuilder.setPositiveButton(R.string.certain,new DialogInterface.OnClickListener() {
            publicvoid onClick(DialogInterface dialog, int which) {
                //输入的地址
                String url = username_handle.getText().toString();
                //判断是否加入了“http://”，不加的话是连不上的
                if(url.indexOf("http://")==-1){
                    url="http://"+url;
```

```
                }
                //联网载入
                webView.loadUrl(url);
            }
        });
        myBuilder.setNegativeButton(R.string.cancel,new DialogInterface.OnClickListener() {
                publicvoid onClick(DialogInterface dialog,int whichButton) {
                }
        });
        myBuilder.show();
    }
```

说明：这样的浏览器只是一个简单的范例，如果还想加入别的功能，可研究 WebView 控件。

注意：需要加入以下权限。

```
<uses-permission android:name="android.permission. INTERNET" /><!-- 联网 -->
```

12.7 定位与地图应用

在应用软件中，手机与 PC 最大的不同体现在手机能够提供定位系统，因而诞生了很多基于定位系统的手机应用，这类服务称为 LBS（Location Based Service），即基于位置的服务。

百度地图移动版 API 是一套基于 Android 1.5 及以上设备的应用程序接口，通过该接口，用户可以轻松访问百度服务和数据，构建功能丰富、交互性强的地图应用程序。百度地图移动版 API 不仅包含构建地图的基本接口，还提供了诸如地图定位、本地搜索、路线规划等数据服务，开发者可以根据自己的需要进行选择。我们使用的面向的读者的 API 是提供给那些具有一定 Android 编程经验和了解面向对象概念的读者使用的。此外，读者还应该对地图产品有一定的了解。使用百度地图 API 的第一步是获取 API Key，用户在使用 API 之前需要获取百度地图移动版 API Key，该 Key 与用户的百度账户相关联，用户必须先有百度帐户，才能获得 API Key，并且该 Key 与引用 API 的程序名称有关。百度地图 API 提供的兼容性支持 Android 1.5 及以上系统。

12.7.1 基础知识

如何把 API 添加到自己的 Android 工程中？首先将 API 包括的两个文件 baidumapapi.jar 和 libBMapApiEngine.so 拷贝到工程根目录及 libs\armeabi 目录下，并在工程属性→Java Build Path→Libraries 中选择 Add JARs，选定 baidumapapi.jar，确定后返回，这样就可以在自己的程序中使用 API 了。

（1）在 Manifest 中添加使用权限。

```
0.  <uses-permission android:name="android.permission.ACCESS_NETWORK_STATE">
    </uses-permission>
1.  <uses-permission android:name="android.permission.ACCESS_FINE_LOCATION">
    </uses-permission>
2.  <uses-permission android:name="android.permission.INTERNET"></uses-permission>
```

```
<uses-permission android:name="android.permission.WRITE_EXTERNAL_STORAGE">
</uses-permission>
<uses-permission android:name="android.permission.ACCESS_WIFI_STATE">
</uses-permission>
<uses-permission android:name="android.permission.CHANGE_WIFI_STATE">
</uses-permission>
<uses-permission android:name="android.permission.READ_PHONE_STATE">
</uses-permission>
```

（2）在 Manifest 中添加 Android 版本支持。

```
<supports-screens android:largeScreens="true"
android:normalScreens="true" android:smallScreens="true"
android:resizeable="true" android:anyDensity="true"/>
<uses-sdk android:minSdkVersion="3"></uses-sdk>
```

（3）让创建的地图 Activity 继承 com.baidu.mapapi.MapActivity，并引入相关类。

```
import java.util.ArrayList;
import java.util.List;
import android.content.Context;
import android.graphics.Canvas;
import android.graphics.Paint;
import android.graphics.Point;
import android.graphics.drawable.Drawable;
import android.location.Location;
import android.os.Bundle;
import android.util.Log;
import android.view.View;
import android.widget.Toast;
import com.baidu.mapapi.BMapManager;
import com.baidu.mapapi.GeoPoint;
import com.baidu.mapapi.ItemizedOverlay;
import com.baidu.mapapi.LocationListener;
import com.baidu.mapapi.MKAddrInfo;
import com.baidu.mapapi.MKDrivingRouteResult;
import com.baidu.mapapi.MKGeneralListener;
import com.baidu.mapapi.MKLocationManager;
import com.baidu.mapapi.MKPlanNode;
import com.baidu.mapapi.MKPoiResult;
import com.baidu.mapapi.MKSearch;
import com.baidu.mapapi.MKSearchListener;
import com.baidu.mapapi.MKTransitRouteResult;
import com.baidu.mapapi.MKWalkingRouteResult;
import com.baidu.mapapi.MapActivity;
import com.baidu.mapapi.MapController;
import com.baidu.mapapi.MapView;
import com.baidu.mapapi.MyLocationOverlay;
import com.baidu.mapapi.Overlay;
```

```
import com.baidu.mapapi.OverlayItem;
import com.baidu.mapapi.PoiOverlay;
import com.baidu.mapapi.RouteOverlay;
import com.baidu.mapapi.TransitOverlay;

public class MyMapActivity extends MapActivity {
    @Override
    public void onCreate(Bundle savedInstanceState) {
        super.onCreate(savedInstanceState);
        setContentView(R.layout.main);
    }

    @Override
    protected boolean isRouteDisplayed() {
        return false;
    }
}
```

（4）在 XML 布局文件中添加地图控件。

```
<?xml version="1.0" encoding="utf-8"?>
<LinearLayout xmlns:android="http://schemas.android.com/apk/res/android"
    android:orientation="vertical" android:layout_width="fill_parent"
    android:layout_height="fill_parent">
    <TextView android:layout_width="fill_parent"
        android:layout_height="wrap_content" android:text="@string/hello" />
    <com.baidu.mapapi.MapView android:id="@+id/bmapsView"
        android:layout_width="fill_parent" android:layout_height="fill_parent"
        android:clickable="true" />
</LinearLayout>
```

（5）初始化地图 Activity。

在地图 Activity 中定义变量：BMapManager mBMapMan = null;。在 onCreate 方法中增加以下代码，并将申请的 Key 替换成“我的 Key”。

```
mBMapMan = new BMapManager(getApplication());
mBMapMan.init("我的 Key", null);
super.initMapActivity(mBMapMan);

MapView mMapView = (MapView) findViewById(R.id.bmapsView);
mMapView.setBuiltInZoomControls(true);   //设置启用内置的缩放控件
//得到 mMapView 的控制权，可以用它控制和驱动平移及缩放
MapController mMapController = mMapView.getController();
GeoPoint point = new GeoPoint((int) (36.541 * IE6),
        (int) (116.397 * IE6));     //用给定的经纬度构造一个 GeoPoint，单位是微度（度*IE6）
mMapController.setCenter(point); //设置地图中心点
mMapController.setZoom(12);     //设置地图 zoom 级别
```

（6）以下为 Override 方法。

```
@Override
protected void onDestroy() {
    if (mBMapMan != null) {
        mBMapMan.destroy();
        mBMapMan = null;
    }
    super.onDestroy();
}
@Override
protected void onPause() {
    if (mBMapMan != null) {
        mBMapMan.stop();
    }
    super.onPause();
}
@Override
protected void onResume() {
    if (mBMapMan != null) {
        mBMapMan.start();    }
    super.onResume();}
```

完成上述步骤后，运行程序，地图初始化首页如图 12-8 所示。

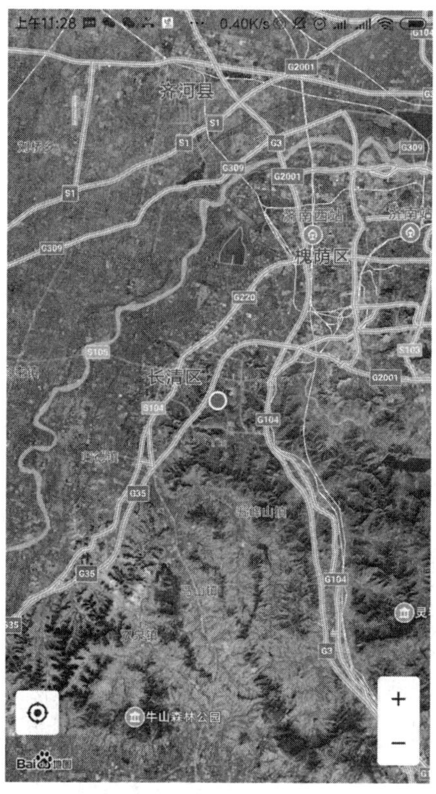

图 12-8　地图初始化首页

12.7.2 地图图层

地图图层概念：地图可以包含一个或多个图层，每个图层在每个级别都是由若干张图块组成的。例如我们所看到的包括街道、兴趣点、学校、公园等内容的地图展现就是一个图层，另外交通流量的展现也是通过图层来实现的。底图是基本的地图图层，有若干个缩放级别，显示基本的地图信息，包括道路、街道、学校、公园等内容。实时交通信息：在北京、上海、广州、深圳、南京、南昌、成都、重庆、武汉、大连、常州等 136 个城市中，支持实时交通信息。在地图中显示实时交通信息的示例如下：

```
mMapView.setTraffic(true);
```

运行程序，地图基本图层如图 12-9 所示。

图 12-9 地图基本图层

12.7.3 覆盖物

地图覆盖物：所有叠加或覆盖到地图的内容，我们统称为地图覆盖物，如标注、矢量图形元素（包括折线、多边形和圆）、定位图标等。覆盖物拥有自己的地理坐标，当拖动或缩放地图时，它们会相应地移动。地图 API 提供了以下几种覆盖物：

- Overlay：覆盖物的抽象基类，所有的覆盖物均继承此类的方法，实现用户自定义图层显示。
- MyLocationOverlay：一个负责显示用户当前位置的 Overlay。

- ItemizedOverlay<Item extends OverlayItem>：Overlay 的一个基类，包含了一个 OverlayItem 列表，相当于一组分条的 Overlay，通过继承此类，将一组兴趣点显示在地图上。
- PoiOverlay：本地搜索图层，提供某一特定地区的位置搜索服务，比如在北京市搜索“公园”，通过此图层将公园显示在地图上。
- RouteOverlay：步行、驾车导航线路图层，将步行、驾车出行方案的路线及关键点显示在地图上。
- TransitOverlay：公交换乘线路图层，将某一特定地区的公交出行方案的路线及换乘位置显示在地图上。

覆盖物的抽象基类：Overlay。一般来说，在 MapView 中添加一个 Overlay 需要经过以下步骤：自定义类继承 Overlay，并覆盖其 draw()方法，如果需要点击、按键、触摸等交互操作，还需覆盖 onTap()等方法。

```
public class MyOverlay extends Overlay {
    GeoPoint geoPoint = new GeoPoint((int) (36.541 * IE6), (int) (116.397 * IE6));
    Paint paint = new Paint();
    @Override
    public void draw(Canvas canvas, MapView mapView, boolean shadow) {
        //这里是山东交通学院
        Point point = mMapView.getProjection().toPixels(geoPoint, null);
        canvas.drawText("★这里是山东交通学院", point.x, point.y, paint);
    }
}
```

添加到 MapView 的覆盖物中：

```
mMapView.getOverlays().add(new MyOverlay());
```

运行程序，地图覆盖物层如图 12-10 所示。

图 12-10　地图覆盖物层

当前位置：MyLocationOverlay。将 MyLocationOverlay 添加到覆盖物中，能够实现在地图上显示当前位置的图标以及指南针。

```
//初始化 Location 模块
mLocationManager = mBMapMan.getLocationManager();
//通过 enableProvider()和 disableProvider()方法，选择定位的 Provider
// mLocationManager.enableProvider(MKLocationManager.MK_NETWORK_PROVIDER);
// mLocationManager.disableProvider(MKLocationManager.MK_GPS_PROVIDER);
//添加定位图层
MyLocationOverlay mylocTest = new MyLocationOverlay(this, mMapView);
mylocTest.enableMyLocation();    //启用定位
mylocTest.enableCompass();       //启用指南针
mMapView.getOverlays().add(mylocTest);
```

运行程序，结果如图 12-11 所示。

图 12-11　地图当前位置

分条目覆盖物：ItemizedOverlay。某个类型的覆盖物包含多个类型相同、显示方式相同、处理方式相同的项时，使用此类：自定义类继承 ItemizedOverlay<OverlayItem>，并覆盖其 draw()方法，如果需要点击、按键、触摸等交互操作，还需覆盖 onTap()等方法。

```
class OverItemT extends ItemizedOverlay<OverlayItem> {
    private List<OverlayItem> GeoList = new ArrayList<OverlayItem>();
    private Context mContext;

    private double mLat1 = 36.54153;        //36.54283;         // point1 纬度
    private double mLon1 = 116.8026; //116.8322;  // point1 经度

    private double mLat2 = 36.54283;
```

```
    private double mLon2 = 116.8026;

    private double mLat3 = 36.53153;
    private double mLon3 = 116.81102;

    public OverItemT(Drawable marker, Context context) {
        super(boundCenterBottom(marker));

        this.mContext = context;

        //用给定的经纬度构造 GeoPoint，单位是微度（度*IE6）
        GeoPoint p1 = new GeoPoint((int) (mLat1 * IE6), (int) (mLon1 * IE6));
        GeoPoint p2 = new GeoPoint((int) (mLat2 * IE6), (int) (mLon2 * IE6));
        GeoPoint p3 = new GeoPoint((int) (mLat3 * IE6), (int) (mLon3 * IE6));

        GeoList.add(new OverlayItem(p1, "P1", "point1"));
        GeoList.add(new OverlayItem(p2, "P2", "point2"));
        GeoList.add(new OverlayItem(p3, "P3", "point3"));
        populate();
        /*createItem(int)方法构造 Item。一旦有了数据，在调用其他方法前，首先调用这个方法*/
    }
    @Override
    protected OverlayItem createItem(int i) {
        return GeoList.get(i);
    }

    @Override
    public int size() {
        return GeoList.size();
    }

    @Override
    //处理点击事件
    protected boolean onTap(int i) {
        Toast.makeText(this.mContext, GeoList.get(i).getSnippet(),
                Toast.LENGTH_SHORT).show();
        return true;
    }
}
```

添加到 MapView 的覆盖物中：

```
Drawable marker = getResources().getDrawable(R.drawable.iconmark); //得到需要标在地图上的资源
mMapView.getOverlays().add(new OverItemT(marker, this)); //添加 ItemizedOverlay 实例到 mMapView
```

点击其中一个图标，运行结果如图 12-12 所示。

本地搜索覆盖物：PoiOverlay。详见 12.7.4 节中“POI 搜索及 PoiOverlay”。

驾车路线覆盖物：RouteOverlay。详见 12.7.4 节中“驾车路线搜索及 RouteOverlay”和“步行路线搜索及 RouteOverlay”。

换乘路线覆盖物：TransitOverlay。详见 12.7.4 节中“公交换乘路线搜索及 TransitOverlay”。

图 12-12 地图分条目覆盖物

12.7.4 服务类

（1）搜索服务。

百度地图移动版 API 集成搜索服务：位置检索、周边检索、范围检索、公交检索、驾乘检索、步行检索，通过初始化 MKSearch 类，注册搜索结果的监听对象 MKSearchListener，可实现异步搜索服务。首先自定义 MySearchListener 实现 MKSearchListener 接口，通过不同的回调方法，获得搜索结果：

```
public class MySearchListener implements MKSearchListener {
    @Override
    public void onGetAddrResult(MKAddrInfo result, int iError) {
    }
    @Override
    public void onGetDrivingRouteResult(MKDrivingRouteResult result, int iError) {
    }
    @Override
    public void onGetPoiResult(MKPoiResult result, int type, int iError) {
    }
    @Override
    public void onGetTransitRouteResult(MKTransitRouteResult result, int iError) {
    }
    @Override
    public void onGetWalkingRouteResult(MKWalkingRouteResult result, int iError) {
    }
}
```

然后初始化 MKSearch 类：

```
mMKSearch = new MKSearch();
mMKSearch.init(mBMapMan, new MySearchListener());
```

（2）POI 搜索及 PoiOverlay。

POI 搜索有三种方式，可根据范围和检索词发起范围检索 poiSearchInbounds、城市 POI 检索 poiSearchInCity、周边检索 poiSearchNearBy。下面以周边检索为例介绍如何进行检索并显示覆盖物 PoiOverlay：检索山东交通学院附近 5000 米之内的 KFC 餐厅。

```
mMKSearch.poiSearchNearBy("KFC", new GeoPoint((int) (36.541 * IE6), (int) (116.397 * IE6)), 5000);
```

实现 MySearchListener 的 onGetPoiResult，并展示检索结果。

```
@Override
public void onGetPoiResult(MKPoiResult result, int type, int iError) {
    if (result == null) {
        return;
    }
    PoiOverlay poioverlay = new PoiOverlay(MyMapActivity.this, mMapView);
    poioverlay.setData(result.getAllPoi());
    mMapView.getOverlays().add(poioverlay);
}
```

运行结果如图 12-13 所示。

图 12-13　使用 POI 搜索 KFC

（3）驾车路线搜索及 RouteOverlay。

检索从山东交通学院到加油站的驾车路线：

```
MKPlanNode start = new MKPlanNode();
start.pt = new GeoPoint((int) (36.541 * IE6), (int) (116.397 * IE6));
MKPlanNode end = new MKPlanNode();
end.pt = new GeoPoint(40057031, 116307852);
//设置驾车路线搜索策略，时间优先、费用最少或距离最短
mMKSearch.setDrivingPolicy(MKSearch.ECAR_TIME_FIRST);
mMKSearch.drivingSearch(null, start, null, end);
```

实现 MySearchListener 的 onGetDrivingRouteResult，并展示检索结果。

```
@Override
public void onGetDrivingRouteResult(MKDrivingRouteResult result, int iError) {
    if (result == null) {
        return;
    }
    RouteOverlay routeOverlay = new RouteOverlay(MyMapActivity.this, mMapView);
    //此处仅展示一个方案作为示例
    routeOverlay.setData(result.getPlan(0).getRoute(0));
    mMapView.getOverlays().add(routeOverlay);
}
```

运行结果如图 12-14 所示。

图 12-14　从山东交通学院到加油站的驾车路线

（4）步行路线搜索及 RouteOverlay。

步行路线搜索方式与驾车路线搜索类似，只需将 mMKSearch.drivingSearch(null, start, null, end) 修改为 mMKSearch.walkingSearch(null, start, null, end)，实现的方法改为 onGetWalkingRouteResult 即可，此处不再赘述。

（5）公交换乘路线搜索及 TransitOverlay。

检索从从山东交通学院到加油站的公交换乘路线：

```
MKPlanNode start = new MKPlanNode();
start.pt = new GeoPoint((int) (36.541* IE6), (int) (116.397 * IE6));
MKPlanNode end = new MKPlanNode();
end.pt = new GeoPoint(40057031, 116307852);
//设置乘车路线搜索策略：时间优先、最少换乘、最少步行距离或不含地铁
mMKSearch.setTransitPolicy(MKSearch.EBUS_TRANSFER_FIRST);
mMKSearch.transitSearch("济南", start, end); //必须设置城市名
```

实现 MySearchListener 的 onGetTransitRouteResult(MKTransitRouteResult, int)，并展示检索结果：

```
@Override
public void onGetTransitRouteResult(MKTransitRouteResult result, int iError) {
    if (result == null) {
        return;
    }
    TransitOverlay transitOverlay = new TransitOverlay(MyMapActivity.this, mMapView);
    //此处仅展示一个方案作为示例
    transitOverlay.setData(result.getPlan(0));
    mMapView.getOverlays().add(transitOverlay);
}
```

根据地理坐标查询地址信息：

```
mMKSearch.reverseGeocode(new GeoPoint(40057031, 116307852));
```

实现 MySearchListener 的 onGetAddrResult 方法，可得到查询结果。

12.7.5　事件

（1）定位监听。

实现方式与系统的定位监听类似，通过 MKLocationManager 注册或者移除定位监听器：

```
mLocationManager = mBMapMan.getLocationManager();
LocationListener listener = new LocationListener() {
  @Override
    public void onLocationChanged(Location location) {
        // TODO  在此处处理位置变化
    }
};
//注册监听
mLocationManager.requestLocationUpdates(listener);
//不需要时移除监听
mLocationManager.removeUpdates(listener);
```

（2）一般事件监听。

在初始化地图 Activity 时，注册一般事件监听，并实现 MKGeneralListener 的接口处理相应事件，将 mBMapMan.init("我的 Key", null)替换为下面的代码：

```
mBMapMan.init("我的 key", new MKGeneralListener() {   @Override
        public void onGetPermissionState(int iError) {
                // TODO 返回授权验证错误，通过错误代码判断原因，MKEvent 为常量值
        }       @Override
        public void onGetNetworkState(int iError) {
                // TODO 返回网络错误，通过错误代码判断原因，MKEvent 为常量值
        }});
```

本章小结

本章主要介绍了利用手机功能来开发短信处理、电话处理、常用传感器的相关技术，其中短信处理方面包括获取短信列表、发送短信和接收短信，电话处理方面包括电话呼叫和监听电话的状态、获取电话记录，在常用传感器方面主要介绍了重力感应及其应用、NFC 手机支付、网页浏览器和定位与地图应用，并且定位与地图应用中使用了基于百度地图的 API 开发，内容包括地图 API 的基础知识、地图图层、地图覆盖物，还有基于地图的搜索、POI 搜索、驾车路线搜索、步行路线搜索、公交换乘路线搜索等服务，还使用了事件处理定位监听和一般事件监听。

第 13 章　多媒体开发

学习目标：

- 掌握音频、视频文件的播放
- 掌握音频录制操作

13.1　概述

Android 系统对多媒体开发的支持是比较好的，它本身就提供了 MediaPlayer、MediaRecorder 等多媒体类，利用这些多媒体类可以很方便地进行开发。下面先简单介绍一下 Android 系统的多媒体框架 OpenCore（PacketVideo）。

OpenCore 另外一个常用的称呼是 PacketVideo，它是 Android 系统的多媒体核心。事实上，PacketVideo 是一家公司的名称，而 OpenCore 是这套多媒体框架软件层的名称。对比 Android 系统的其他程序库，OpenCore 的代码显得非常庞大，它是一个基于 C++的实现，定义了全功能的操作系统移植层，各种基本的功能均被封装成了类的形式，各层次之间的接口多使用继承等方式。

OpenCore 是一个多媒体的框架。从宏观上来看，它主要包含了两个方面的内容：

（1）PVPlayer：提供媒体播放器的功能，完成各种音频（audio）、视频（video）流的回放（playback）功能。

（2）PVAuthor：提供媒体流记录的功能，完成各种音频（audio）、视频（video）流及静态图像的捕获功能。

PVPlayer 和 PVAuthor 以 SDK 的形式提供给开发者，可以在这个 SDK 之上构建多种应用程序和服务，比如媒体播放器、照相机、录像机、录音机等在移动终端中常常使用的多媒体应用程序。为了更好地组织整体架构，OpenCore 在宏观上分成几个层次（如图 13-1 所示）。

各层次的具体说明如下：

- OSCL：Operating System Compatibility Library （操作系统兼容库）主要包含了操作系统底层的一些操作，可以更好地在不同操作系统里面进行移植。其中包含了基本数据类型、配置、字符串工具、IO、错误处理、线程等内容，类似一个基础的 C++库。
- PVMF：PacketVideo Multimedia Framework（PV 多媒体框架），在框架内可实现一个文件的解析（parser）、组成（composer）和编解码的节点，也可以继承其通用的接口，在用户层实现一些节点。
- PVPlayer Engine：PVPlayer 引擎。
- PVAuthor Engine：PVAuthor 引擎。

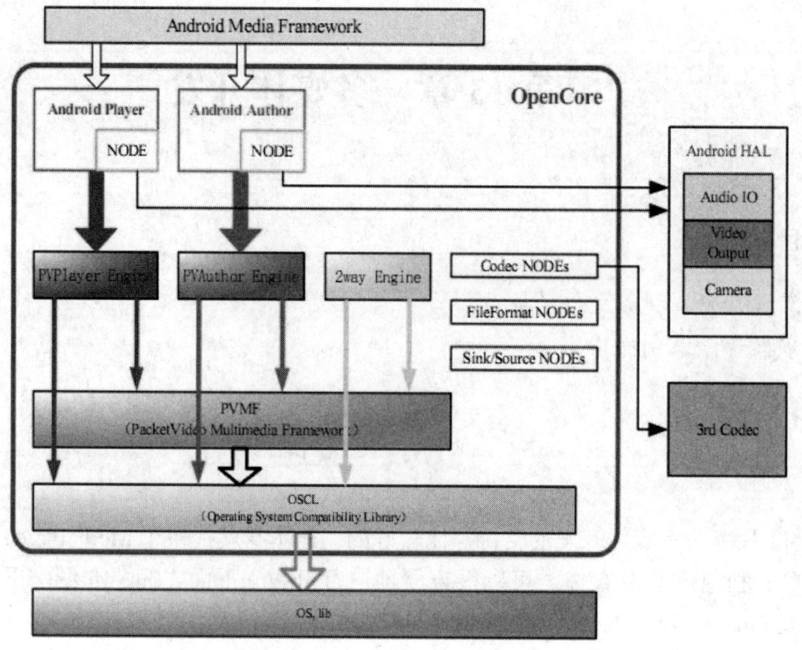

图 13-1　OpenCore 框架图

事实上，OpenCore 中包含的内容非常多。从播放的角度来讲，PVPlayer 的输入源是文件或网络媒体流，输出是指音频视频的输出设备，包含了媒体流控制、文件解析、音频及视频流的解码（decode）等基本功能。除了从文件中播放媒体文件之外，OpenCore 还包含了与网络相关的 RTSP（Real Time Stream Protocol，实时流协议）流。在媒体流记录方面，PVAuthor 的输入源是照相机、麦克风等设备，输出的是各种文件，包含了流的同步、音频及视频流的编码（encode），以及文件的写入等功能。

在使用 OpenCore 的 SDK 时，可能需要在应用程序层实现一个适配器（Adaptor），然后在适配器之上再实现一些具体的功能。对于 PVMF 的节点也可以基于通用的接口在上层实现，并以插件的形式使用。

其实在实际的应用层软件开发中，我们并不用过多地去关心底层是如何实现的，只要对提供的接口函数熟悉就足够了。因此在下面几节中，我们将针对 MediaPlayer、MediaRecorder、Camera 这几个类进行重点讲述。

13.2　音频、视频播放

13.2.1　MediaPlayer 状态详解

首先来看一下图 13-2。这张状态转换图（图 13-2）清晰地描述了 MediaPlayer 的各个状态，也列举了主要方法的调用时序，每种方法只能在一些特定的状态下使用。如果在使用过程中 MediaPlayer 的状态不正确，则会引发 IllegalStateException（非法状态异常）异常。下面具体来看看各种状态：

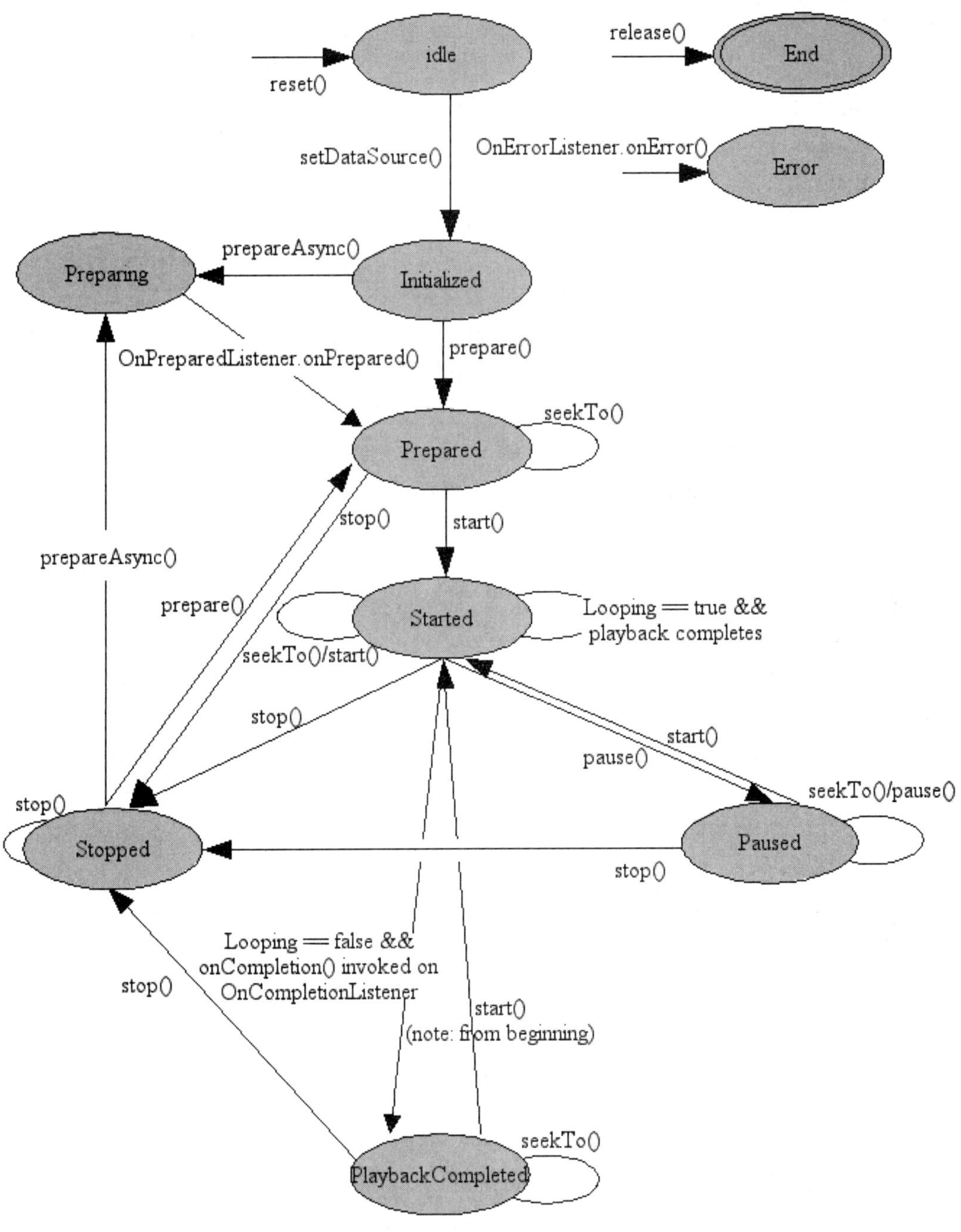

图 13-2　MediaPlayer 的生命周期

- idle 状态：当使用 new()方法创建一个 MediaPlayer 对象或调用其 reset()方法时，该 MediaPlayer 对象就会处于 idle 状态。这两种方法的一个重要差别就是如果在这个状态下调用了 getDuration()等方法（相当于调用时机不正确），通过 reset()方法进入 idle 状态的话会触发 OnErrorListener.onError()，并且 MediaPlayer 会进入 Error 状态；不过，如果是新创建的 MediaPlayer 对象，则不会触发 onError()，也不会进入 Error 状态。

- End 状态：通过 release()方法可以进入 End 状态，只要 MediaPlayer 对象不再被使用，就应当尽快将其通过 release()方法释放掉，以释放相关的软硬件资源，这其中有些资源是只有一份的（相当于临界资源）。如果 MediaPlayer 对象进入了 End 状态，则不会再进入任何其他状态了。
- Initialized 状态：这个状态比较简单，MediaPlayer 调用 setDataSource()方法就进入了 Initialized 状态，它表示此时要播放的文件已经设置好了。
- Prepared 状态：初始化完成之后需要通过调用 prepare()或 prepareAsync()方法，进入 Prepared 状态，进入这个状态才表明 MediaPlayer 到目前为止没有错误，可以进行文件播放。这两个方法目的是准备并加载资源。对于资源很大或者资源不在本地的情况，必须使用异步准备（prepareAsync()），如果最终加载失败，则不能进入 Prepared 状态。
- Preparing 状态：这个状态比较好理解，它主要是与 prepareAsync()配合，如果异步准备完成，会触发 OnPreparedListener.onPrepared()，进而进入 Prepared 状态。
- Started 状态：MediaPlayer 一旦准备好，就可以调用 start()方法了，这样 MediaPlayer 就处于 Started 状态了，这表明 MediaPlayer 正在播放文件的过程中。可以使用 isPlaying()测试 MediaPlayer 是否处于 Started 状态。如果播放完毕，而又设置了循环播放，则 MediaPlayer 仍然会处于 Started 状态。与之相类似，如果在该状态下 MediaPlayer 调用了 seekTo()或 start()方法均可以让 MediaPlayer 停留在 Started 状态。
- Paused 状态：Started 状态下 MediaPlayer 调用 pause()方法可以暂停 MediaPlayer，从而进入 Paused 状态，MediaPlayer 暂停后再次调用 start()则可以继续 MediaPlayer 的播放，转到 Started 状态，暂停状态时可以调用 seekTo()方法，这是不会改变状态的。
- Stopped 状态：Started 或 Paused 状态下均可以调用 stop()停止 MediaPlayer，而处于 Stopped 状态的 MediaPlayer 要想重新播放，需要通过 prepareAsync()或 prepare()回到先前的 Prepared 状态，并重新开始才可以。
- PlaybackCompleted 状态：文件正常播放完毕，而又没有设置循环播放的话就进入该状态，并会触发 OnCompletionListener 的 onCompletion()方法。此时可以调用 start()方法重新从头播放文件，也可以调用 stop()停止 MediaPlayer，或者调用 seekTo()来重新定位播放位置。
- Error 状态：如果由于某种原因 MediaPlayer 出现了错误，会触发 OnErrorListener.onError()事件，此时 MediaPlayer 进入 Error 状态，及时捕捉并妥善处理这些错误是很重要的，可以帮助我们及时释放相关的软硬件资源，也可以改善用户体验。通过方法 setOnErrorListener(android.media. MediaPlayer.OnErrorListener)可以设置该监听器。如果 MediaPlayer 进入了 Error 状态，就可以通过调用 reset()来恢复，以使 MediaPlayer 重新返回到 idle 状态。

13.2.2 三种数据源

Android 平台可以通过资源文件、文件系统和网络三种方式来播放多媒体文件。无论使用哪种播放方式，基本的流程都是类似的。当然也存在一些细小的差别，比如直接调用 MediaPlayer.create()方法创建的 MediaPlayer 对象已经设置了数据源，并且调用了 prepare()方法。而从网络上播放媒体文件，在 prepare 阶段的处理会与其他两种方式不同，为了避免阻塞用户，它会进行异步处理。但是，音乐播放都会遵循下面的基本流程：

- 创建 MediaPlayer 对象。
- 调用 setDataSource()设置数据源。
- 调用 prepare()方法。
- 调用 start()开始播放。

1．从资源文件中播放

多媒体文件可以放在资源文件夹 res/raw 下，然后通过 MediaPlayer.create()方法创建 MediaPlayer 对象。由于 create(Context ctx,int file)方法中已经包含了多媒体文件的位置参数 file，因此无须再设置数据源并调用 prepare()方法，这些操作在 create()方法的内部已经完成了。获得 MediaPlayer 对象后直接调用 start()方法即可播放音乐。

```
private void playFromRawFile() {
    //使用 MediaPlayer.create()获得的
    //MediaPlayer 对象默认设置了数据源并完成了初始化
    MediaPlayer player = MediaPlayer.create(this, R.raw.test);
    player.start();
}
```

2．从文件系统播放

如果开发一个多媒体播放器，则其一定要具备从文件系统播放音乐的能力。这时不能再使用 MediaPlayer.create()方法创建 MediaPlayer 对象了，而应使用 new 操作符创建 MediaPlayer 对象。在获得 MediaPlayer 对象之后，需要依次调用 setDataSource()和 prepare()方法以便设置数据源，让播放器完成准备工作。从文件系统播放 MP3 文件的代码如下：

```
private void playFromSDCard() {
    try {
        MediaPlayer player = new MediaPlayer();
        //设置数据源
        player.setDataSource("/sdcard/a.mp3");
        player.prepare();
        player.start();
    } catch (IllegalArgumentException e) {
        e.printStackTrace();
    } catch (IllegalStateException e) {
        e.printStackTrace();
    } catch (IOException e) {
        e.printStackTrace();
    }
}
```

需要注意的是，prepare()方法是同步方法，只有当播放引擎已经做好了准备，此方法才会返回。如果在 prepare()调用过程中出现问题，比如文件格式出现错误等，prepare()方法将会抛出 IOException。

3．从网络播放

在移动互联网时代，移动多媒体业务有着广阔的前景，中国移动的“移动随身听”业务一直有着不错的表现。事实上，开发一个网络媒体播放器并不容易。某些平台提供的多媒体框架并不支持“边下载，边播放”的特性，而是将整个媒体文件下载到本地后再开始播放，用户体验较差。在应用层实现“边下载，边播放”的特性是一项比较复杂的工作，一方面需要自己处理媒体文件的下载和缓冲，另一方面还需要解析媒体文件格式，并且还要完成音频数据的拆包和拼装等操作。这样一来，项目实施难度较大，项目移植性差，最终的发布程序也会比较臃肿。

Android 多媒体框架带来了完全不一样的网络多媒体播放体验。在播放网络媒体文件时，下载、播放等工作均由底层的 PVPlayer 来完成，在应用层开发者只需要设置网络文件的数据源即可。从网络播放媒体文件的代码如下：

```
private void playFromNetwork() {
String path = "http://website/path/file.mp3";
try {
    MediaPlayer player = new MediaPlayer();
    player.setDataSource(path);
    player.setOnPreparedListener(new MediaPlayer.OnPreparedListener() {
        public void onPrepared(MediaPlayer arg0) {
        arg0.start();
    }});
    //播放网络上的音乐，不能同步调用 prepare()方法
    player.prepareAsync();
} catch (IllegalArgumentException e) {
    e.printStackTrace();
} catch (IllegalStateException e) {
    e.printStackTrace();
} catch (IOException e) {
    e.printStackTrace();
}
}
```

从上面的代码中可以看出，从网络播放媒体文件与从文件系统播放媒体文件有一点不同，就是从网络播放媒体文件时需要调用 prepareAsync()方法，而不是 prepare()方法。这是因为从网络上下载媒体文件、分析文件格式等工作是比较耗费时间的，prepare()方法不能立刻返回。为了不堵塞用户，应该调用 prepareAsync()方法。当底层的引擎已经准备好播放网络媒体文件时，会通过已经注册的 onPreparedListener()通知 MediaPlayer，然后调用 start()方法就可以播放音乐了。通过短短的几行代码已经可以播放网络多媒体文件了，这就是 Android 平台带给开发者的神奇体验，不得不赞叹 Android 的强大。

13.2.3 音频播放

从 13.2.2 节我们可以了解到，Android 系统可以播放三种数据源，但它们究竟都是如何工作的呢？本节将用一个完整的例子来讲述如何播放音乐文件。

首先来看一下播放界面，如图 13-3 所示。

图 13-3　播放界面

播放界面很简单，由五个 button 组成，布局文件 res→layout→main.xml 中的代码如下：

```
<?xml version="1.0" encoding="utf-8"?>
<LinearLayout xmlns:android="http://schemas.android.com/apk/res/android"
        android:orientation="vertical"
        android:layout_width="fill_parent"
        android:layout_height="fill_parent">
<Button
        android:id="@+id/start_raw_button"
        android:layout_width="fill_parent"
        android:layout_height="wrap_content"
        android:text="播放 Raw 资源文件中的音乐"/>
<Button
        android:id="@+id/start_sdcard_button"
        android:layout_width="fill_parent"
        android:layout_height="wrap_content"
        android:text="播放 SD 卡中的音乐"/>
<Button
        android:id="@+id/start_network_button"
        android:layout_width="fill_parent"
        android:layout_height="wrap_content"
        android:text="播放网络音乐"/>
<Button
        android:id="@+id/pause_button"
        android:layout_width="fill_parent"
        android:layout_height="wrap_content"
        android:text="暂停音乐"/>
<Button
        android:id="@+id/stop_button"
        android:layout_width="fill_parent"
        android:layout_height="wrap_content"
        android:text="停止音乐"/>
</LinearLayout>
```

注意：所有的中文显示最好都写到 string.xml 文件中，在此示例中为了清晰地告诉读者 button 的作用，所以没有将其加入到 string.xml 文件中。

上面代码实现的功能有 5 个，分别表示从资源文件中读取音乐文件、从 SD 卡中读取音乐文件、从网络获取音乐、暂停音乐和停止音乐。

1. 从资源文件中读取音乐文件

从资源文件中读取音乐文件的相关代码如下：

```
/**
 * 从 Raw 获取数据
*/
privatevoid playFromRawFile(int id) {
        try{
                //初始化 MediaPlayer，设置数据源，准备数据
                mediaPlayer = MediaPlayer.create(this, id);
                //开始播放
                mediaPlayer.start();
                //设置监听
                setListener();
                isStart = true;
                //设置标题
                setTitle("开始播放！");
        }catch(Exception e){
                e.printStackTrace();
        }
}
```

直接调用 Mediaplayer 的 create()方法就可以了，在这个方法里面已经包含了 new MediaPlayer()、setDataSource()、prepare()方法。

2. 从 SD 卡中读取音乐文件

下面是从 SD 卡中读取音乐文件的相关代码：

```
/**
 * 从 SD 卡中读取数据
 * @param path
*/
privatevoid playFromSDcard(String path){
        try{
                //初始化 MediaPlayer
                mediaPlayer = new MediaPlayer();
                //设置数据源
                mediaPlayer.setDataSource(path);
                //准备数据
                mediaPlayer.prepare();
                //开始播放
                mediaPlayer.start();
                //设置监听
                setListener();
```

```
            isStart = true;
            //设置标题栏
            setTitle("开始播放！ ");
        }catch(Exception e){
            setTitle("播放错误，请检查 SD 卡上是否有此文件！ ");
            e.printStackTrace();
        }
    }
```

3. 从网络获取音乐

下面是从网络获取音乐的代码：

```
/**
 * 从网络读取音乐
 */
privatevoid playFromNetwork(String url) {
    try {
        //初始化 MediaPlayer
        mediaPlayer = new MediaPlayer();
        //设置数据源
        mediaPlayer.setDataSource(url);
        /*准备数据，播放网络上的音乐，不能调用 prepare()同步方法，需要调用 prepareAsync()
异步方法*/
        mediaPlayer.prepareAsync();
        //设置监听，准备好以后，开始播放
        mediaPlayer.setOnPreparedListener(new MediaPlayer.OnPreparedListener() {
            publicvoid onPrepared(MediaPlayer arg0) {
                arg0.start();
                setTitle("加载完毕，开始播放！ ");
            }
        });
        setListener();
        isStart = true;
        setTitle("开始加载数据，请稍后...");
    } catch (IllegalArgumentException e) {
        e.printStackTrace();
    } catch (IllegalStateException e) {
        e.printStackTrace();
    } catch (IOException e) {
        e.printStackTrace();
    }
}
```

以上方法是基于系统给出的接口函数来播放的，也可以用操作流的方法播放网络数据，详细做法此处不再介绍。

4. 暂停音乐

暂停音乐的代码如下：

```
/**
 * 暂停播放
 */
privatevoid pause(){
    try{
        if (mediaPlayer != null) {
            if(isPaused) {
                mediaPlayer.start();
                isPaused = false;
                setTitle("继续播放！");
            }else{
                mediaPlayer.pause();
                isPaused = true;
                setTitle("暂停播放！");
            }
        }
    }catch (Exception e) {
        e.printStackTrace();
    }
}
```

5. 停止音乐

下面是停止音乐的相关代码：

```
/**
 * 停止播放
 */
privatevoid stop() {
    try {
        if (mediaPlayer != null) {
            isStart = false;
            //停止
            mediaPlayer.stop();
            //释放资源
            mediaPlayer.release();
            setTitle("停止播放！");
        }
    }catch (Exception e){
        e.printStackTrace();
    }
}
```

6. 设置监听，对播放失败及播放完成的监听

设置监听的相关代码如下：

```
/**
 * 设置监听
 */
privatevoid setListener() {
    //文件播放完毕后调用
```

```
        mediaPlayer.setOnCompletionListener(new MediaPlayer.OnCompletionListener() {
            publicvoid onCompletion(MediaPlayer arg0) {
                try {
                    stop();
                    Toast.makeText(Ex13_2_1.this, "播放完毕！",
                            Toast.LENGTH_LONG).show();
                } catch (Exception e) {
                    e.printStackTrace();
                }
            }
        });

        //发生错误时调用
        mediaPlayer.setOnErrorListener(new MediaPlayer.OnErrorListener() {
            @Override
            publicboolean onError(MediaPlayer arg0, int arg1, int arg2) {
                try {
                    stop();
                    Toast.makeText(Ex13_2_1.this, "发生错误！",
                        Toast.LENGTH_LONG).show();
                } catch (Exception e) {
                    e.printStackTrace();
                }
                returnfalse;
            }
        });
    }
```

注意：在播放过程中用到了两个变量，这两个标识是为了确定当前播放器的状态，防止出现连续打开几个文件的问题。其代码如下：

```
    /** 是否暂停的标识  */
    privateboolean isPaused = false;
    /** 是否开始的标识*/
    privateboolean isStart = false;
```

当界面切换出 Activity 时，需要注销当前的 MediaPlayer，代码如下：

```
    /**
     * 界面切换，停止播放
     */
    @Override
    protectedvoid onPause() {
        try {
            stop();
        } catch (Exception e) {
            e.printStackTrace();
        }
        super.onPause();
    }
```

注意：如果不注销当前的 Mediaplayer，音乐就会在后台播放。

13.2.4 VideoView 视频播放

在 Android 中视频播放有两种形式，一种是直接用一个比较高级的控件 VideoView 来播放，另一种就是采用 MediaPlayer 和 SufaceView 的组合来播放视频。前者比较简单，但是可控性较差；后者相对比较麻烦，但是可控性比较好。

首先来看一下使用 VideoView 播放视频的界面，如图 13-4 所示。

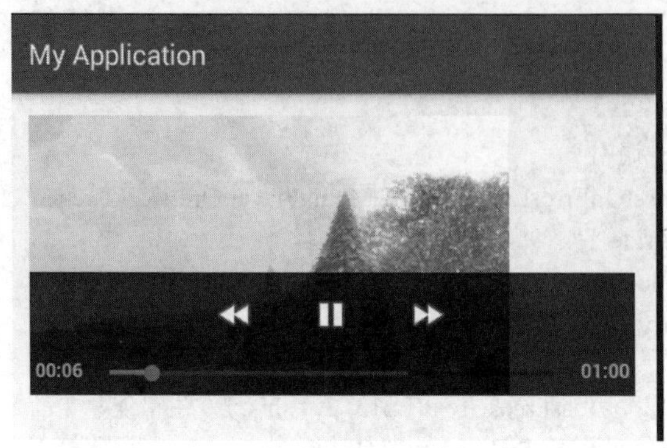

图 13-4 播放界面

布局文件 main.xml 中的代码如下：

```
<?xml version="1.0" encoding="utf-8"?>
<LinearLayout
    xmlns:android="http://schemas.android.com/apk/res/android"
    android:background="@drawable/white"
    android:orientation="vertical"
    android:layout_width="fill_parent"
    android:layout_height="fill_parent">
<VideoView
    android:id="@+id/myVideoView1"
    android:layout_width="fill_parent"
    android:layout_height="fill_parent"/>
</LinearLayout>
```

播放视频的代码如下：

```
/**
 * 开始播放视频
 */
privatevoid startVideo(String path){
    //指定播放文件路径
    videoView.setVideoURI(Uri.parse(path));
    //设置视频控制条
    videoView.setMediaController(new MediaController(this));
    //开始播放
    videoView.start();
}
```

13.2.5　MediaPlayer 和 SufaceView 组合播放视频

13.2.4 节中 VideoView 播放视频的代码很简单，本节将用 MediaPlayer 和 SufaceView 组合的形式播放视频，相对会难一些。

SurfaceView 提供了一个可直接访问的可画图界面，它能控制在界面顶部的子视图层。SurfaceView 是提供给需要直接画像素而不是使用窗体部件的应用使用的。Android 图形系统中一个重要的概念和线索是 surface。View 及其子类（如 TextView、Button、ImageButton）都要画在 surface 上。每个 surface 创建一个 Canvas 对象（但属性时常改变），用来管理 View 在 surface 上的绘图操作，如画点、画线。

在使用 SurfaceView 的时候，一般情况下还要对其改变、创建、销毁时的情况进行监视，这就要用到 SurfaceHolder.Callback 接口了，所以要实现这个接口函数，还要实现下面这三个方法：

```
//在 surface 的大小发生改变时激发
public void suftcaceChanged(SurfaceHolder holder,int format,int width,int height){})
//创建时激发，一般在这里调用画图的线程
public void surfaceCreated(SurfaceHolder holder){}
//销毁时激发，一般在这里将画图的线程停止、释放
public void surfaceDestroyed(SurfaceHolder holder) {}
```

程序运行结果如图 13-5 所示。

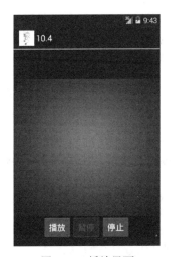

图 13-5　播放界面

首先看一下布局文件 main.xml 中的代码，如下：

```
<?xml version="1.0" encoding="utf-8"?>
<LinearLayout
    xmlns:android="http://schemas.android.com/apk/res/android"
    android:background="#ffffff"
    android:orientation="vertical"
    android:layout_width="fill_parent"
    android:layout_height="fill_parent">
<SurfaceView
```

```
    android:id="@+id/surfaceView"
    android:visibility="visible"
    android:layout_width="wrap_content"
    android:layout_height="wrap_content">
</SurfaceView>
</LinearLayout>
```

接着要实现 SurfaceHolder.Callback 接口，并且要实现三个方法，代码如下：

```
public class Ex13_2_5 extends Activity implements SurfaceHolder.Callback {
    @Override
    public void surfaceChanged(SurfaceHolder surfaceholder, int format, int w,int h) {
        Log.e("surface", "Surface Changed");
    }
    @Override
    public void surfaceCreated(SurfaceHolder surfaceholder) {
        Log.e("surface", "Surface Changed");
    }
    @Override
    public void surfaceDestroyed(SurfaceHolder surfaceholder) {
        Log.e("surface", "Surface Destroyed");
    }
}
```

初始化界面的代码如下：

```
@Override
publicvoid onCreate(Bundle savedInstanceState) {
    super.onCreate(savedInstanceState);
    //设置为横屏
    setRequestedOrientation(ActivityInfo.SCREEN_ORIENTATION_LANDSCAPE);
    //设置布局文件
    setContentView(R.layout.main);
    //得到 SurfaceView
    surfaceView = (SurfaceView) findViewById(R.id.surfaceView);
    //设置 SurfaceHolder 为 Layout SurfaceView
    surfaceHolder = surfaceView.getHolder();
    //设置 SurfaceHolder 的监听
    surfaceHolder.addCallback(this);
    //设置 SurfaceHolder 的类型
    surfaceHolder.setType(SurfaceHolder.SURFACE_TYPE_PUSH_BUFFERS);
    setTitle("请按菜单键！");
}
```

播放视频的代码如下：

```
/**
 * 播放视频
 *
 * @param strPath 视频路径
 */
privatevoid playVideo(String strPath) {
```

```
        try{
            if (checkSDCard()&&!isStart) {
                //加载 Raw 资源中的数据
                mediaPlayer = MediaPlayer.create(this, R.raw.test);
//              //加载 SD 卡中的数据
//              mediaPlayer = new MediaPlayer();
//              //设置源文件
//              mediaPlayer.setDataSource(strPath);
//              //准备播放
//              mediaPlayer.prepare();
                //设置 Video 影片以 SurfaceHolder 形式播放
                mediaPlayer.setDisplay(surfaceHolder);
                //开始播放
                mediaPlayer.start();
                setTitle(R.string.str_play);
                isStart = true;
                //设置完成播放的监听
                mediaPlayer.setOnCompletionListener(new MediaPlayer.OnCompletionListener() {
                    @Override
                    publicvoid onCompletion(MediaPlayer arg0) {
                        setTitle(R.string.str_done);
                    }
                });
                //发生错误的监听
                mediaPlayer.setOnErrorListener(new MediaPlayer.OnErrorListener() {
                    @Override
                    publicboolean onError(MediaPlayer arg0, int arg1, int arg2) {
                        try {
                            stopVideo();
                            Toast.makeText(Ex13_2_5.this, "发生错误！",
                            Toast.LENGTH_LONG).show();
                        } catch (Exception e) {
                            e.printStackTrace();
                        }
                        returnfalse;
                    }
                });
            }
        }catch(Exception e){
            e.printStackTrace();
        }
    }
```

暂停播放视频的代码如下：

```
    /**
     * 暂停视频
     */
```

```
privatevoid pauseVideo() {
    if (mediaPlayer != null) {
        if (isPause) {
            mediaPlayer.start();
            isPause = false;
            setTitle(R.string.str_play);
        } else{
            mediaPlayer.pause();
            isPause = true;
            setTitle(R.string.str_pause);
        }
    }
}
```

停止播放视频的代码如下：

```
/**
 * 停止视频
 */
privatevoid stopVideo(){
    if (mediaPlayer != null) {
        if (isStart) {
            //停止
            mediaPlayer.stop();
            //释放资源
            mediaPlayer.release();
            mediaPlayer = null;
            isStart = false;
            setTitle(R.string.str_stop);
        }
    }
}
```

注意：以上就是播放视频的全部代码了，需要注意其中的两个布尔值，如下所示。

```
/** MediaPlayer 暂停标识 */
privateboolean isPause = false;
/** MediaPlayer 开始标识 */
privateboolean isStart = false;
```

这两个标识是控制状态的，在视频播放、暂停、停止过程中使用多次，注意不要错误赋值。

13.3 录制音频

13.3.1 MediaRecorder 的状态

图 13-6 是 SDK 中关于 MediaRecorder 生命周期的图，从这张图中我们可以清楚地了解到

MediaRecorder 是如何工作的，基本是与 MediaPlayer 一样的，下面通过一个详细例子来了解一下。

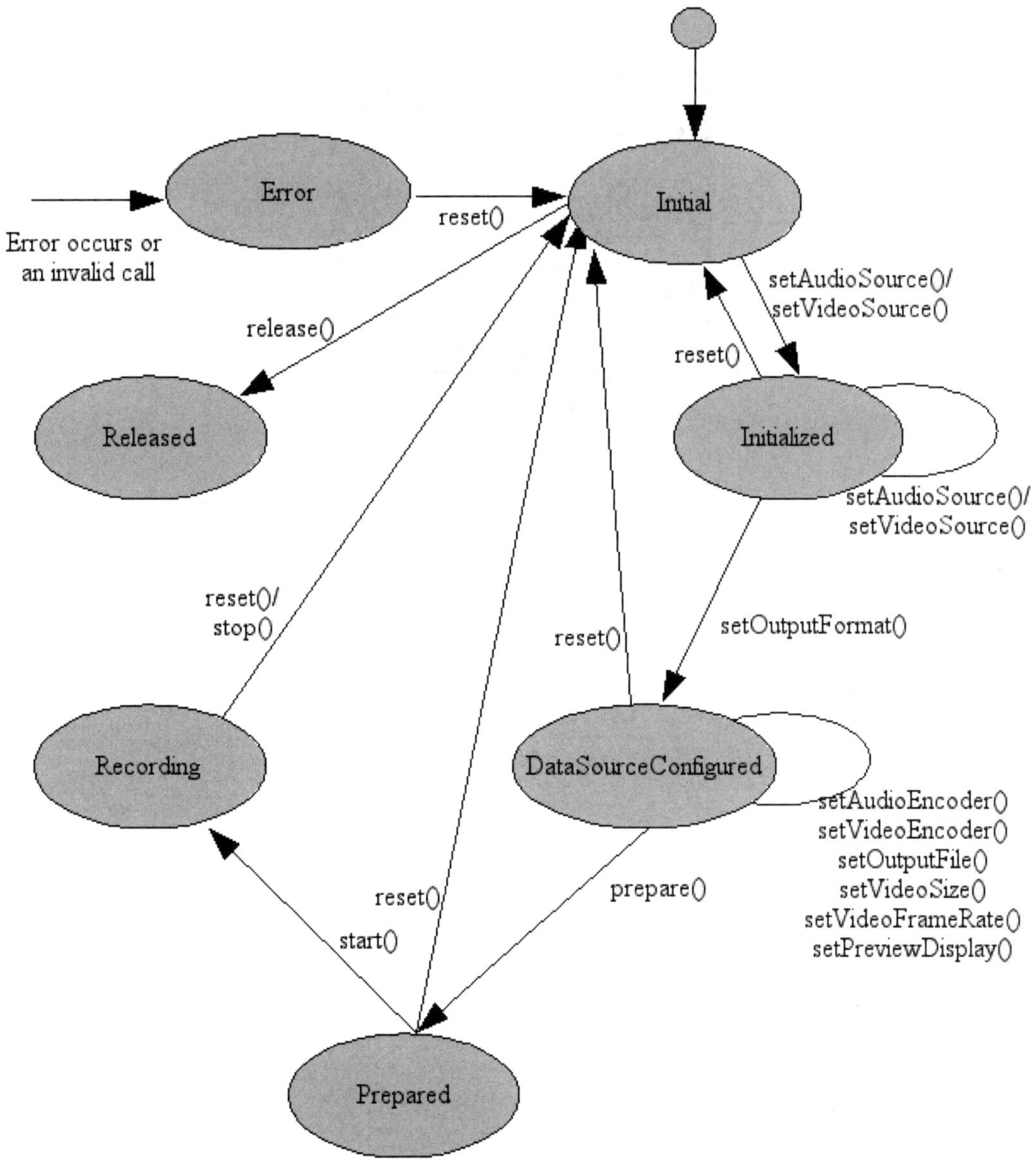

图 13-6　MediaRecorder 生命周期

13.3.2　简易录音机的实现

本节会介绍一个简单的录音机程序，基本将 MediaRecorder 的整个使用过程演示了一遍。录音机界面如图 13-7 所示。

图 13-7 录音机界面

首先看一下布局文件 main.xml 中的代码，如下：

```
<?xml version="1.0" encoding="utf-8"?>
<LinearLayout xmlns:android="http://schemas.android.com/apk/res/android"
     android:orientation="vertical"
     android:layout_width="fill_parent"
     android:layout_height="fill_parent">

<ListView
      android:id="@+id/listview"
      android:layout_width="fill_parent"
      android:layout_height="fill_parent"
      android:dividerHeight="2dip"/>

</LinearLayout>
```

上面的代码中用到了一个 ListView 控件。android:dividerHeight="2dip"为列表的行间距。

以下代码存在于 list_adapter.xml 中，这是列表 ListView 每一行使用的布局文件。

```
<?xml version="1.0" encoding="utf-8"?>
<LinearLayout
     xmlns:android="http://schemas.android.com/apk/res/android"
     android:id="@+id/file_explorer_adapter_linearLayout"
     android:layout_width="fill_parent"
     android:layout_height="wrap_content"
     android:orientation="horizontal">
<ImageView android:id="@+id/list_adapter_icon"
          android:layout_width="48px"
          android:layout_height="48px"
          android:padding="10px"
```

```
        android:layout_gravity="center"
        android:baselineAlignBottom="true"
        android:src="@drawable/icon"/>
<LinearLayout
        android:layout_width="fill_parent"
        android:layout_height="wrap_content"
        android:orientation="vertical">
<TextView android:id="@+id/list_adapter_title"
        android:layout_width="fill_parent"
        android:layout_height="wrap_content"
        android:textColor="@drawable/white"
        android:textSize="18px"
        android:textStyle="bold"
        android:textAppearance="?android:attr/textAppearanceMedium"/>
<TextView android:id="@+id/list_adapter_subtitle"
        android:layout_width="fill_parent"
        android:layout_height="wrap_content"
        android:layout_marginLeft="10px"
        android:textSize="14sp"
        android:textColor="@drawable/white"/>
</LinearLayout>
</LinearLayout>
```

适配器 MyAdapter 的代码如下：

```
/**
 * 适配器
 */
publicclass MyAdapter extends BaseAdapter {
    private LayoutInflater mInflater;
    private List<Map<String, Object>> mList;
    private String[] mIndex;

    public MyAdapter(Context context, String[]
index,List<Map<String, Object>> list) {
        mInflater = LayoutInflater.from(context);
        mList = list;
        mIndex = index;
    }
    publicint getCount() {
        return Math.min(mList.size(), mList.size());
    }
    public Object getItem(int position) {
        return mList.get(position % mList.size());
    }
    publiclong getItemId(int position) {
        return position;
    }
```

```
    public View getView(int position, View convertView, ViewGroup parent) {
        ViewHolder holder = null;
        convertView = mInflater.inflate(R.layout.list_adapter, null);
        holder = new ViewHolder();
        holder.name = (TextView) convertView.findViewById(R.id.list_adapter_title);
        holder.subTitle = (TextView) convertView.findViewById(R.id.list_adapter_subtitle);
        String peopleName = (String) mList.get(position).get(mIndex[1]);
        String phoneNumber = (String) mList.get(position).get(mIndex[2]);
        holder.name.setText(peopleName);
        holder.subTitle.setText(phoneNumber);
        convertView.setTag(holder);
        return convertView;
    }
    privateclass ViewHolder {
        TextView name;
        TextView subTitle;
    }
}
```

MyAdapter 类写到了主类中，作为一个内部类，它是数据和界面衔接的控制者。

开始录音的代码如下：

```
/**
 * 开始录音
 */
privatevoid menuStartRecording(){
    try{
        if(!isStartRecording){
            //创建录音频文件
            recordingFile = File.createTempFile(fileName, ".amr",filePath);
            //初始化 MediaRecorder
            mediaRecorder = new MediaRecorder();
            //设置录音来源为麦克风
            mediaRecorder.setAudioSource(MediaRecorder.AudioSource.MIC);
            //设置输出格式
            mediaRecorder.setOutputFormat(MediaRecorder.OutputFormat.DEFAULT);
            //设置编码格式
            mediaRecorder.setAudioEncoder(MediaRecorder.AudioEncoder. AMR_NB);
            //设置输出路径
            mediaRecorder.setOutputFile(recordingFile.getAbsolutePath());
            //准备录音
            mediaRecorder.prepare();
            //开始录音
            mediaRecorder.start();
            setTitle("录音中...");
            isStartRecording = true;
        }
    }catch (IOException e){
```

```
            e.printStackTrace();
        }
    }
```

在上述方法中，创建了 MediaRecorder 实例并进行了初始化。

- 输入源被设置为麦克风（MIC）。
- 输出格式被设置为 DEFAULT，还可以是其他格式，如 3GPP（*.3gp 文件）等。
- 编码器被设置为 AMR_NB，这是音频格式，采样率为 8kHz。NB 表示窄频。SDK 文档解释了不同的数据格式和可用的编码器。
- 音频文件存储在存储卡而不是内存中。通过调用 setOutputFile()方法可将文件关联到 MediaRecorder 实例中。音频数据将存储到该文件中。
- 调用 prepare()方法完成 MediaRecorder 的初始化。准备开始录制流程时，将调用 start()方法。

结束录音的代码如下：

```
/**
 * 停止录音
 */
privatevoid menuStopRecording() {
    if (recordingFile != null&&isStartRecording) {
        //停止播放
        mediaRecorder.stop();
        //释放资源
        mediaRecorder.release();
        mediaRecorder = null;
        setTitle("停止录音");
        isStartRecording = false;
        flushList();
    }
}
```

调用 stop()方法之前，将对存储卡上的文件进行录制。release()方法将释放分配给 MediaRecorder 实例的资源。

播放录音的代码如下：

```
/**
 * 播放录音，调用系统播放器
 * @param file
 */
privatevoid menuPlayRecording(File file){
    Intent intent = new Intent();
    intent.addFlags(Intent.FLAG_ACTIVITY_NEW_TASK);
    intent.setAction(android.content.Intent.ACTION_VIEW);
    intent.setDataAndType(Uri.fromFile(file), "audio");
    startActivity(intent);
}
```

删除录音的代码如下：

```
/**
```

```
    * 删除录音
    * @param file
    */
   privatevoid menuDeleteRecording(File file){
       if (file != null){
           if (file.exists()){
               boolean isDelete = file.delete();
               if(isDelete){
                   setTitle("删除成功！");
               }else{
                   setTitle("删除失败！");
               }
               //刷新类表
               flushList();
           }
       }
   }
```

注意：需要加入录音权限。

```
<uses-permission android:name="android.permission.RECORD_AUDIO"/><!-- 录音权限 -->
```

13.4 相机的使用

在 Android 系统中，对相机的调用可以完成许多应用，如一个大头贴软件、条形码的读取，以及在地图中加入当前地点的照片等，应该说这是一个比较有特点的功能，可以利用它完成很多事情。下面用一个简单的例子来讲述如何调用相机拍照并存储照片。

照相机界面如图 13-8 所示。

图 13-8 照相机界面

布局文件 main.xml 中的代码如下：

```
<?xml version="1.0" encoding="utf-8"?>
<LinearLayout xmlns:android="http://schemas.android.com/apk/res/android"
    android:layout_width="fill_parent"
    android:layout_height="fill_parent"
```

```
    android:orientation="vertical">
<SurfaceView
    android:id="@+id/surfaceView"
    android:layout_width="fill_parent"
    android:layout_height="240px"/>
<LinearLayout
    android:orientation="horizontal"
    android:layout_width="fill_parent"
    android:layout_height="wrap_content">
<Button
    android:id="@+id/myButton1"
    android:layout_width="fill_parent"
    android:layout_height="wrap_content"
    android:layout_weight="1"
    android:text="@string/str_button1"/>
<Button
    android:id="@+id/myButton2"
    android:layout_width="fill_parent"
    android:layout_height="wrap_content"
    android:layout_weight="1"
    android:text="@string/str_button2"/>
<Button
    android:id="@+id/myButton3"
    android:layout_width="fill_parent"
    android:layout_height="wrap_content"
    android:layout_weight="1"
    android:text="@string/str_take_focus"/>
<Button
    android:id="@+id/myButton4"
    android:layout_width="fill_parent"
    android:layout_height="wrap_content"
    android:layout_weight="1"
    android:text="@string/str_take_picture"/>
</LinearLayout>
</LinearLayout>
```

SurfaceView 控件在 13.2.5 节用到过，它是显示照相机内容的控件，此处不再详述。上述 4 个 Button 控件中用到了参数 android:layout_weight="1"，这是按比例显示的参数，如果这 4 个参数都是 1 的话，那么 4 个按钮控件就会平均分布在界面上了。

下面为初始化界面的相关代码，包括初始化 SurfaceView、SurfaceHolder 和 4 个按钮控件：

```
@Override
publicvoid onCreate(Bundle savedInstanceState) {
    super.onCreate(savedInstanceState);
    //去掉标题
    requestWindowFeature(Window.FEATURE_NO_TITLE);
    //设置布局文件
    setContentView(R.layout.main);
```

```
        //以 SurfaceView 作为相机显示控件
        surfaceView = (SurfaceView) findViewById(R.id.surfaceView);
        //取得 SurfaceHolder 对象
        surfaceHolder = surfaceView.getHolder();
        //设置监听
        surfaceHolder.addCallback(this);
        //下面设置 Surface 不维护自己的缓冲区，而是等待屏幕的渲染引擎将内容推送到用户面前
        surfaceHolder.setType(SurfaceHolder.SURFACE_TYPE_PUSH_BUFFERS);
        //开启摄像头
        mButton01 = (Button) findViewById(R.id.myButton1);
        mButton01.setOnClickListener(new Button.OnClickListener() {
            @Override
            publicvoid onClick(View arg0) {
                openCamera();
            }
        });
        //关闭摄像头
        mButton02 = (Button) findViewById(R.id.myButton2);
        mButton02.setOnClickListener(new Button.OnClickListener() {
            @Override
            publicvoid onClick(View arg0) {
                closeCamera();
            }
        });
        //摄像头对焦
        mButton03 = (Button) findViewById(R.id.myButton3);
        mButton03.setOnClickListener(new Button.OnClickListener() {
            @Override
            publicvoid onClick(View arg0) {
                if(camera!=null){
                        camera.autoFocus(null);
                }
            }
        });
        //拍照
        mButton04 = (Button) findViewById(R.id.myButton4);
        mButton04.setOnClickListener(new Button.OnClickListener() {
            @Override
            publicvoid onClick(View arg0) {
                if (checkSDCard()&& camera != null&& isCameraOpen) {
                    camera.takePicture(null, null, jpegCallback);
                }
            }
        });
    }
```

接下来开启相机，点击第一个按钮“打开相机”，执行如下代码：

```
/**
 *  打开相机
 */
privatevoid openCamera() {
    try{
        if (!isCameraOpen) {
            //打开相机
            camera = Camera.open();
            //创建 Camera.Parameters 对象
            Camera.Parameters parameters = camera.getParameters();
            //设置相片格式为 JPEG
            parameters.setPictureFormat(PixelFormat.JPEG);
            //得到屏幕的宽度
            WindowManager wm = (WindowManager)getSystemService
                (Context.WINDOW_SERVICE);
            Display display = wm.getDefaultDisplay();
            picWidth = display.getWidth();
            //指定 Preview 的屏幕大小
            parameters.setPreviewSize(picWidth, picHeight);
            //将 Camera.Parameters 赋予 Camera
            camera.setParameters(parameters);
            //设置显示
            camera.setPreviewDisplay(surfaceHolder);
            //打开相机预览
            camera.startPreview();
            isCameraOpen = true;
        }
    }catch(Exception e){
        e.printStackTrace();
    }
}
```

相机拍摄的内容会在 SurfaceView 控件中显示，就像图 13-8 中显示的一样。

关闭相机的相关代码如下：

```
/**
 *  关闭相机
 */
privatevoid closeCamera() {
    try{
        if (camera != null&& isCameraOpen) {
            //停止 Camera
            camera.stopPreview();
            //释放 Camera 对象
            camera.release();
            camera = null;
```

```
                isCameraOpen = false;
            }
        }catch(Exception e){
            e.printStackTrace();
        }
    }
```

对焦时要调用系统函数 camera.autoFocus(null)。

在拍照时，首先需要检查 SD 卡是否存在，然后调用系统的函数 camera.takePicture(null, null, jpegCallback);，jpegCallback 是照相后返回的数据，相关代码如下：

```
/**
 * 照片数据返回
 */
private PictureCallback jpegCallback = new PictureCallback() {
    publicvoid onPictureTaken(byte[] _data, Camera _camera) {
        try {
            //生成图片，_data 为图片数据
            Bitmap bitmap = BitmapFactory.decodeByteArray(_data, 0, _data.length);
            //创建文件
            File myCaptureFile = new File(picFilePath);
            BufferedOutputStream bos = new BufferedOutputStream(new FileOutputStream
                (myCaptureFile));
            //采用压缩转档方法
            bitmap.compress(Bitmap.CompressFormat.JPEG, 80, bos);
            //调用 flush()方法，更新 BufferStream
            bos.flush();
            //结束 OutputStream
            bos.close();
            Toast.makeText(Ex13_4_1.this, "保存成功,保存路径:
                "+picFilePath, Toast.LENGTH_LONG).show();
            //拍照完成后进入预览，必须先关闭相机再重启
            //关闭相机
            closeCamera();
            //重新启动相机
            openCamera();
        } catch (Exception e) {
            e.printStackTrace();
        }
    }
};
```

完成拍照后，数据将会返回到 jpegCallback 中，而我们对这个返回的数据进行存储，存储成功后，必须先关闭相机然后重新启动相机，因为照相完成后，界面会停留在照片预览的界面，必须要重启，相机才能继续工作。

在打开相机后会发现影像是反转了 90 度的，如图 13-9 所示。

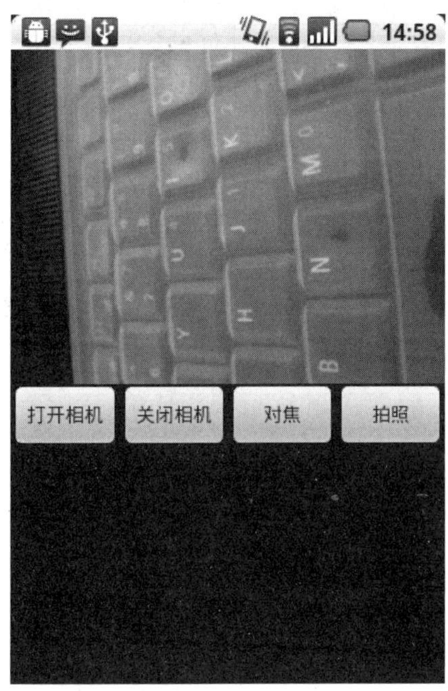

图 13-9　相机原图

为了显示正常方向的图像，可修改一下 Manifest，代码如下：

```
<?xml version="1.0" encoding="utf-8"?>
<manifest xmlns:android="http://schemas.android.com/apk/res/android"
    package="com.ldci.android.ex13_4_1"
    android:versionCode="1"
    android:versionName="1.0">
<application android:icon="@drawable/icon" android:label="@string/app_name">
<activity android:name=".Ex13_4_1" android:label="@string/app_name"
    android:screenOrientation="landscape">
<intent-filter>
<action android:name="android.intent.action.MAIN" />
<category android:name=
    "android.intent.category.LAUNCHER" />
</intent-filter>
</activity>
</application>
<!-- 相机权限 -->
<uses-permission android:name="android.permission.CAMERA"/>
<uses-sdk android:minSdkVersion="3" />
</manifest>
```

上面的代码在 Activity 定义中加入了 android:screenOrientation="landscape"属性，这个属性就是将屏幕强制横屏，这样我们看到的影像方向就正确了。

注意：需要加入以下权限。

```
<!-- 相机权限 -->
<uses-permission android:name="android.permission.CAMERA"/>
```

本章小结

本章主要介绍了在 Android 系统中如何播放音频与视频，以及如何控制相机拍照等内容。Android 平台可以通过资源文件、文件系统和网络三种方式来播放多媒体文件，可使用 MediaPlayer 播放音频，使用 VideoView 播放视频，还可将 MediaPlayer 和 SufaceView 组合播放视频，使用 MediaRecorder 录制音频和使用 SurfaceView 控件控制相机。

第 14 章　2D 游戏开发

学习目标：

- 掌握 Android 平台 2D 图形框架
- 掌握 Android 视图绘制
- 掌握 2D 游戏开发
- 掌握 Android 平台动画实现

14.1　2D 图形框架

14.1.1　2D 图形框架介绍

Android 的画图分为 2D 和 3D 两种：

- 3D 部分是由 OpenGL ES 实现的。
- 2D 是由 Skia 实现的，也就是 Android 框架图上的 SGL（SGL 在某些情况下也会调用部分 OpenGL ES 的内容来实现简单的 3D 效果）。另外 Application Framework 提供了 View System 来处理 2D 框架。

Skia 图形渲染引擎最初由 Skia 公司开发，该公司于 2005 年被 Google 收购。Android 使用 Skia 作为其核心图形引擎。Skia 也是 Google Chrome（目前最快的浏览器）的图形引擎。关于 3D 部分，Android 已经跟上了 OpenGL ES 的发展，它可以支持其最新的版本 OpenGL ES 3.0。

图 14-1 所示的 2D 图形框架中的 View System 就是指 android.view 包里的内容，它包含了用于控制屏幕的 UI 接口。对于 2D 图形开发来说，我们需要使用 View System 中最基本的对象作为绘图的容器。

Android 在应用层对 SGL 进行了 Java 封装，因此不需要学习 SGL 或 Skia，只要懂得如何使用 Java 操作 View System 及绘图接口就可以了。这样大大方便了开发者的开发效率，并且降低了开发的门槛。

Skia 提供了底层绘图的四大要素：

- 位图（Bitmap）：代表像素图形，支持 png、jpg、bmp 等常用图片格式。
- 图元（Drawing Primitive）：被绘画的图形单元，可以是位图、图形、线条、文字等。
- 画布（Canvas）：用于呈现被绘制的内容。
- 画笔（Paint）：用于描述绘画的样式、色彩等信息。

可以在 android.graphics 包中找到位图、画布、画笔三大要素对应的实现类，分别是 Bitmap、Canvas、Paint 类。图元作为一个抽象概念，没有具体的实现类。只要是可以被 Canvas 呈现的对象，都可以认为是图元。

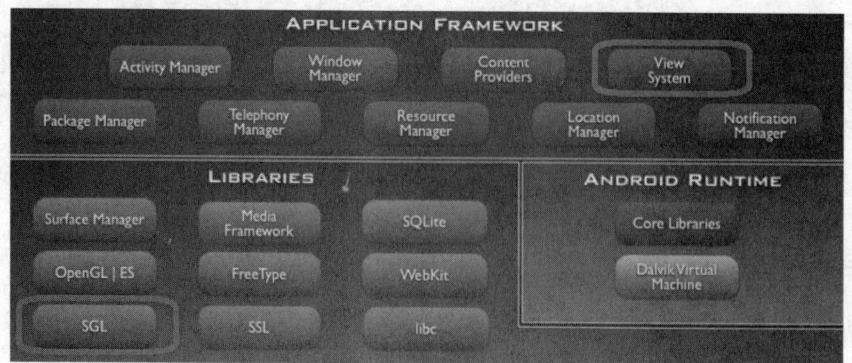

图 14-1 2D 图形框架

14.1.2 Canvas 类的使用

Canvas 类代表可供绘画的表面（即绘图表面、屏幕等），它提供了各种图元的绘画方法。程序员可以使用这些绘画方法，将图元绘制到 Canvas 所代表的绘图表面。通常有两种绘图表面，第一种是使用 Canvas 向一个 Bitmap 对象进行绘图；第二种是向屏幕绘图，此时对 Canvas 的操作将直接反映到屏幕上。简单地说，第一种方法有一个缓冲区，先将要绘制的内容绘制到 Bitmap 上，再将 Bitmap 以图像的方式一次性地画到 Canvas 上；第二种就是直接将每次画的内容画到屏幕上。使用如下两个方法，都可以获取一个用于 Bitmap 对象的 Canvas 实例：

- 声明一个 Canvas 对象，然后调用构造方法将一个 Bitmap 对象传递进来。
- 创建一个 Canvas 对象，里面没有传递任何参数，然后调用 setBitmap()将一个对象传递进来。

此外，Android 的 UI 也是基于 2D 绘图框架实现的。所以在 View 类的关键方法 onDraw(Canvas canvas)中包含了代表该 View 控件的绘图表面（Canvas）。可以重写 onDraw 方法来改变 View 的绘画效果。

下面介绍 Canvas 的绘画方法：

- drawArc：画弧形或扇面。
- drawBitmap：画位图。
- drawCircle：画圆。
- drawOval：画椭圆。
- drawLine：画直线。
- drawLines：画线段数组。
- drawPath：画轨迹。
- drawPicture：画图像。
- drawPoint：画点。
- drawPoints：画点数组。
- drawRect：画矩形。
- drawRoundRect：画圆角矩形。
- drawText：画文本。
- drawVertices：画顶点数组。

- drawTextOnPath：按一定的轨迹画文本（例如按波浪形排列的文字）。
- drawRGB、drawARGB、drawColor：用颜色填充 Canvas（绘图表面）。
- drawBitmapMesh：通过变换矩阵对图片进行变换后将其绘制到 Canvas 上。
- drawPaint：使用当前画笔的颜色和风格填充 Canvas。

14.1.3　Paint 类的使用

Paint 可以理解为画笔、画刷的属性定义类，主要用于描述绘画操作的颜色、样式、字体、文字大小等属性。Paint 的功能非常多，下面列举其中最常用的几种（其他的请参考相关文档）：

- setAntiAlias：全拼抗锯齿（务必打开这个功能）。一般在绘制字符串的时候，需要调用 setAntiAlias 设置全拼抗锯齿，否则在使用中文的时候文字显示不清晰。
- setTypeface：设置字体。可以把自定义的字体放到工程的资源目录下面来设置。
- setTextSize：设置文字大小。
- setTextAlign：设置文字对齐方式。其对齐方式跟 Word 的对齐方式是一样的，可以左对齐和右对齐。
- setStyle：设置风格，例如填充、凹陷等。配合此方法，可以绘制矩形或填充矩形。
- breakText：文本断行，配合此方法可以避免画文字时“出界”。如果文字太长，则会超出屏幕，此时应该先用这个方法，根据给定参数，计算出行数，然后再调用绘制方法。这样就能避免文字越界了。
- measureText：获取文本显示时的宽度。这个方法可以帮助我们进行一些底层计算，例如想要在文字后面画一个小图标，如果不知道文字的实际显示宽度，就无法找到正确的位置。

14.2　绘制自定义的 UI 控件

在开发过程中，往往会发现系统控件无法满足我们的一些特殊需求。例如，绘制一个股市行情的走势图，这时就需要利用自定义的 UI 控件及 2D 绘图的技巧来达到目的。

Android 允许开发者通过以下步骤创建自定义的 UI 控件，效果如图 14-2 所示。

- 首先需要创建一个 View 的子类（View 是所有 UI 控件的基类），定义自己的控件类直接继承 View 类，然后定义自己类的构造方法，通过 super 传入 context 这样的参数，另外调用 setFocusable(true)方法。一般需要使用 setFocusable(true)方法，以确保控件可以获得焦点，不然该控件无法响应键盘等的输入输出需求。
- 然后重载 onDraw(Canvas canvas)方法，它将决定 UI 控件如何被显示。使用时在 onDraw 方法中利用 canvas 进行绘画即可。其返回值为 void，名字为 onDraw，里面的参数为 Canvas 类型。同时在方法中注意进行回调，也就是调用 super.onDraw 方法，并且把 canvas 作为参数传进去。
- 最后可以选择性地重载 View 的其他函数，完成控件的交互功能。实际上在 View 类中除了可以重载 onDraw()外，还可以处理按键响应及触摸屏响应。文中没有重载其他的函数，因为目前我们只关注底层图形的绘画，暂时不需要其他功能，所以只重载 onDraw()即可。

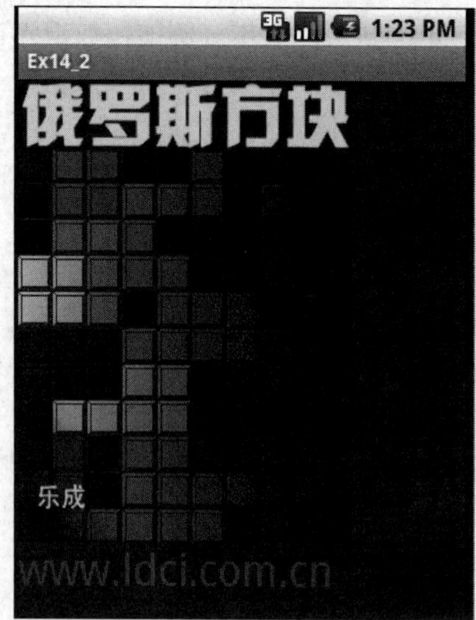

图 14-2　绘制自定义 UI 控件效果

相关代码如下：

```
public class MyView extends View {
    Bitmap bitmap = null;
    public MyView(Context context) {
        super(context);
        setFocusable(true);
        try {
            InputStream is = null;
            Resources rs = MainActivity.instance.getResources();
            is = rs.openRawResource(R.drawable.background);
            bitmap = BitmapFactory.decodeStream(is);
        } catch (Exception e) {
            e.printStackTrace();
        }
    }
    protected void onDraw(Canvas canvas) {
        super.onDraw(canvas);
        Paint paint=new Paint();
        paint.setColor(0xFFFF0000);
        paint.setTextSize(30);
        canvas.drawText("www.ldci.com.cn", 0, 350, paint);
        canvas.drawBitmap(bitmap, 0,0, paint);
    }
}
```

14.3　绘制文字

用贝塞尔曲线绘制文字的效果如图 14-3 所示，步骤如下：

（1）重载 View 的 onSizeChanged()方法。

（2）定义一个贝塞尔曲线，用于演示按轨迹（Path）来绘制文字的效果。创建一个 Path 对象，然后调用 cubicTo()方法设置具体的曲线。cubicTo()的作用就是在几个点之间填充贝塞尔曲线的顶点。

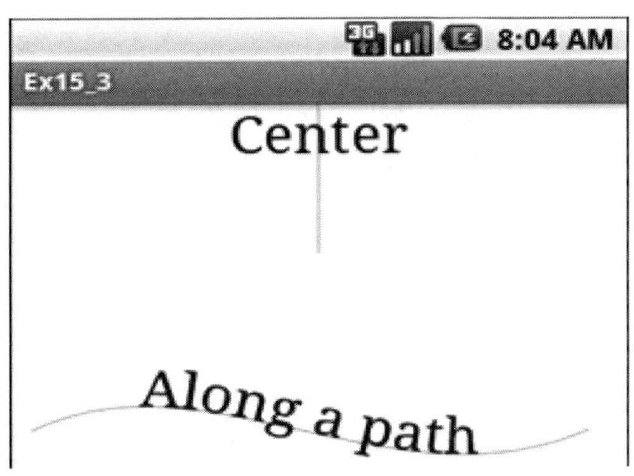

图 14-3 绘制文字效果

相关代码如下：

```
public class MyView extends View {
        private Paint mPaint;
        private float mX;
        private float[] mPos;

        private Path mPath;
        private Paint mPathPaint;

        private static final int DY = 30;
        private static final String TEXT_L = "Left";
        private static final String TEXT_C = "Center";
        private static final String TEXT_R = "Right";
        private static final String POSTEXT = "Positioned";
        private static final String TEXTONPATH = "Along a path";
        private float[] buildTextPositions(String text, float y, Paint paint) {
                float[] widths = new float[text.length()];
                int n = paint.getTextWidths(text, widths);
                float[] pos = new float[n * 2];
                float accumulatedX = 0;
                for (int i = 0; i < n; i++) {
                        pos[i * 2 + 0] = accumulatedX;
                        pos[i * 2 + 1] = y;
                        accumulatedX += widths[i];
                }
                return pos;
        }
```

```
    public MyView(Context context) {
        super(context);
        setFocusable(true);
        mPaint = new Paint();
        mPaint.setAntiAlias(true);
        mPaint.setTextSize(30);
        mPaint.setTypeface(Typeface.SERIF);
        mPos = buildTextPositions(POSTEXT, 0, mPaint);
        //cubicTo()定义一个贝塞尔曲线
        mPath = new Path();
        mPath.moveTo(10, 0);
        mPath.cubicTo(100, -50, 200, 50, 300, 0);
        mPathPaint = new Paint();
        mPathPaint.setAntiAlias(true);
        mPathPaint.setColor(0x800000FF);
        mPathPaint.setStyle(Paint.Style.STROKE);
    }
    protected void onDraw(Canvas canvas) {
        canvas.drawColor(Color.WHITE);
        Paint p = mPaint;
        float x = mX;
        float y = 0;
        float[] pos = mPos;
        //绘制普通文字
        p.setColor(0x80FF0000);
        canvas.drawLine(x, y, x, y + DY * 3, p);
        p.setColor(Color.BLACK);
        //居中
        canvas.translate(0, DY);
        p.setTextAlign(Paint.Align.CENTER);
        canvas.drawText(TEXT_C, x, y, p);
        canvas.translate(100, DY * 2);
        //按 Path 轨迹绘制文字
        canvas.translate(-100, DY * 2);
        canvas.translate(0, DY * 1.5f);
        canvas.drawPath(mPath, mPathPaint);
        p.setTextAlign(Paint.Align.CENTER);
        canvas.drawTextOnPath(TEXTONPATH, mPath, 0, 0, p);
    }
    protected void onSizeChanged(int w, int h, int ow, int oh) {
        super.onSizeChanged(w, h, ow, oh);
        mX = w * 0.5f;
    }
}
```

14.4　绘制图形

在 onDraw 方法中，可实现绘制图形，需要注意的是 onDraw 方法不需要手动调用，当自定义的控件被显示到前台时，它会自动调用 View 当中对应的 onDraw 方法。下面列举几个重要的功能：

（1）抗锯齿：能提高控件显示效果。直接调用 paint.setAntiAlias(true)方法即可。

（2）RectF：矩形实体类，包含四个顶点。很多绘图方法都用它作参数。

（3）Path：轨迹，非常有用的顶点集合类。它常用于定义轨迹的顶点集合信息（例如手指在屏幕上滑动的轨迹）。定义的方式为先创建一个 Path 对象，然后用 moveTo()定位具体的坐标，利用 lineTo()作连线，最后调用 close()完成路径的规划。

绘制图形的效果如图 14-4 所示。

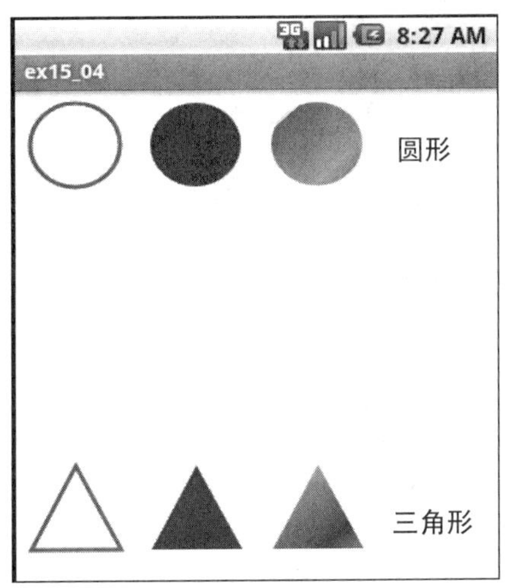

图 14-4　绘制图形效果

相关代码如下：

```
public class MyView extends View {
    public MyView(Context context) {
        super(context);
        setFocusable(true);
    }
    protected void onDraw(Canvas canvas) {
        super.onDraw(canvas);
        /* 设置背景为白色 */
        canvas.drawColor(Color.WHITE);
        Paint paint = new Paint();
        /* 去锯齿 */
        paint.setAntiAlias(true);
        /* 设置 paint 的颜色 */
        paint.setColor(Color.RED);
        /* 设置 paint 的 style 为 STROKE：空心 */
```

```
            paint.setStyle(Paint.Style.STROKE);
            /* 设置 paint 的外框宽度 */
            paint.setStrokeWidth(3);
            /* 画一个空心圆形 */
            canvas.drawCircle(40, 40, 30, paint);
            /* 画一个空心三角形 */
            Path path = new Path();
            path.moveTo(10, 330);
            path.lineTo(70, 330);
            path.lineTo(40, 270);
            path.close();
            canvas.drawPath(path, paint);
            /* 设置 paint 的 style 为 FILL：实心 */
            paint.setStyle(Paint.Style.FILL);
            /* 设置 paint 的颜色 */
            paint.setColor(Color.BLUE);
            /* 画一个实心圆 */
            canvas.drawCircle(120, 40, 30, paint);
            /* 画一个实心三角形 */
            Path path2 = new Path();
            path2.moveTo(90, 330);
            path2.lineTo(150, 330);
            path2.lineTo(120, 270);
            path2.close();
            canvas.drawPath(path2, paint);
            /* 设置渐变色 */
            Shader mShader = new LinearGradient(0, 0, 100, 100, new int[] {
                    Color.RED, Color.GREEN, Color.BLUE, Color.YELLOW }, null,
                    Shader.TileMode.REPEAT);
            paint.setShader(mShader);
            /* 画一个渐变圆 */
            canvas.drawCircle(200, 40, 30, paint);
            /* 画一个渐变三角形 */
            Path path4 = new Path();
            path4.moveTo(170, 330);
            path4.lineTo(230, 330);
            path4.lineTo(200, 270);
            path4.close();
            canvas.drawPath(path4, paint);
            /* 写字 */
            paint.setTextSize(24);
            canvas.drawText("圆形", 240, 50, paint);
            canvas.drawText("三角形", 240, 320, paint);
        }
    }
```

14.5　绘制图像

要把一个图像画到 View 上，必须用到的类有 android.graphics.Canvas 和 android.graphics.Bitmap。方法很简单，在 View 里面，重载 onDraw(Canvas canvas)方法，然后用 canvas.drawBitmap()方法，即可将图像画在屏幕上，如图 14-5 所示。

图 14-5　绘制图像效果

相应代码如下：

```
public class MyView extends View {
    Bitmap bitmap = null;
    public MyView(Context context) {
        super(context);
        setFocusable(true);
        try {
            InputStream is = null;
            Resources rs = MainActivity.instance.getResources();
            is = rs.openRawResource(R.drawable.background);
            bitmap = BitmapFactory.decodeStream(is);
        } catch (Exception e) {
            e.printStackTrace();
        }
    }
    protected void onDraw(Canvas canvas) {
        super.onDraw(canvas);
        Paint paint = new Paint();
        canvas.drawBitmap(bitmap, 0, 0, paint);
    }
}
```

14.6 游戏地图编辑器的使用

游戏地图编辑器是用来编辑游戏地图的工具，一般是策划人员使用这个工具来对游戏中用到的地图进行编辑，并将导出的数据交给程序，以便应用到游戏当中。

常用的地图编辑器有很多，而且有很多通用的版本，在网上就可以找到。当然，现在好多公司都有自己开发的编辑器，它可以针对自己公司的产品定位有目的性地进行开发，但这些工具一般都是保密的。下面来讲述 mapWin 这款地图编辑器是如何使用的。

运行软件后，选择 File→New Map 菜单项，程序会弹出一个属性窗口，如图 14-6 所示。

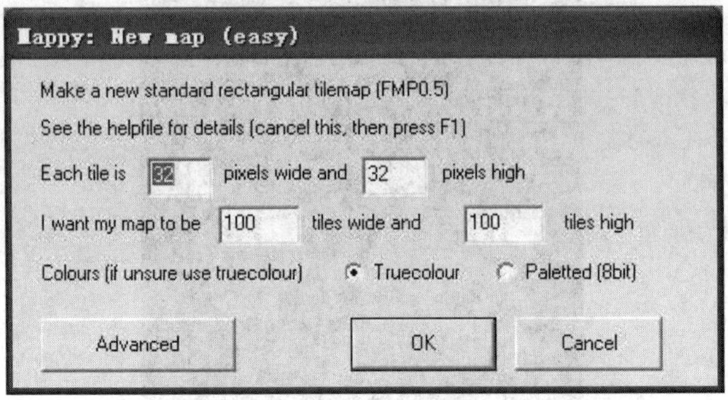

Mappy: New map (easy)

Make a new standard rectangular tilemap (FMP0.5)

See the helpfile for details (cancel this, then press F1)

Each tile is 32 pixels wide and 32 pixels high

I want my map to be 100 tiles wide and 100 tiles high

Colours (if unsure use truecolour) ◉ Truecolour ○ Paletted (8bit)

Advanced OK Cancel

图 14-6　新建地图

在这个界面中，我们需要设定每个地图元素的宽度和高度，并且需要设定场景中水平和垂直方向的图块数量，完成后点击 OK 按钮。

选择 File→Import 菜单项，将地图图片引入。注意，mapWin 软件只支持有限的地图图片格式，因此我们要把手中的图片转成所要求的格式，这里使用 bmp 格式的图片。

引入图片后，就可以开始编辑地图了。可以点击窗口右方的图块来绘制地图，如图 14-7 所示。

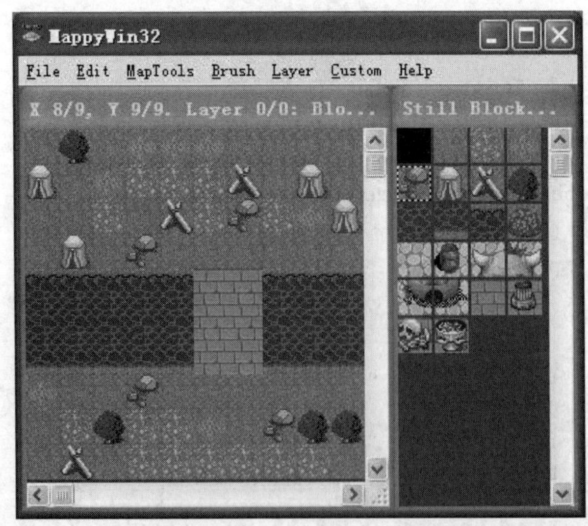

图 14-7　拼地图

地图编辑完毕后，就可以把数据导出了。但在导出前，需要对当前的地图进行保存。选择 File→Export as text，在弹出的菜单中点击 OK 按钮，这样地图的数据就被导出了。导出的文件如图 14-8 所示。

```
const short df_map0[10][10] = {
{ 1, 1, 1, 1, 1, 1, 5, 1, 1, 1 },
{ 1, 1, 11, 1, 1, 1, 1, 1, 1, 1 },
{ 1, 11, 1, 1, 1, 6, 1, 4, 1, 1 },
{ 1, 4, 4, 1, 1, 1, 1, 1, 1, 4 },
{ 1, 11, 1, 1, 1, 1, 4, 1, 4, 1 },
{ 11, 1, 1, 1, 1, 1, 1, 1, 1, 1 },
{ 10, 10, 10, 10, 1, 10, 10, 10, 10, 10 },
{ 8, 8, 8, 8, 1, 8, 8, 8, 8, 8 },
{ 9, 9, 9, 9, 1, 9, 9, 9, 9, 9 },
{ 18, 18, 18, 18, 18, 18, 18, 18, 18, 18 }
};
```

图 14-8　地图数据

14.7　游戏地图的实现

在画游戏地图时，一般采用表格来绘制，将地图分成多行多列。这样做的好处是图片可以重复使用，详细代码如下：

```
//地图总行数
int maxRows = this.map_data.length;
//地图总列数
int maxCols = this.map_data[0].length;
for (int row = 0; row < maxRows; row++) {
    for (int col = 0; col < maxCols; col++) {
        //小图编号
        int imgId = this.map_data[row][col];
        imgId = imgId - 1;
        //小图在手机屏幕上的 y 坐标
        int y = row * 24;
        //小图在手机屏幕上的 x 坐标
        int x = col * 24;
        //小图在大图上的行数
        int smallImageRow = imgId / 7;
        //小图在大图上的偏移量
        int offsetY = smallImageRow * 24;
        int smallImagecol = imgId % 7;
        int offsetX = smallImagecol * 24;
        //画大图中的小图
        drawClipImage(canvas, paint, this.bitmap, x, y, offsetX,
        offsetY, 24, 24);
```

```
            Log.d("game", x + "," + y + "," + offsetX + "," + offsetY);
        }
        Log.d("game", "------------------------");
    }
```

14.8 游戏人物动作的实现

在游戏中，我们用方向键来控制人物的行走，一般会在游戏中为人物设置一个步长，它指定了人物一次行走所发生的 x 轴或 y 轴的位移，以像素为单位。

详细代码如下：

```
public class MyView extends View implements Runnable {
    Bitmap bitmap = null;
    int[] currentAction = null;
    int[] standAciton = { 7 };              //站立帧序列
    int[] upAciton = { 0, 1, 2 };           //向上走帧序列
    int[] downAciton = { 6, 7, 8 };         //向下走帧序列
    int[] leftAciton = { 9, 10, 11 };       //向左走帧序列
    int[] rightAciton = { 3, 4, 5 };        //向右走帧序列
    boolean isRunning = true;
    int currentFrameIndex = 0;              //当前帧索引
    int x = 0, y = 0;                       //人物坐标
    Thread thread = null;
    int invalidateKeyCode = -10000;
    int keyCode = invalidateKeyCode;
    int stepLength = 10;                    //人物行走的步长

    public MyView(Context context) {
        super(context);
        setFocusable(true);
        try {
            //初始时，人物设成站立动作
            this.currentAction = this.standAciton;
            bitmap = BitmapFactory.decodeResource(context.getResources(),
                    R.drawable.hero0);
            thread = new Thread(this);
            thread.start();
        } catch (Exception e) {
            e.printStackTrace();
        }
    }
    protected void onDraw(Canvas canvas) {
        try {
            super.onDraw(canvas);
            Paint paint = new Paint();
```

```
                //从当前动作中取出当前帧
                int imgId = this.currentAction[currentFrameIndex];
                //小图在大图中所在的行
                int smallImageRow = imgId / 3;
                //小图在大图中的 y 轴偏移量
                int offsetY = smallImageRow * 24;
                //小图在大图中所在的列
                int smallImageCol = imgId % 3;
                //小图在大图中的 x 轴偏移量
                int offsetX = smallImageCol * 24;
                Log.d("game", imgId + "," + x + "," + y + "," + offsetX + ","
                        + offsetY);
                //画大图中的小图
                drawClipImage(canvas, paint, this.bitmap, x, y, offsetX, offsetY,
                        24, 24);
            } catch (Exception e) {
                //TODO Auto-generated catch block
                e.printStackTrace();
            }
    }
    private void drawClipImage(Canvas canvas, Paint paint, Bitmap bitmap,
                int x, int y, int offsetX, int offsetY, int width, int height) {
            canvas.save();    //记录原来的 canvas 状态
            canvas.clipRect(x, y, x + width, y + height);
            canvas.drawBitmap(bitmap, x - offsetX, y - offsetY, paint);
            canvas.restore(); //恢复 canvas 状态
    }
    @Override
    public boolean onKeyUp(int keyCode, KeyEvent event) {
            //松开键时，将 keyCode 设成无效的
            this.keyCode = invalidateKeyCode;
            //松开键时设成站立动作
            this.currentAction = this.standAciton;
            return super.onKeyUp(keyCode, event);
    }
    @Override
    public boolean onKeyDown(int keyCode, KeyEvent event) {
            this.keyCode = keyCode;
            //按下向下键，设置成向下走
            if (keyCode == KeyEvent.KEYCODE_DPAD_DOWN) {
                this.currentAction = this.downAciton;
            }
            //按下向上键，设置成向上走
            if (keyCode == KeyEvent.KEYCODE_DPAD_UP) {
                this.currentAction = this.upAciton;
```

```
            }
            //按下向左键，设置成向左走
            if (keyCode == KeyEvent.KEYCODE_DPAD_LEFT) {
                this.currentAction = this.leftAciton;
            }
            //按下向右键，设置成向右走
            if (keyCode == KeyEvent.KEYCODE_DPAD_RIGHT) {
                this.currentAction = this.rightAciton;
            }
            return super.onKeyDown(keyCode, event);
        }
        @Override
        public void run() {
            while (this.isRunning) {
                try {
                    //帧索引加 1
                    this.currentFrameIndex++;
                    //到达最后一帧时，设置帧索引为第一帧
                    if (this.currentFrameIndex >= this.current Action.length) {
                        this.currentFrameIndex = 0;
                    }
                    //人物向下走，y 坐标加
                    if (keyCode == KeyEvent.KEYCODE_DPAD_DOWN) {
                        y = y + this.stepLength;
                    }
                    if (keyCode == KeyEvent.KEYCODE_DPAD_UP) {
                        y = y - this.stepLength;
                    }
                    if (keyCode == KeyEvent.KEYCODE_DPAD_LEFT) {
                        x = x - this.stepLength;
                    }
                    if (keyCode == KeyEvent.KEYCODE_DPAD_RIGHT) {
                        x = x + this.stepLength;
                    }
                    //更新界面
                    this.postInvalidate();
                    //线程休眠
                    thread.sleep(100);
                    Log.d("game", "running");
                } catch (Exception e) {
                    e.printStackTrace();
                }
            }
        }
    }
```

14.9　游戏地图卷轴的实现

一般的游戏都会有一个比较大的场景，但是手机不可能有如此大的屏幕，它只能显示有限的区域。比如在 RPG 游戏中，人物的位置是要不断变化的，要始终保持人物位置和地图的正确对应，以及在屏幕上的可见性，这就要使地图随着人物的变化而变化，这种技术称为卷轴技术。

详细代码如下：

```
//起始列：从该列开始画
int startCol = this.mapOffsetX / 24;
//第一列偏移量
int firstColOffsetX = this.mapOffsetX % 24;
//结束列
int endCol = startCol + this.screenWidth / 24;
endCol = endCol + 2;
if (endCol > this.map_data[0].length) {
    endCol = this.map_data[0].length;
}
//起始行
int startRow = this.mapOffsetY / 24;
//第一行偏移量
int firstColOffsetY = this.mapOffsetY % 24;
//结束行
int endRow = startRow + this.screenHeight / 24;
endRow = endRow + 2;
if (endRow > this.map_data.length) {
    endRow = this.map_data.length;
}
Log.d("game", "heroX=" + heroX + ",mapOffsetX=" + this.mapOffsetX
        + ",startCol=" + startCol + ",endCol=" + endCol
        + ",firstColOffsetX=" + firstColOffsetX);
//地图总行数
int maxRows = this.map_data.length;
//地图总列数
int maxCols = this.map_data[0].length;
int rowCount = 0;
//画地图
for (int row = startRow; row < endRow; row++) {
    int colCount = 0;
    for (int col = startCol; col < endCol; col++) {
        //小图编号
        int imgId = this.map_data[row][col];
        imgId = imgId - 1;
        //小图在手机屏幕上的 y 坐标
        int y = rowCount * 24;
        y = y - firstColOffsetY;
        //小图在手机屏幕上的 x 坐标
        int x = colCount * 24;
```

```
                x = x - firstColOffsetX;
                //小图在大图上的行数
                int smallImageRow = imgId / 7;
                //小图在大图上的偏移量
                int offsetY = smallImageRow * 24;
                int smallImagecol = imgId % 7;
                int offsetX = smallImagecol * 24;
                //画大图中的小图
                drawClipImage(canvas, paint, this.bitmapMap, x, y, offsetX,offsetY, 24, 24);
                colCount++;
            }
            rowCount++;
        }
        //画人物
        //人物在大图中的 ID
        int imgId = 7;
        //小图在大图中所在的行
        int smallImageRow = imgId / 3;
        //小图在大图中的 y 轴偏移量
        int offsetY = smallImageRow * 24;
        //小图在大图中所在的列
        int smallImageCol = imgId % 3;
        //小图在大图中的 x 轴偏移量
        int offsetX = smallImageCol * 24;
        //画大图中的小图
        drawClipImage(canvas, paint, this.bitmapHero, heroX
                - this.mapOffsetX, heroY - mapOffsetY, offsetX, offsetY,24, 24);
```

14.10 Animation 动画

动画是一种流程，屏幕上的对象通过它随时间更改自己的颜色、位置、大小或方向。关于动画的实现，Android 提供了 Animation，Android SDK 介绍了 2 种 Animation 模式：

- Tween Animation：通过对场景里的对象不断做图像变换（平移、缩放、旋转）产生动画效果，即是一种渐变动画。
- Frame Animation：顺序播放事先做好的图像，是一种画面转换动画。

14.11 Tween Animation

一般情况下使用 XML 来定义 Tween Animation，动画的 XML 文件在工程中 res/anim 目录下，这个文件必须包含一个根元素，可以使动画中的元素都放入<set>元素组中。默认情况下，所有的动画指令都是同时发生的，为了让他们按序列发生，需要设置一个特殊的属性 startOffset。动画的指令定义了我们想要发生什么样的转换及其执行时间，转换可以是连续的，也可以是同时的。例如，让文本内容从左边移动到右边，然后旋转 180 度，或者在移动的过程中同时旋转，每个转换都需要设置一些特殊的参数（开始和结束时尺寸的大小变化，开始和结束时的旋转角度等），也可以设置些基本的参数（例如开始时间与周期），如果让几个转换同时发生，可以给它们设置相同的开始时间，如果按序列发生的话，需计算开始时间加上其周期。下面为 Tween Animation 节点属性。

- Duration：类型为 long，它为动画持续的时间（时间单位为毫秒）。
- fillAfter：类型为 boolean，当属性值设置为 true 时，该动画转化在动画结束后被应用。
- fillBefore：类型为 boolean，当属性值设置为 true 时，该动画转化在动画开始前被应用。
- interpolator：它是指定一个动画的插入器。
- repeatCount：类型为 int，它是动画的重复次数。
- RepeatMode：类型为 int，它可定义重复的行为，属性值为 1 时是重新开始，属性值为 2 时是向后播放。
- startOffset：类型为 long，它是动画之间的时间间隔，指上次动画停多少时间才开始执行下个动画。
- zAdjustment：类型为 int，它可定义动画的 ZOrder 的改变，值为 0 时保持 ZOrder 不变，为 1 时保持在最上层，为-1 时保持在最下层。

下面再来看一下动画类型。

- alpha：渐变透明度动画效果。
- scale：渐变尺寸伸缩动画效果。
- translate：画面位置移动动画效果。
- rotate：画面旋转动画效果。

下面给出一个完整的 XML 定义（SDK 提供）。

```
<set android:shareInterpolator="false" xmlns:android="http://schemas.android.com/apk/res/android">
<scale
        android:interpolator="@android:anim/accelerate_decelerate_interpolator"
        android:fromXScale="1.0"
        android:toXScale="1.4"
        android:fromYScale="1.0"
        android:toYScale="0.6"
        android:pivotX="50%"
        android:pivotY="50%"
        android:fillAfter="false"
        android:duration="700" />
<set android:interpolator="@android:anim/decelerate_interpolator">
<scale
        android:fromXScale="1.4"
        android:toXScale="0.0"
        android:fromYScale="0.6"
        android:toYScale="0.0"
        android:pivotX="50%"
        android:pivotY="50%"
        android:startOffset="700"
        android:duration="400"
        android:fillBefore="false" />
<rotate
```

```
            android:fromDegrees="0"
            android:toDegrees="-45"
            android:toYScale="0.0"
            android:pivotX="50%"
            android:pivotY="50%"
            android:startOffset="700"
            android:duration="400" />
    </set>
</set>
```

Tween Animation 需要使用 AnimationUtils 类的静态方法 loadAnimation()来加载动画 XML 文件。

```
//main.xml 中的 ImageView
ImageView spaceshipImage = (ImageView) findViewById(R.id.spaceshipImage);
//加载动画
Animation hyperspaceJumpAnimation =AnimationUtils.loadAnimation(this, R.anim.hyperspace_jump);
//使用 ImageView 显示动画
spaceshipImage.startAnimation(hyperspaceJumpAnimation);
```

上述代码展示了如何加载通过 XML 定义的 Tween Animation 动画，下面将讲述如何在 Java 代码中定义动画。

```
//在代码中定义动画实例对象
private Animation myAnimation_Alpha;
private Animation myAnimation_Scale;
private Animation myAnimation_Translate;
private Animation myAnimation_Rotate;
//根据各自的构造方法来初始化一个实例对象
myAnimation_Alpha=new AlphaAnimation(0.1f, 1.0f);
myAnimation_Scale =new ScaleAnimation(0.0f, 1.4f, 0.0f, 1.4f,
    Animation.RELATIVE_TO_SELF, 0.5f, Animation.RELATIVE_TO_SELF, 0.5f);
myAnimation_Translate=new TranslateAnimation(30.0f, -80.0f, 30.0f, 300.0f);
myAnimation_Rotate=new RotateAnimation(0.0f, +350.0f,
    Animation.RELATIVE_TO_SELF,0.5f,Animation.RELATIVE_TO_SELF, 0.5f);
```

14.12 Frame Animation

Frame Animation 可以用 XML Resource 定义（还是存放到 res\anim 文件夹下），也可以使用 AnimationDrawable 中的 API 定义。由于 Tween Animation 与 Frame Animation 有着很大的不同，因此 XML 定义的格式也完全不一样。animation-list 根节点中包含多个 item 子节点，每个 item 子节点定义一帧动画，包括当前帧的 drawable 资源和当前帧持续的时间。下面对节点的元素加以说明：

- drawable：当前帧引用的 drawable 资源。
- duration：当前帧显示的时间（单位为毫秒）。
- oneshot：如果为 true，表示动画只播放一次并停止在最后一帧上；如果设置为 false，表示动画循环播放。

- variablePadding 如果返回值为真，则允许 drawable 的填充基于当前选择的状态进行修改。
- visible：规定 drawable 的初始可见性，默认为 flase。

下面为具体的 XML 实例，来定义一帧一帧的动画：

```
<animation-list xmlns:android=http://schemas.android.com/apk/res/android android:oneshot="true">
<item android:drawable="@drawable/rocket_thrust1" android:duration="200" />
<item android:drawable="@drawable/rocket_thrust2" android:duration="200" />
<item android:drawable="@drawable/rocket_thrust3" android:duration="200" />
</animation-list>
```

上面的 XML 就定义了一个 Frame Animation，其包含 3 帧动画，3 帧动画中分别应用了 drawable 中的 3 张图片：rocket_thrust1、rocket_thrust2、rocket_thrust3，每帧动画持续 200 毫秒。

然后将以上 XML 保存在 res/anim 文件夹下，命名为 rocket_thrust.xml，显示动画的代码如下：

```
AnimationDrawable rocketAnimation;
public void onCreate(Bundle savedInstanceState) {
  super.onCreate(savedInstanceState);
  setContentView(R.layout.main);
  ImageView rocketImage = (ImageView) findViewById (R.id.rocket_image);
  rocketImage.setBackgroundResource(R.anim.rocket_thrust);
  rocketAnimation = (AnimationDrawable) rocketImage. getBackground();
}
public boolean onTouchEvent(MotionEvent event) {
  if (event.getAction() == MotionEvent.ACTION_DOWN) {
    rocketAnimation.start();
    return true;
  }
  return super.onTouchEvent(event);
}
```

代码运行的结果：3 张图片按照顺序播放一次。

注意：启动 Frame Animation 动画的代码 rocketAnimation.start();不出现能在 OnCreate()中，因为在 OnCreate()中 AnimationDrawable 还没有完全与 ImageView 绑定，在 OnCreate()中启动动画，就只能看到第一张图片。

本章小结

本章主要介绍了在 Android 中进行图形图像处理的相关技术，包括 2D 图形框架、如何绘制 2D 图形、游戏开发和动画实现等内容。在介绍 2D 图形框架时，主要介绍了 android.graphics 包中的四大要素（位图、图元、画布和画笔），位图、画布和画笔分别应对 Bitmap、Canvas、Paint 类；在介绍如何绘制 2D 图形时，主要内容涉及自定义 UI 控件、文字、图形、图像；在介绍游戏开发时，主要介绍了游戏地图的使用、实现，人物动作的实现，游戏地图卷轴的实现；在介绍动画时，主要介绍了 Tween anination 动画和 Frame Animation 动画。

第 15 章　HTML5 在 Android 中的应用

学习目标：

- 掌握 HTML5 开发技术
- 掌握 HTML5+CSS3 构建 Web 项目

之前的开发过程中都是使用 SDK 进行本地（Native）开发，在开发过程中需要考虑设备版本问题以及碎片化等诸多问题，另外一个应用还需要考虑 Android 版、iOS 版、WP 版等系统问题。这样无形中增加了开发成本以及应用的维护成本。能否让一个应用跨越系统以及设备分裂问题呢？HTML5 的出现逐渐解决了这一问题，本章主要介绍 HTML5 开发 Web APP 时基本标签的使用。

15.1　HTML5 Hello World 示例

15.1.1　NetBeans 构建 Web 工程

为了简便 HTML5 开发，使用 NetBeans 进行开发。NetBeans 是开放开源的开发工具，跨平台而且支持 C、C++、PHP、Ruby、Java、JavaScript 等多种语言。NetBeans 7.2 版本后对 HTML5 提供了强大的支持，同时 NetBeans 中内置了 Tomcat 7.0 以及 GlassFish 服务器，便于进行 Web 开发。

下面使用 NetBeans 构建 Web 工程。

（1）建立工程，如图 15-1 所示。

图 15-1　建立工程

（2）点击“下一步”按钮，如图 15-2 所示。

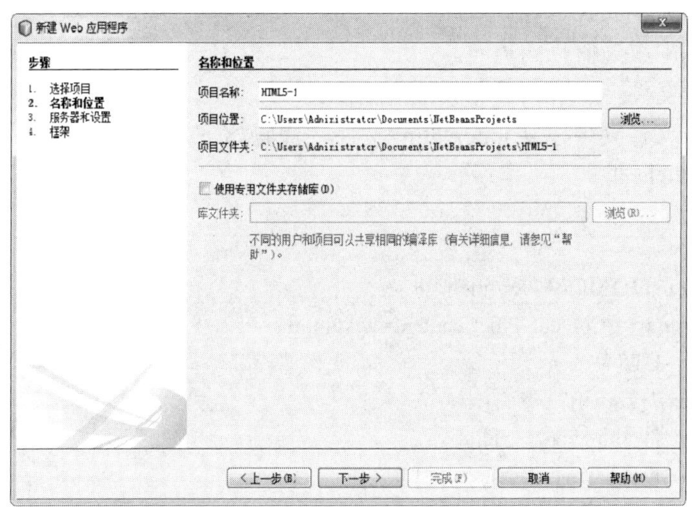

图 15-2　填写项目名称等信息

（3）输入项目名称 HTML5-1，点击“下一步”按钮，如图 15-3 所示。

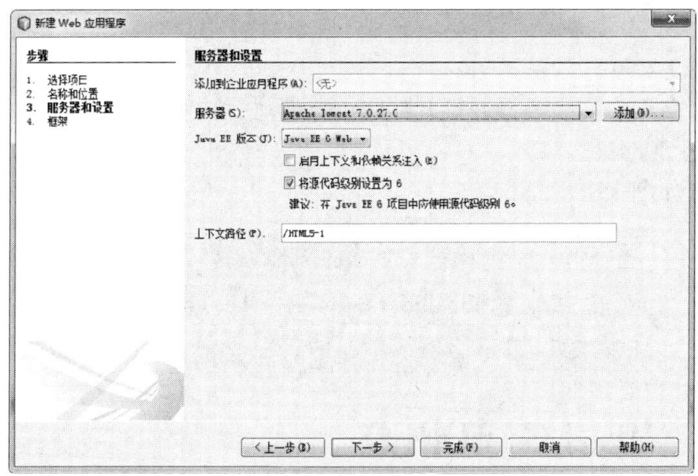

图 15-3　选择服务器

（4）选择 Apache Tomcat 7.0.27.0 服务器，点击“完成“按钮。工程目录如图 15-4 所示。

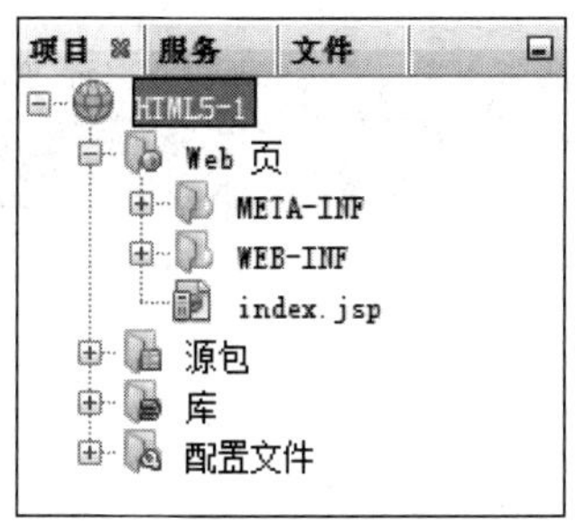

图 15-4　工程目录

“Web 页”文件夹中放置 jsp、html、css、js 文件。

“源包”文件夹中放置 Java 代码。

“库”文件夹中放置依赖的类库。

“配置文件”文件夹放置项目相关配置信息。

在“Web 页”文件夹中建立 index.html 文件，代码如下：

```
<!DOCTYPE html>
<html>
<head>
<title>My First HTML5 APP</title>
<meta http-equiv="Content-Type" content="text/html;
    charset=UTF-8">
<meta name="viewport"
    content="width=device-width;
    initial-scale=1.0;maximum-scale=1.0;
    user-scalable=0;target-densitydpi=device-dpi;"/>
</head>
<body>
<div><h1>HELLO WORLD</h1></div>
</body>
</html>
```

运行文件，会自动启动服务器并打开默认浏览器进行内容显示。注意 NetBeans 集成的 Tomcat 默认端口为 8084。

网页运行效果如图 15-5 所示。

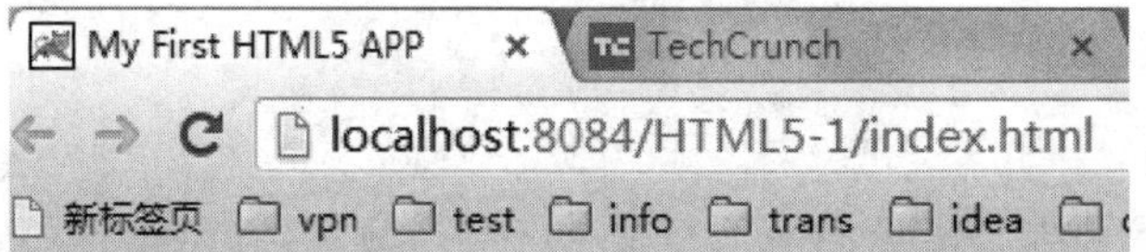

HELLO WORLD

图 15-5　网页运行效果图

Android 运行效果如图 15-6 所示。

图 15-6　Android 运行效果图

FireFox OS 运行效果如图 15-7 所示。

图 15-7　FireFox OS 运行效果图

从图 15-5 至图 15-7 中可以看出基于 HTML5 开发的页面在不同平台的显示效果不同。目前 PC 浏览器、手机浏览器对 HTML5 提供了强大的支持，这样就可以达到一次编写、到处运行的效果，尽可能地避免了平台的差异。在上面的代码中，大部分是大家较熟悉的，但是如下这段代码可能会感觉到有些陌生。

```
<meta name="viewport"
        content="width=device-width;
        initial-scale=1.0;maximum-scale=1.0;
        user-scalable=0;target-densitydpi=device-dpi;"/>
```

在<head>标签中进行<meta>属性的信息配置，主要目的是为了让页面进行设备的自适应。常用配置信息内容如下：

width：viewport 的宽度。

height：viewport 的高度。

initial-scale：初始缩放比例，即当页面第一次加载时的缩放比例。

maximum-scale：允许用户缩放到的最大比例。

minimum-scale：允许用户缩放到的最小比例。

user-scalable：用户是否可以手动缩放。

target-densitydpi：目标设备的密度。

常用配置信息格式如下：

```
<meta name="viewport"
    content="
        height = [pixel_value | device-height],
        width = [pixel_value | device-width ],
        initial-scale = float_value,
        minimum-scale = float_value,
        maximum-scale = float_value,
        user-scalable = [yes | no],
        target-densitydpi = [dpi_value | device-dpi |
                            high-dpi | medium-dpi | low-dpi]" />
```

content 中可以配置多个属性，属性通过“;”进行分隔。

<meta>标签中的 viewport 属性在构建 Web APP 时必须配置。

15.1.2 HTML5 标签

HTML5 中提供了很多新的标签，在此我们只探讨构建 Android Web APP 的相关标签。

1. 表单

在 Web 中表单是与用户交互非常重要的组件，在 Native APP 构建中可以使用对应的 UI 组件进行用户的交互处理，比如在 Android 中 EditText 可以通过设置 inputType 属性，根据用户输入的内容不同进行虚拟键盘的智能匹配。那么 Web APP 能否做到呢？在 NetBeans 中建立 form.html，代码如下：

```
<!DOCTYPE html>
<html>
<head>
<title>Form Fields</title>
<meta http-equiv="Content-Type" content="text/html;
charset=UTF-8">
<meta name="viewport"
            content="width=device-width;
            initial-scale=1.0;maximum-scale=1.0;
            user-scalable=0;target-densitydpi=device-dpi;"/>
</head>
<body>
<div>
<form>
<fieldset>
<legend>test form</legend>
<p>
<label for="email">email</label>
<input type="email" name="email"
placeholder="shixying@163.com"/>
</p>
<p>
<label for="number">number</label>
<input type="number" name="number"/>
</p>
<p>
<label for="telephone">telephone</label>
<input type="tel" name="telephone"/>
</p>
</fieldset>
</form>
</div>
</body>
</html>
```

Android 运行效果如图 15-8 所示。

图 15-8　Android 运行效果图

FireFox OS 运行效果如图 15-9 所示。

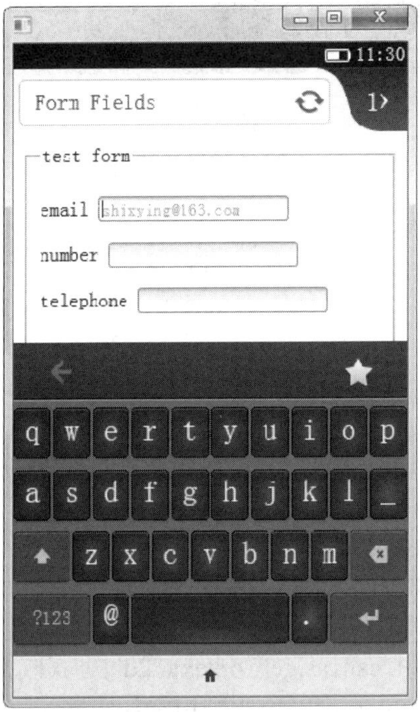

图 15-9　FireFox OS 运行效果图

从图 15-8 和图 15-9 中可以看出，在 HTML 页面中的配置也可以实现对应虚拟键盘的处理。在上述代码中的 placeholder 属性表示占位，相对于 Android 中 EditText 的 android:hint 属性。

2. canvas 标签

HTML5 引进了很多新特性，其中最令人期待的就是 canvas 元素。canvas 提供了通过 JavaScript 绘制图形的方法，此方法使用简单但功能强大。每一个 canvas 元素都有一个“上下文(context)”(想象成绘图板上的一页)，在其中可以绘制任意图形。浏览器支持多个 canvas“上下文”，并通过不同的 API 提供图形绘制功能。大部分的浏览器都支持 2D canvas“上下文”。

创建 canvas 的方法很简单，只需要在 HTML 页面中添加<canvas>元素：

```
<body>
<canvas id="test-canvas" width="400" height="400">
<p>test canvas</p>
</canvas>
<script type="text/javascript">
        var canvas=document.getElementById("test-canvas");
        var context=canvas.getContext("2d");
        context.fillStyle = '#00f'; //blue
        context.fillRect (0, 0, 150, 50);
</script>
</body>
```

Android 运行效果如图 15-10 所示。

图 15-10　Android 运行效果图

由图 15-10 可以看到，简单地绘制了矩形。

```
<canvas id="test-canvas" width="400" height="400">
<p>test canvas</p>
</canvas>
```

以上代码表示声明 canvas 并指定宽和高。

```
<script type="text/javascript">
        var canvas=document.getElementById("test-canvas");
        var context=canvas.getContext("2d");
        context.fillStyle = '#00f'; //blue
        context.fillRect(0, 0, 150, 50);
</script>
```

可通过 ID 获取 canvas 引用，canvas.getContext("2d")可获取 2D 图形绘制的 context，fillStyle 可设置矩形的填充和线条，fillRect 可以绘制带填充的矩形。

绘制路径的代码如下：

```
context.fillStyle = '#00f';
context.strokeStyle = '#f00';
```

```
context.lineWidth = 4;
context.beginPath();
context.moveTo(10, 10);
context.lineTo(100, 10);
context.lineTo(10, 100);
context.lineTo(10, 10);
context.fill();
context.stroke();
context.closePath();
```

通过 canvas 路径（path）可以绘制任意形状。可先绘制轮廓，然后绘制边框和填充。创建自定义图形很简单，使用 beginPath()开始绘制，然后使用直线、曲线等绘制图形。绘制完毕后调用 fill()和 stroke()即可添加填充或者设置边框。调用 closePath()可结束自定义图形绘制。效果如图 15-11 所示。

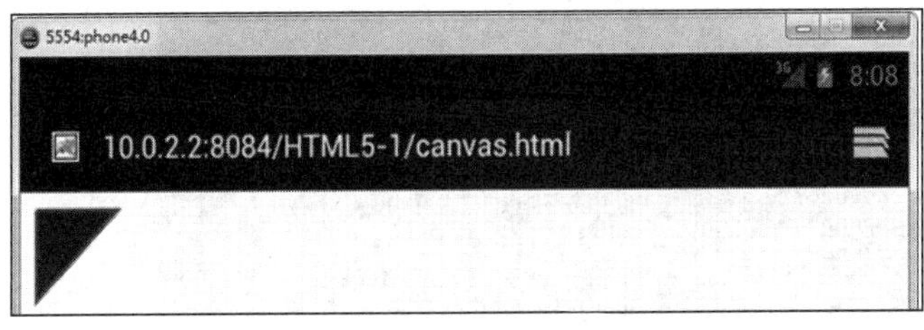

图 15-11　运行效果图

绘制文字的代码如下：

```
context.fillStyle = '#00f';
context.font = 'italic 30px sans-serif';
context.textBaseline = 'top';
context.fillText('Hello world!', 0, 0);
context.font = 'bold 30px sans-serif';
context.strokeText('Hello world!', 0, 50);
```

font：文字字体，同 CSS font-family 属性。

textAlign：文字水平对齐方式。可取属性值为 start、end、left、right、center。默认值为 start。

textBaseline：文字竖直对齐方式。可取属性值为 top、hanging、middle、alphabetic、ideographic、bottom。默认值为 alphabetic。

上述代码运行效果如图 15-12 所示。

图 15-12　运行效果图

绘制图片的代码如下：

```
var canvas=document.getElementById("test-canvas");
var context=canvas.getContext("2d");
var img = new Image();
img.src="shhcat.jpg";
img.onload = function(){context.drawImage(img,0,0);}
```

drawImage 方法允许在 canvas 中插入其他图像，此处需要注意的是，绘制图片时需要在 img.onload 方法中进行实现，因为只有图片加载完毕后才能绘制。

上述代码运行效果如图 15-13 所示。

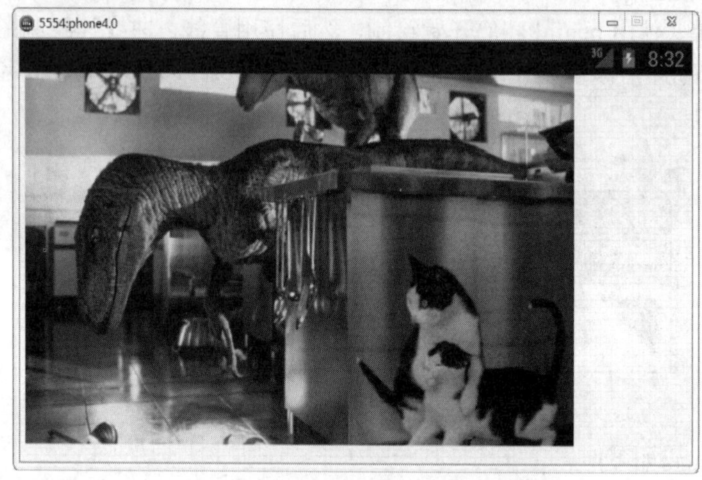

图 15-13　运行效果图

15.2　CSS3 与 Web APP

CSS3 提供了很强大的功能，在此我们只探讨 CSS3 在构建 Web APP 时移动及动画效果的实现。

15.2.1　CSS3 实现移动

为了便于在"Web 页"目录下建立 CSS 文件夹，存放相关 CSS 文件。在"Web 页"文件夹下建立 test.css 文件。代码如下：

```
.test{
    width: 100px;
    height: 100px;
    position: absolute;
    top: 0px;
    left: 0px;
    background-color: blue;
    border-radius: 50px;
}
```

在 translate.html 代码中进行引用：

```
<head>
<link type="text/css" rel="stylesheet" href="css/test.css"/>
</head>
<body>
<div class="test"></div>
</body>
```

运行效果如图 15-14 所示。

图 15-14　运行效果图

上述代码在屏幕的左上角绘制了一个蓝色的圆形。下面绘制圆形运动后的位置及颜色：

```
.second-position{
    left: 50%;
    background-color: yellow;
}
```

若想让圆形运动到距离左边 50%的位置，移动后背景为黄色，HTML 页面作如下引用：

```
<body>
<div class="test second-position"></div>
</body>
```

运行效果如图 15-15 所示。

图 15-15　运行效果图

如何才能让圆形移动呢？修改.test 样式内容，代码如下：

```
.test{
    width: 100px;
    height: 100px;
    position: absolute;
    top: 0px;
```

```
        left: 0px;
        background-color: blue;
        border-radius: 50px;
        transition: all 2s;
        -moz-transition: all 2s;
        -webkit-transition: all 2s;
        -o-transition: all 2s;
    }
```

在这里需要指出，transition 属性表示移动，all 代表所有过渡属性。为了在不同的浏览器中兼容（FireFox，Chrome，Oprea 等），需要设置-moz-transition、-webkit- transition、-o-transition 属性的值。这样就可以看到移动的效果。此时的效果只能实现黄色背景和圆形移动，而不能出现蓝色背景的圆形。如果要实现蓝色背景的圆形绘制完毕后颜色渐变为黄色，而后再移动的效果，则代码如下：

```
    .test{
        width: 100px;
        height: 100px;
        position: absolute;
        top: 0px;
        left: 0px;
        background-color: blue;
        border-radius: 50px;
        transition: left 5s ease-out 5s,background-color 5s ease 0s;
        -moz-transition: left 5s ease-out 5s,background-color 5s ease 0s;
        -webkit-transition: left 5s ease-out 5s,background-color 5s ease 0s;
        -o-transition:   left 5s ease-out 5s,background-color 5s ease 0s;
    }
```

同时在 HTML 页面中对于样式引用需要做如下处理：

```
    <div class="test"></div>
    <script>
            document.getElementsByClassName('test')[0].classList.add
              ('second-position');
    </script>
```

在 CSS 代码中 left 表示移动过渡属性，5s 表示持续时间，ease-out 表示由快到慢，5s 表示延时时间，相当于贝塞尔曲线；background-color 表示移动过渡属性，5s 表示持续时间，ease 表示平滑过渡，0s 表示延时时间。更多属性可参阅 CSS3 文档手册。

15.2.2 CSS3 实现动画

如果想实现让圆形小球在屏幕上跳起来，如图 15-16 所示，应该怎么办呢？下面将探讨 CSS3 中 Animation 的应用。

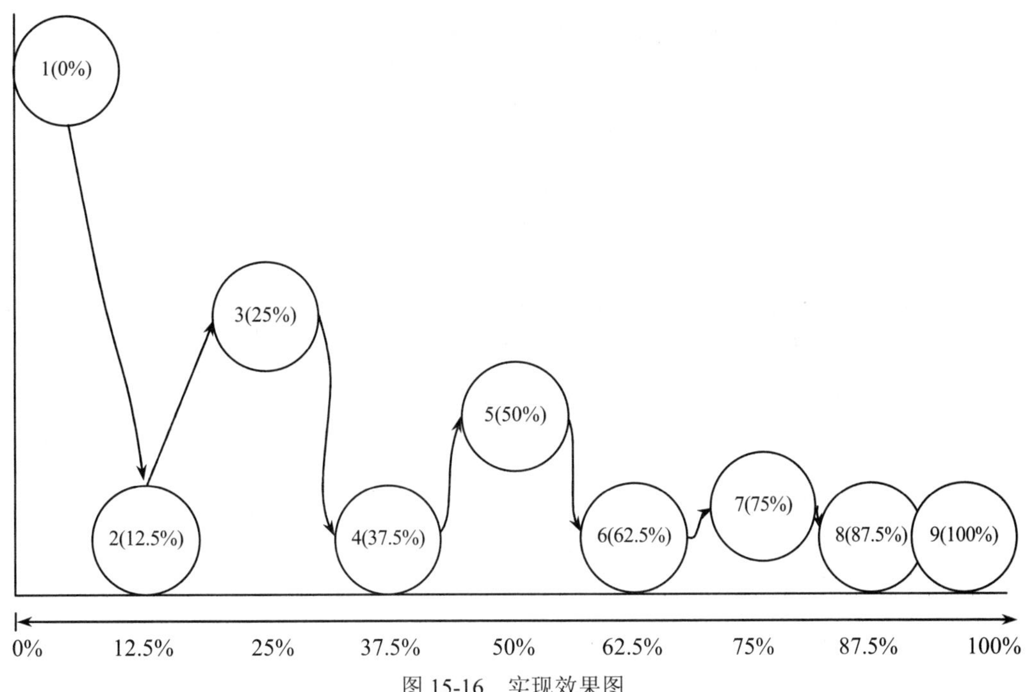

图 15-16　实现效果图

在 CSS 文件夹中建立 animation.css 文件代码，如下：

```
@keyframes bouncyball{
    0% { bottom:100%; left: 0px;}
    12.5%{ bottom: 0px; left:12.5%; }
    25% {bottom:50%; left: 25% }
    37.5%{ bottom:0px; left:37.5% }
    50%{ bottom:25%; left:50% }
    62.5%{ bottom:0px; left:62.5% }
    75%{ bottom:12.5^; left:75% }
    87.5%{ bottom:0px; left:87.5% }
    100%{ bottom:0px; left:100% }
}
@-moz-keyframes bouncyball {
    0% { bottom: 100%; left: 0px; }
    12.5% { bottom: 0px; left: 12.5%; }
    25% { bottom: 50%; left: 25%; }
    37.5% { bottom: 0px; left: 37.5%; }
    50% { bottom: 25%; left: 50%; }
    62.5% { bottom: 0px; left: 62.5% }
    75% {bottom: 12.5%; left: 75% }
    87.5% {bottom: 0px; left: 87.5% }
    100% { bottom: 0px; left: 100% }
}
@-webkit-keyframes bouncyball {
    0% { bottom: 100%; left: 0px; }
    12.5% { bottom: 0px; left: 12.5%; }
```

```
        25% { bottom: 50%; left: 25%; }
        37.5% { bottom: 0px; left: 37.5%; }
        50% { bottom: 25%; left: 50%; }
        62.5% { bottom: 0px; left: 62.5% }
        75% {bottom: 12.5%; left: 75% }
        87.5% {bottom: 0px; left: 87.5% }
        100% { bottom: 0px; left: 100% }
}
```

@keyframes 是 CSS3 中定义的语法，用来定义动画，因为需要圆形小球在不同的区域进行跳动，所以定义一系列的属性，同时为了浏览器的兼容，需要对不同的浏览器进行定义。

而后在 animation.css 文件中继续编写实现动画的代码：

```
.ball{
    background: black;
    width: 100px;
    height: 100px;
    position: absolute;
    border-radius: 50px;
    animation: bouncyball 2s ease-in-out;
    -moz-animation: bouncyball 2s ease-in-out;
    -webkit-animation: bouncyball 2s ease-in-out;
}
```

animation 表示动画，bouncyball 表示动画的名称，2s 表示动画持续时间，ease-in-out 表示由慢到快再到慢。更多属性可参加 CSS3 文档手册。

通过以上内容可了解 HTML5 在开发 Web APP 时的基本标签，及 CSS3 在构建 Web APP 时如何实现移动与动画效果。

本章小结

本章主要介绍了使用 HTML5 开发 Web APP 技术，与其他章节不同的是，本章没有使用 Eclipse 开发环境，而是使用了 NetBeans，所以首先介绍了 NetBeans 及其使用方法，然后介绍了 HTML5 的基本标签，其中包括表单、canvas 标签，最后介绍了如何使用 CSS3 实现移动及动画效果。